Grundzüge der Nichtlinearen Optimierung

Oliver Stein

Grundzüge der Nichtlinearen Optimierung

2. Auflage

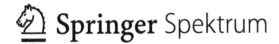 Springer Spektrum

Oliver Stein
Institut für Operations Research (IOR)
Karlsruher Institut für Technologie (KIT)
Karlsruhe, Deutschland

ISBN 978-3-662-62531-6   ISBN 978-3-662-62532-3   (eBook)
https://doi.org/10.1007/978-3-662-62532-3

Die Deutsche Nationalbibliothek verzeichnet diese Publikation in der Deutschen Nationalbibliografie; detaillierte bibliografische Daten sind im Internet über http://dnb.d-nb.de abrufbar.

Planung/Lektorat: Annika Denkert
Springer Spektrum ist ein Imprint der eingetragenen Gesellschaft Springer-Verlag GmbH, DE und ist ein Teil von Springer Nature.
Die Anschrift der Gesellschaft ist: Heidelberger Platz 3, 14197 Berlin, Germany

Here we are now, entertain us.

(Marc-Uwe Kling)

Vorwort

Dieses Lehrbuch ist aus dem Skript zu meiner Vorlesung „Nichtlineare Optimierung I und II" entstanden, die ich am Karlsruher Institut für Technologie seit 2006 jährlich halte. Die Adressaten dieser Vorlesung sind in erster Linie Studierende des Wirtschaftsingenieurwesens im Bachelor-Vertiefungsprogramm. Im vorliegenden Lehrbuch spiegelt sich dies darin wider, dass mathematische Sachverhalte zwar stringent behandelt, aber erheblich ausführlicher motiviert und illustriert werden als in einem Lehrbuch für einen rein mathematischen Studiengang. Das Buch richtet sich daher an Studierende, die mathematisch fundierte Verfahren in ihrem Studiengang verstehen und anwenden möchten, wie dies etwa in den Natur-, Ingenieur- und Wirtschaftswissenschaften der Fall ist. Da die ausführlichere Motivation naturgemäß auf Kosten des Stoffumfangs geht, beschränkt dieses Buch sich auf die Darstellung von *Grundzügen* der nichtlinearen Optimierung.

Gegenstand ist die Behandlung von Minimierungs- oder Maximierungsmodellen mit nichtlinearen Zielfunktionen unter nichtlinearen Nebenbedingungen, wie sie in Anwendungsdisziplinen sehr oft auftreten. Für solche Probleme leiten wir Optimalitätsbedingungen her und geben darauf basierende numerische Lösungsverfahren an.

Eine Gemeinsamkeit aller dieser Optimalitätsbedingungen besteht darin, dass sie auf der Auswertung von ersten bzw. zweiten Ableitungen der beteiligten Funktionen beruhen. Während dies die Optimalitätsbedingungen einerseits häufig leicht handhabbar macht, leiden sie andererseits unter dem grundsätzlichen Problem, dass Ableitungen die Gestalt von Funktionen nur lokal wiedergeben, aber nicht global. Entsprechend sind die auf diesen Optimalitätsbedingungen basierenden Lösungsverfahren lediglich in der Lage, *lokale* Optimalpunkte zu identifizieren. Nur in Ausnahmefällen sind diese auch *globale* Optimalpunkte.

Die Bestimmung globaler Optimalpunkte ist zwar ebenfalls oft algorithmisch möglich, der dazu nötige Aufwand ist üblicherweise aber um eine Vielfaches höher als derjenige zur Bestimmung lokaler Optimalpunkte. Ausnahme sind die konvexen Optimierungsprobleme, bei denen jeder lokale Minimalpunkt automatisch auch globaler Minimalpunkt ist. Solche Optimierungsmodelle sowie Algorithmen zur Bestimmung globaler Minimalpunkte nichtkonvexer Probleme werden ausführlich in [33] besprochen.

Im vorliegenden Text stellen wir uns hingegen auf den Standpunkt, dass in Anwendungen häufig bereits die Kenntnis lokaler Optimalpunkte wertvoll ist, zumal, wenn sie sich verhältnismäßig schnell berechnen lassen. Die hier besprochenen Techniken sind außerdem nicht unabhängig von denen der globalen Optimierung zu sehen, sondern sie kommen dort häufig zum Einsatz, um etwa gewisse Hilfsprobleme zu lösen [33].

Bevor man sich mit der theoretischen und numerischen Identifizierung von lokalen Optimalpunkten befasst, ist es allerdings wichtig zu klären, ob ein Optimierungsproblem überhaupt Optimalpunkte besitzt. Das einführende Kap. 1 geht neben grundlegender Terminologie und Notation daher auf einige hinreichende Bedingungen für Lösbarkeit ein.

Kap. 2 konzentriert sich auf nichtlineare Optimierungsprobleme ohne Nebenbedingungen und leitet für sie zunächst Optimalitätsbedingungen her, die auf ersten und zweiten Ableitungen der Zielfunktion basieren. Die dabei entstehenden Vereinfachungen im Fall der Minimierung einer konvexen Zielfunktion werden kurz angerissen. Auf Grundlage der Optimalitätsbedingungen formulieren und diskutieren wir dann eine Reihe wichtiger numerischer Verfahren – von dem der Mitte des 19. Jahrhunderts entstammenden Gradientenverfahren bis hin zu den modernen Trust-Region-Verfahren.

Kap. 3 erweitert die betrachteten Optimierungsmodelle um nichtlineare Nebenbedingungen. Die Herleitung aussagekräftiger Optimalitätsbedingungen erfordert hier allerdings erheblich höheren Aufwand als im unrestringierten Fall aus Kap. 2. Dies liegt darin begründet, dass die Lage von Optimalpunkten einerseits nur von der *Geometrie* der Menge zulässiger Punkte abhängt, verschiedene *funktionale Beschreibungen* dieser Menge durch Nebenbedingungen aber andererseits zu unangenehmen Effekten in den jeweiligen Optimalitätsbedingungen führen können. Kap. 3 diskutiert diese Problematik ausführlich und leitet die entsprechenden Optimalitätsbedingungen her, bevor wir wieder diverse darauf basierende numerische Verfahren besprechen.

Dieses Lehrbuch kann als Grundlage einer vierstündigen Vorlesung dienen. Es stützt sich teilweise auf Darstellungen der Autoren W. Alt [1], M.S. Bazaraa, H.D. Sherali und C.M. Shetty [2], A. Beck [3], U. Faigle, W. Kern und G. Still [7], O. Güler [16], H.Th. Jongen, K. Meer und E. Triesch [23] sowie J. Nocedal und S. Wright [25], die auch viele über dieses Buch hinausgehende Fragestellungen behandeln. Zu Grundlagen der konvexen und globalen Optimierung sei wie erwähnt auf [33] verwiesen, und zu allgemeinen Grundlagen der Optimierung auf [24].

An dieser Stelle möchte ich Frau Dr. Annika Denkert vom Springer-Verlag herzlich für die Einladung danken, dieses Buch zu publizieren. Frau Bianca Alton und Frau Regine Zimmerschied danke ich für die sehr hilfreiche Zusammenarbeit bei der Gestaltung des Manuskripts und beim Copy Editing. Ein großer Dank gilt außerdem meinen Mitarbeitern Dr. Tomáš Bajbar, Dr. Peter Kirst, Dr. Robert Mohr, Christoph

Neumann, Dr. Marcel Sinske, Dr. Paul Steuermann und Dr. Nathan Sudermann-Merx sowie zahlreichen Studierenden, die mich während der Entwicklung dieses Lehrmaterials auf inhaltliche und formale Verbesserungsmöglichkeiten aufmerksam gemacht haben. Der vorliegende Text wurde in LaTeX2e gesetzt. Die Abbildungen stammen aus *Xfig*.

In kleinerem Schrifttyp gesetzter Text bezeichnet Material, das zur Vollständigkeit angegeben ist, beim ersten Lesen aber übersprungen werden kann.

Die vorliegende zweite Auflage enthält neben einer Reihe redaktioneller Änderungen und Korrekturen an einigen Stellen Aktualisierungen des präsentierten Stoffs.

Karlsruhe   Oliver Stein
im Juli 2020

Inhaltsverzeichnis

Einführung

Inhaltsverzeichnis

Die endlichdimensionale kontinuierliche Optimierung behandelt die Minimierung oder Maximierung einer Zielfunktion in einer endlichen Anzahl kontinuierlicher Entscheidungsvariablen. Wichtige Anwendungen finden sich nicht nur bei linearen Modellen (wie in einfachen Modellen zur Gewinnmaximierung in Produktionsprogrammen oder bei Transportproblemen [24]), sondern auch bei diversen nichtlinearen Modellen aus Natur-, Ingenieur- und Wirtschaftswissenschaften. Dazu gehören geometrische Probleme, mechanische Probleme, Parameter-Fitting-Probleme, Schätzprobleme, Approximationsprobleme, Datenklassifikation und Sensitivitätsanalyse. Als Lösungswerkzeug benutzt man sie außerdem bei nichtkooperativen Spielen [35], in der robusten Optimierung [35] oder bei der Relaxierung diskreter und gemischt-ganzzahliger Optimierungsprobleme [32].

Das vorliegende einführende Kapitel motiviert in Abschn. 1.1 zunächst die grundlegende Terminologie und Notation von Optimierungsproblemen anhand diverser Beispiele und grenzt die endlichdimensionale glatte gegen die unendlichdimensionale und die nichtglatte Optimierung ab. Abschn. 1.2 widmet sich danach der Frage, unter welchen Voraussetzungen Optimierungsprobleme überhaupt lösbar sind (eine weitaus ausführlichere Darstellung von Lösbarkeitsfragen findet der interessierte Leser in [33]). Abschließend stellt Abschn. 1.3 einige Rechenregeln und Umformungen für Optimierungsprobleme bereit, die im Rahmen dieses Lehrbuchs eine Rolle spielen.

© Der/die Autor(en), exklusiv lizenziert durch Springer-Verlag GmbH, DE, ein Teil von
Springer Nature 2021
O. Stein, *Grundzüge der Nichtlinearen Optimierung*,
https://doi.org/10.1007/978-3-662-62532-3_1

1.1   Beispiele und Begriffe

In der Optimierung vergleicht man verschiedene Alternativen bezüglich eines Zielkriteriums und sucht unter allen betrachteten Alternativen eine beste. Anhand des folgenden Beispiels eines nichtlinearen Optimierungsproblems in zwei Variablen, das sich mit Mitteln der Schulmathematik lösen lässt, führen wir zunächst einige grundlegende Begriffe ein.

1.1.1 Beispiel (Konservendose – glatte Optimierung)

Aus A Maßeinheiten (z. B. Quadratzentimeter) Blech sei eine Konservendose mit maximalem Volumen zu konstruieren. Die Dose sei als Zylinder mit Deckel und Boden modelliert, ist also durch zwei Angaben charakterisiert, nämlich ihren Radius r und ihre Höhe h. Die Dose besitzt dann das Volumen $V(r, h) = \pi r^2 h$ und die Oberfläche $2\pi rh + 2\pi r^2$. Das zu maximierende Zielkriterium ist hier also das Volumen V der Dose, und die zulässigen Alternativen sind die Paare $(r, h) \in \mathbb{R}^2$ in der durch die Nebenbedingungen beschriebenen Menge

$$M = \{(r, h) \in \mathbb{R}^2 |\ 2\pi rh + 2\pi r^2 \leq A,\ r, h \geq 0\}.$$

Die strukturell besonders einfachen und auch in anderen Optimierungsmodellen häufig präsenten Nebenbedingungen $r, h \geq 0$ heißen *Nichtnegativitätsbedingungen*.

Wie in diesem Beispiel lassen sich in Problemen der kontinuierlichen Optimierung die Alternativen stets geometrisch als „Punkte in einem Raum" interpretieren, hier im zweidimensionalen euklidischen Raum $\mathbb{R}^2$. Da genau diese geometrische Entsprechung auf Optimalitätsbedingungen und numerische Verfahren führen wird, adressieren wir die Elemente von M im Folgenden nicht als zulässige Alternativen, sondern als *zulässige Punkte*. Die Menge M werden wir *zulässige Menge* nennen.

In allen Optimierungsproblemen ordnet das Zielkriterium jedem zulässigen Punkt einen Zahlenwert zu und ist aus mathematischer Sicht daher eine Funktion von M in die Menge $\mathbb{R}$ der reellen Zahlen. Diese Funktion nennen wir *Zielfunktion*. Im vorliegenden Beispiel ist dies die Volumenfunktion

$$V : M \to \mathbb{R},\ (r, h) \mapsto \pi r^2 h.$$

Die allgemeine Aufgabe, eine Funktion f über einer Menge M zu maximieren, schreiben wir als Optimierungsproblem in der Form

$$P : \quad \max\ f(x) \quad \text{s.t.} \quad x \in M$$

auf. Das Kürzel s.t. steht dabei für das englische *subject to* (oder auch *so that*) und deutet in der Formulierung von P an, dass ab hier die Beschreibung der zulässigen Menge folgt. Ein Minimierungsproblem würde man analog in der Form

$$P: \quad \min f(x) \quad \text{s.t.} \quad x \in M$$

schreiben. Wir werden sehen, dass es tatsächlich genügt, nur Minimierungsprobleme behandeln zu können.

Liegt eine explizite Beschreibung von M durch Restriktionen vor, so reicht es aus, im zugehörigen Optimierungsproblem P anstelle von M diese Restriktionen anzugeben. Das Optimierungsproblem zur Maximierung des Dosenvolumens lautet demnach

$$P_{\text{Dose}}: \quad \max_{r,h} \pi r^2 h \quad \text{s.t.} \quad 2\pi r h + 2\pi r^2 \leq A, \quad r, h \geq 0.$$

Während in P_{Dose} über die Werte von r und h eine Entscheidung getroffen werden soll, ist der Wert von A exogen vorgegeben. Wir nennen r und h daher *Entscheidungsvariablen* und A einen *Parameter*. Zur Übersichtlichkeit notiert man die Entscheidungsvariablen häufig wie in P_{Dose} unterhalb der Optimierungsvorschrift „max" oder „min".

Ein Punkt $\bar{x} \in M$ heißt *optimal* für ein allgemeines Optimierungsproblem P, wenn kein Punkt $x \in M$ einen besseren Zielfunktionswert besitzt. Bei Maximierungsproblemen bedeutet dies gerade, dass die Ungleichung $f(x) \leq f(\bar{x})$ für alle $x \in M$ erfüllt ist, und bei Minimierungsproblemen kehrt sich diese Ungleichung um. Der zugehörige *optimale Wert* von P ist die Zahl $v = f(\bar{x})$. Während ein Optimierungsproblem durchaus mehrere optimale Punkte besitzen kann, ist der optimale Wert immer eindeutig.

Häufig werden wir den optimalen Wert eines Maximierungsproblems auch in der Schreibweise

$$v = \max_{x \in M} f(x)$$

angeben. Dabei ist das „max" im obigen Optimierungsproblem P als die *Aufgabe* zu verstehen, f über M zu maximieren, während das „max" im Optimalwert v eine *Zahl* bezeichnet.

Um nun einen optimalen Punkt und den optimalen Wert von P_{Dose} zu bestimmen, gehen wir in diesem einführenden Beispiel etwas lax vor und bedienen uns unter anderem des aus der Schulmathematik bekannten Konzepts der Kurvendiskussion, das erst in Abschn. 2.1 (in viel allgemeinerem Rahmen) behandelt wird.

Anschaulich ist zunächst klar, dass bei einer optimalen Wahl der Entscheidungsvariablen sowohl $r > 0$ als auch $h > 0$ gelten wird. Die Nichtnegativitätsbedingungen heißen dann *nicht aktiv*. Im Gegensatz dazu sollte die Ungleichung an die Größe der Dosenoberfläche

$$2\pi r h + 2\pi r^2 \leq A$$

aus geometrischen Überlegungen heraus in der Lösung mit Gleichheit erfüllt, also *aktiv* sein. Die entstehende Gleichung lässt sich im vorliegenden Fall sogar explizit nach einer Variablen auflösen, etwa zu

$$h = \frac{A}{2\pi r} - r.$$

Für diese Punkte (r, h) kann man die Zielfunktion also genauso gut schreiben als

$$V(r, h) = V\left(r, \frac{A}{2\pi r} - r\right) = \frac{A}{2}r - \pi r^3.$$

Daher löst der optimale Radius des Ausgangsproblems auch das Problem

$$\max_r \frac{A}{2}r - \pi r^3 \quad \text{s.t.} \quad r > 0.$$

Per Kurvendiskussion für die in Abb. 1.1 illustrierte Zielfunktion findet man als optimalen Radius nun

$$\bar{r} = \sqrt{\frac{A}{6\pi}},$$

woraus

$$\bar{h} = \frac{A}{2\pi \bar{r}} - \bar{r} = \sqrt{\frac{3A}{2\pi}} - \sqrt{\frac{A}{6\pi}} = 2\sqrt{\frac{A}{6\pi}}$$

folgt. Der *optimale Punkt* des Ausgangsproblems ist daher eindeutig und lautet

$$\begin{pmatrix} \bar{r} \\ \bar{h} \end{pmatrix} = \sqrt{\frac{A}{6\pi}} \begin{pmatrix} 1 \\ 2 \end{pmatrix},$$

d. h., insbesondere sind Höhe und Durchmesser der Dose im optimalen Punkt identisch. Als *optimalen Wert*, also das mit dem optimalen Punkt realisierbare maximale Dosenvolumen, erhalten wir

$$\max_{(r,h)\in M} V(r, h) = V(\bar{r}, \bar{h}) = \frac{A^{3/2}}{\sqrt{54\pi}}.$$

◀

Während die Kurvendiskussion zur Bestimmung des optimalen Radius in Beispiel 1.1.1 sofort den global optimalen Radius geliefert hat, treten bei nichtlinearen Funktionen gerne auch andere Effekte auf, wie etwa der in Abb. 1.2 dargestellte. Hier liefert das Nullsetzen

Abb. 1.1 Dosenvolumen in Abhängigkeit vom Radius

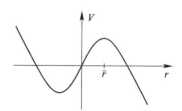

Abb. 1.2 Ein globaler und ein lokaler Maximalpunkt

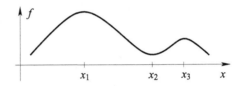

der ersten Ableitung von f die drei Lösungskandidaten x_1, x_2 und x_3, wobei x_2 wegen der positiven zweiten Ableitung $f''(x_2)$ nicht als Maximalpunkt infrage kommt. Wegen $f''(x_1) < 0$ und $f''(x_3) < 0$ sind als Ergebnis einer Kurvendiskussion aber sowohl x_1 als auch x_3 Kandidaten für Maximalpunkte von f. Allerdings ist x_3 nur unter allen Punkten aus seiner „Nachbarschaft" (also z. B. einem kleinen Intervall um x_3) der beste Punkt, während x_1 unter *allen* Punkten in $M = \mathbb{R}$ optimal ist.

Diese wichtige Unterscheidung zwischen *lokaler* und *globaler* Optimalität hält die folgende Definition formal fest (Abb. 1.3). Sie konzentriert sich auf Minimierungsprobleme, während die Behandlung von Maximierungsproblemen im Anschluss diskutiert wird.

1.1.2 Definition (Minimalpunkte und Minimalwerte)
Gegeben seien eine Menge von zulässigen Punkten $M \subseteq \mathbb{R}^n$ und eine Zielfunktion $f : M \to \mathbb{R}$.

a) $\bar{x} \in M$ heißt *lokaler Minimalpunkt* von f auf M, falls eine Umgebung U von $\bar{x}$ mit

$$\forall\, x \in U \cap M : \quad f(x) \geq f(\bar{x})$$

existiert.

b) $\bar{x} \in M$ heißt *globaler Minimalpunkt* von f auf M, falls man in Teil a $U = \mathbb{R}^n$ wählen kann.

c) Ein lokaler oder globaler Minimalpunkt heißt *strikt*, falls in Teil a bzw. Teil b für $x \neq \bar{x}$ sogar die strikte Ungleichung $>$ gilt.

d) Zu jedem globalen Minimalpunkt $\bar{x}$ heißt $f(\bar{x})$ ($= v = \min_{x \in M} f(x)$) *globaler Minimalwert*, und zu jedem lokalen Minimalpunkt $\bar{x}$ heißt $f(\bar{x})$ *lokaler Minimalwert*.

Zur Definition von Minimalpunkten und -werten merken wir Folgendes an:

- Damit die Forderung $f(x) \geq f(\bar{x})$ sinnvoll ist, muss der Bildbereich von f geordnet sein. Zum Beispiel ist die Minimierung von $f : \mathbb{R}^n \to \mathbb{R}^2$ zunächst nicht sinnvoll. Allerdings befasst sich das Gebiet der *Mehrzieloptimierung* damit, wie man solche Probleme trotzdem behandeln kann (für eine kurze Einführung s. z. B. [24]).
- Jeder globale Minimalpunkt ist auch lokaler Minimalpunkt.

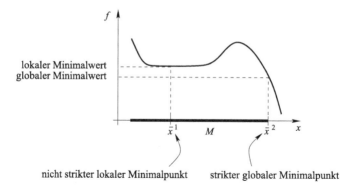

lokaler Minimalwert
globaler Minimalwert

nicht strikter lokaler Minimalpunkt   strikter globaler Minimalpunkt

Abb. 1.3 Lokale und globale Minimalität

- Strikte globale Minimalpunkte sind eindeutig, und strikte lokale Minimalpunkte sind lokal eindeutig.
- Lokale und globale *Maximalpunkte* sind analog definiert. Da die Maximalpunkte von f genau die Minimalpunkte von $-f$ sind, reicht es, Minimierungsprobleme zu betrachten. Achtung: Dabei ändert sich allerdings das Vorzeichen des Optimalwerts, denn es gilt $\max f(x) = -\min(-f(x))$. Dies wird in Abb. 1.4 illustriert und in Übung 1.1.3 sowie etwas allgemeiner in Übung 1.3.1 bewiesen.
- Wegen der ähnlichen Notation besteht eine Verwechslungsgefahr zwischen dem Minimal*wert* $\min_{x \in M} f(x)$ und der zugrunde liegenden Minimierungs*aufgabe* P (vgl. die Diskussion in Beispiel 1.1.1).

Abb. 1.4 Maximierung von f
durch Minimierung von $-f$

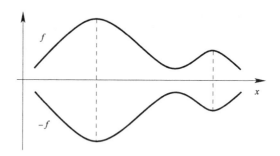

1.1.3 Übung Gegeben seien eine Menge von zulässigen Punkten $M \subseteq \mathbb{R}^n$ und eine Zielfunktion $f : M \to \mathbb{R}$. Zeigen Sie:

a) Die globalen Maximalpunkte von f auf M sind genau die globalen Minimalpunkte von $-f$ auf M.

b) Sofern f globale Maximalpunkte besitzt, gilt für den globalen Maximalwert

$$\max_{x \in M} f(x) = -\min_{x \in M} (-f(x)).$$

Per Definition 1.1.2 lassen sich lokale bzw. globale Minimalpunkte in den wenigsten Fällen berechnen. Stattdessen werden wir in Kap. 2 und 3 ableitungsbasierte Optimalitätsbedingungen und darauf aufbauende Lösungsverfahren entwickeln. Diese sind naturgemäß nicht anwendbar, wenn die definierenden Funktionen des betrachteten Optimierungsproblems nicht differenzierbar sind. Das folgende Beispiel zeigt allerdings, dass sich nichtdifferenzierbare Optimierungsprobleme in wichtigen Fällen in äquivalente differenzierbare Probleme umwandeln lassen.

1.1.4 Beispiel (Diskrete Approximation – glatte vs. nichtglatte Optimierung)

Gegeben seien Datenpunkte $(x_j, y_j) \in \mathbb{R}^2$, $1 \le j \le m$. Gesucht ist eine Gerade, die diese Punkte „möglichst gut" annähert. Setzt man eine Gerade der Form $y = ax + b$ an, so ist also ein Paar $(a, b) \in \mathbb{R}^2$ gesucht, das die Norm des Fehlervektors minimiert:

$$\min_{a,b} \left\| \begin{pmatrix} ax_1 + b - y_1 \\ \vdots \\ ax_m + b - y_m \end{pmatrix} \right\|.$$

Entscheidend ist dabei die Wahl der Norm. Beispielsweise entsteht für die euklidische Norm $\| \cdot \|_2$ das Problem

$$\min_{a,b} \sqrt{\sum_{j=1}^{m} (ax_j + b - y_j)^2}.$$

Die Zielfunktion dieses Problems ist nicht überall differenzierbar, da die Funktion $\| \cdot \|_2$ im Nullpunkt nicht differenzierbar ist. Man spricht dann von einem *nichtglatten* Optimierungsproblem. Die meisten in diesem Lehrbuch vorgestellten Techniken werden sich allerdings auf *glatte* Optimierungsprobleme beziehen, bei denen mindestens erste Ableitungen der beteiligten Funktionen existieren. Dies ist keine zu starke Einschränkung, da sich etwa das obige Problem zu einem äquivalenten glatten Problem umformen lässt: Nach Übung 1.3.4 ändern sich die optimalen Punkte nicht, wenn man in der Zielfunktion die Wurzel weglässt. Die neue Zielfunktion ist dann überall differenzierbar. Mit der

Setzung $r_j(a, b) := ax_j + b - y_j$, $1 \leq j \leq m$, besitzt sie die Struktur $\sum_{j=1}^{m} r_j^2(a, b)$, und man spricht von einem *Kleinste-Quadrate-Problem*.

Für die Tschebyscheff-Norm $\| \cdot \|_\infty$ erhält man das nichtglatte unrestringierte Problem

$$\min_{a,b} \; \max_{1 \leq j \leq m} |ax_j + b - y_j|,$$

zu dem man durch einen anderen „Trick" ein äquivalentes glattes restringiertes Problem formulieren kann, nämlich durch die sogenannte Epigraphumformulierung (Übung 1.3.5). Sie liefert zunächst das äquivalente Problem

$$\min_{a,b,c} \; c \quad \text{s.t.} \quad \max_{1 \leq j \leq m} |ax_j + b - y_j| \; \leq \; c,$$

dessen nichtglatte Restriktion sich äquivalent erst zu

$$|ax_j + b - y_j| \; \leq \; c, \; 1 \leq j \leq m,$$

und dann zu

$$ax_j + b - y_j \leq c, \; 1 \leq j \leq m,$$
$$-(ax_j + b - y_j) \leq c, \; 1 \leq j \leq m,$$

umformulieren lässt. Man erhält insgesamt also ein lineares Optimierungsproblem mit $2m$ Restriktionen. ◄

Dass endlichdimensionale Optimierungsprobleme auch „unendliche Aspekte" besitzen können, zeigt das nächste Beispiel. Dort treten im Gegensatz zu Beispiel 1.1.1 nicht endlich viele (nämlich drei), sondern unendlich viele Ungleichungsrestriktionen auf, und dies in natürlicher Weise.

Wir bedienen uns dort und im Folgenden außerdem einer in der mathematischen Literatur üblichen Konstruktion für Verneinungen und benutzen beispielsweise den künstlichen Begriff „nichtleer" anstelle von „nicht leer", damit klar ist, worauf das „nicht" sich bezieht.

1.1.5 Beispiel (Kontinuierliche Approximation – semi-infinite Optimierung)

Gegeben seien eine nichtleere und kompakte Menge $Z \subseteq \mathbb{R}^m$, eine glatte Funktion $f : Z \to \mathbb{R}$ sowie eine Familie glatter Funktionen $a(p, \cdot)$ mit Scharparameter $p \in P \subseteq \mathbb{R}^n$ (z. B. für $m = 1$ Polynome $a(p, z) = \sum_{j=0}^{n-1} p_j z^j$ vom Höchstgrad $n - 1$). Gesucht ist die beste Approximation an f auf Z durch eine Funktion $a(p, \cdot)$ in der Tschebyscheff-Norm. Eine Formulierung als Optimierungsproblem lautet

$$\min_{p \in \mathbb{R}^n} \underbrace{\|a(p, \cdot) - f(\cdot)\|_{\infty, Z}}_{\max_{z \in Z} |a(p,z) - f(z)|} \quad \text{s.t.} \quad p \in P.$$

Per Epigraphumformulierung erhält man das äquivalente Optimierungsproblem

$$\min_{(p,q)\in\mathbb{R}^n\times\mathbb{R}} q \quad \text{s.t.} \quad p \in P, \quad \pm(a(p,z) - f(z)) \le q \quad \forall\, z \in Z.$$

In diesem Problem an eine *endlich*dimensionale Entscheidungsvariable liegen *unendlich* viele Ungleichungsrestriktionen vor. Solche Probleme heißen *semi-infinit* (für Details s. z. B. [30]). ◄

Das abschließende Beispiel dieses Abschnitts illustriert den Fall der unendlichdimensionalen Optimierung, den dieses Lehrbuch nicht thematisiert, obwohl sich einige Techniken vom endlichdimensionalen Fall auf ihn übertragen lassen (für Details s. z. B. [19]). Das folgende von Johann Bernoulli im Jahre 1696 gestellte Optimierungsproblem gilt als wesentlicher Ausgangspunkt zur Entwicklung der gesamten Analysis.

1.1.6 Beispiel (Brachistochrone – Variationsrechnung, infinite Optimierung)

Gegeben seien zwei Punkte A und B in einer senkrecht stehenden Ebene mit B seitlich unterhalb von A. Gesucht ist eine Kurve durch A und B, so dass ein sich unter dem Einfluss der Gravitation entlang dieser Kurve bewegender Massenpunkt den Weg von A nach B in kürzestmöglicher Zeit zurücklegt.

Legt man A wie in Abb. 1.5 in den Koordinatenursprung, beschreibt die Kurve durch die Funktionsvorschrift $y = f(x)$ und ordnet bei nach unten zeigender y-Achse dem Punkt B die Koordinaten (a, b) zu, dann liefern physikalische Gesetze für die Durchlaufzeit der Kurve den Wert

$$\int_0^a \frac{\sqrt{1 + (f'(x))^2}}{\sqrt{2gf(x)}}\, dx,$$

wobei g die Gravitationskonstante bezeichnet. Das zugehörige Minimierungsproblem lautet demnach

Abb. 1.5 Problem der
Brachistochrone

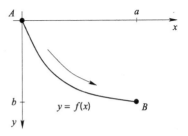

$$\min_{f} \int_0^a \frac{\sqrt{1 + (f'(x))^2}}{\sqrt{2g\, f(x)}}\, dx \quad \text{s.t.} \quad f(0) = 0, \ f(a) = b.$$

Die Entscheidungsvariable f stammt dabei etwa aus dem Raum der differenzierbaren Funktionen, also einem unendlichdimensionalen Raum. Man spricht daher von *unendlichdimensionaler* Optimierung. ◄

1.2   Lösbarkeit

Ob ein Optimierungsproblem überhaupt optimale Punkte besitzt, liegt nicht immer auf der Hand und muss bei vielen Lösungsverfahren vorab vom Anwender selbst geprüft werden. Eine ausführliche Diskussion dieser Problematik findet sich in [33], während wir hier nur auf die wesentlichen Punkte eingehen.

Ohne irgendwelche Voraussetzungen an die Menge $M \subseteq \mathbb{R}^n$ und die Funktion $f : M \to \mathbb{R}$ lässt sich jedenfalls jedem Minimierungsproblem

$$P : \quad \min\ f(x) \quad \text{s.t.} \quad x \in M$$

ein „verallgemeinerter Minimalwert" zuordnen, nämlich das *Infimum* von f auf M. Um es formal einzuführen, bezeichnen wir $\alpha \in \mathbb{R}$ als *untere Schranke* für f auf M, falls

$$\forall\, x \in M : \quad \alpha \leq f(x)$$

gilt. Das Infimum von f auf M ist die *größte* untere Schranke von f auf M, es gilt also $v = \inf_{x \in M}\ f(x)$, falls

- $v \leq f(x)$ für alle $x \in M$ gilt (d. h., v ist selbst untere Schranke von f auf M) und
- $\alpha \leq v$ für alle unteren Schranken α von f auf M gilt.

Analog wird das *Supremum* $\sup_{x \in M} f(x)$ von f auf M als *kleinste obere* Schranke definiert.

1.2.1 Beispiel

Es gilt $\inf_{x \in \mathbb{R}} (x - 5)^2 = 0$ und $\inf_{x \in \mathbb{R}} e^x = 0$. ◄

Falls f auf M nicht nach unten beschränkt ist, setzt man formal

$$\inf_{x \in M} f(x) = -\infty,$$

und für das Infimum über die leere Menge definiert man formal

$$\inf_{x \in \emptyset} f(x) = +\infty$$

(wobei die Gestalt von f dann keine Rolle spielt).

1.2.2 Beispiel

Es gilt $\inf_{x \in \mathbb{R}} (x - 5) = -\infty$ und $\inf_{x \in \emptyset} (x - 5) = +\infty$. ◄

Der „verallgemeinerte Minimalwert" $\inf_{x \in M} f(x)$ von P ist also stets ein Element der *erweiterten reellen Zahlen* $\overline{\mathbb{R}} = \mathbb{R} \cup \{\pm\infty\}$. In der Analysis wird gezeigt (z.B. [17]), dass das so definierte Infimum ohne Voraussetzungen an f und M stets existiert und eindeutig bestimmt ist. Außerdem wird dort eine Charakterisierung von Infima bewiesen, die wir nachfolgend benutzen werden: Das Infimum einer nichtleeren Menge reeller Zahlen ist genau diejenige ihrer Unterschranken, die sich durch Elemente der Menge beliebig genau approximieren lässt. Für die hier betrachteten Infima von Funktionen auf Mengen bedeutet dies, dass für $M \neq \emptyset$ genau dann $v = \inf_{x \in M} f(x)$ gilt, wenn $v \leq f(x)$ für alle $x \in M$ gilt und wenn eine Folge $(x^k) \subseteq M$ mit $v = \lim_k f(x^k)$ existiert. Dabei schreiben wir hier und im Folgenden kurz (x^k) für eine Folge $(x^k)_{k \in \mathbb{N}}$ sowie $\lim_k$ für $\lim_{k \to \infty}$.

1.2.3 Definition (Lösbarkeit)
Das Minimierungsproblem P heißt *lösbar*, falls ein $\bar{x} \in M$ mit $\inf_{x \in M} f(x) = f(\bar{x})$ existiert.

Lösbarkeit von P bedeutet also, dass das Infimum von f auf M als Zielfunktionswert eines zulässigen Punkts realisiert werden kann, dass also das Infimum *angenommen* wird. Um anzudeuten, dass das Infimum angenommen wird, schreiben wir $\min_{x \in M} f(x)$ anstelle von $\inf_{x \in M} f(x)$.

1.2.4 Beispiel

Es gilt $0 = \min_{x \in \mathbb{R}} (x - 5)^2 = (\bar{x} - 5)^2$ mit $\bar{x} = 5$, aber es gibt kein $\bar{x} \in \mathbb{R}$ mit $0 = \inf_{x \in \mathbb{R}} e^x = e^{\bar{x}}$. ◄

Der folgende Satz besagt (wenig überraschend), dass man zur Lösbarkeit genauso gut die Existenz eines globalen Minimalpunkts fordern kann (zum Beweis s. [33]).

1.2.5 Satz
Das Minimierungsproblem P ist genau dann lösbar, wenn es einen globalen Minimal-punkt besitzt.

Es gibt genau drei Gründe dafür, dass P unlösbar sein kann (dass es keine weiteren Gründe gibt, wird in [33] bewiesen):

- Es gilt $\inf_{x \in M} f(x) = +\infty$.
  Dies entspricht per Definition dem trivial erscheinenden Fall $M = \emptyset$, ist aber nicht immer leicht zu erkennen. Wenn etwa in Beispiel 1.1.1 (z. B. aus Marketinggründen) die zusätzliche Restriktion $r \geq 1$ eingeführt wird, dann besitzt P_{Dose} im Fall $A < 2\pi$ keine zulässigen Punkte. Hinreichende Bedingungen für die Lösbarkeit von P fordern natürlich stets $M \neq \emptyset$.
- Es gilt $\inf_{x \in M} f(x) = -\infty$.
  Bei stetiger Zielfunktion f muss M in diesem Fall unbeschränkt sein. Beispielsweise ist die Menge der zulässigen Punkte des Optimierungsproblems P_{Dose} aus Beispiel 1.1.1 unbeschränkt (Übung 1.2.7). Dass P_{Dose} trotzdem lösbar ist, zeigt andererseits, dass eine unbeschränkte Menge nicht notwendigerweise die Lösbarkeit verhindert. Als hinreichende Bedingung für Lösbarkeit bietet es sich trotzdem an, M als beschränkt vorauszusetzen. Man fordert also, dass sich ein Radius $R > 0$ finden lässt, so dass die Kugel um den Nullpunkt mit Radius R die Menge M umschließt:

$$\exists\, R > 0 \,\forall\, x \in M: \quad \|x\| \leq R \ \text{(die Wahl der Norm ist dabei egal)}.$$

- Ein endliches Infimum $\inf_{x \in M} f(x)$ wird nicht angenommen.
  Grund dafür kann wiederum eine unbeschränkte Menge M sein, etwa bei der Funktion $f(x) = e^x$ auf der Menge $M = \mathbb{R}$. Aber auch für beschränkte Mengen M ist dieser Effekt möglich, etwa wenn Teile des Rands nicht zu M gehören, wie für $f(x) = x$ und $M = (0, 1]$. Hier gibt es zu jedem Lösungskandidaten $x \in M$ eine Verbesserungsmöglichkeit (Abb. 1.6).
  Als Gegenmittel kann man M als *abgeschlossen* voraussetzen, d. h., für alle Folgen $(x^k) \subseteq M$ mit $\lim_k x^k = x^\star$ gelte $x^\star \in M$ (z. B. ist $M = (0, 1]$ wegen $(1/k) \subseteq M$ und $\lim_k (1/k) = 0 \notin M$ nicht abgeschlossen). Falls M durch endlich viele Ungleichungen und Gleichungen beschrieben ist, d. h., falls

$$M = \{x \in \mathbb{R}^n \,|\, g_i(x) \leq 0, \ i \in I, \ h_j(x) = 0, \ j \in J\}$$

Abb. 1.6 Unlösbarkeit wegen
fehlender Abgeschlossenheit
von M

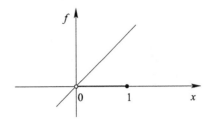

mit endlichen Indexmengen I und J gilt, dann ist die Stetigkeit der Funktionen $g_i : \mathbb{R}^n \to \mathbb{R}$, $i \in I$, und $h_j : \mathbb{R}^n \to \mathbb{R}$, $j \in J$, hinreichend für die Abgeschlossenheit von M (Übung 1.2.11). Wenn M gleichzeitig beschränkt und abgeschlossen ist, heißt M auch *kompakt*.

Schließlich ist es möglich, dass ein endliches Infimum selbst auf einer nichtleeren und kompakten Menge M nicht angenommen wird, nämlich wenn f Sprungstellen besitzt. Zum Beispiel besitzt die Funktion

$$f(x) = \begin{cases} 1, & x \leq 0 \\ x, & x > 0 \end{cases}$$

keinen globalen Minimalpunkt auf der nichtleeren und kompakten Menge $M = [-1, 1]$, denn wieder gibt es zu jedem Lösungskandidaten eine Verbesserungsmöglichkeit (Abb. 1.7). Als Gegenmittel kann man f als stetig voraussetzen.

Der folgende grundlegende Satz zur Existenz von Minimal- und Maximalpunkten zeigt, dass unter den oben motivierten „Mitteln gegen Unlösbarkeit" tatsächlich stets optimale Punkte existieren. Eine Version des Satzes, die unter schwächeren Voraussetzungen an f noch die Existenz von Minimalpunkten (aber nicht von Maximalpunkten) garantiert, findet sich in [35].

Abb. 1.7 Unlösbarkeit wegen
Sprungstelle von f

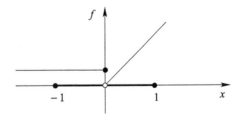

1.2.6 Satz (Satz von Weierstraß)

Die Menge $M \subseteq \mathbb{R}^n$ sei nichtleer und kompakt, und die Funktion $f : M \to \mathbb{R}$ sei stetig. Dann besitzt f auf M (mindestens) einen globalen Minimalpunkt und einen globalen Maximalpunkt.

Beweis Es sei $v = \inf_{x \in M} f(x)$. Wegen $M \neq \emptyset$ gilt $v < +\infty$. Zu zeigen ist die Existenz eines $\bar{x}$ in M mit $v = f(\bar{x})$. Da v Infimum ist, existiert eine Folge $(x^k) \subseteq M$ mit $\lim_k f(x^k) = v$. In der Analysis wird bewiesen (im Satz von Bolzano-Weierstraß; z. B. [18]), dass jede in einer kompakten Menge M liegende Folge (x^k) eine in M konvergente Teilfolge besitzt. Um nicht eine mühsame Teilfolgennotation benutzen zu müssen, wählen wir unsere Folge (x^k) direkt als eine solche konvergente Folge, es existiert also ein $x^\star \in M$ mit $\lim_k x^k = x^\star$. Aufgrund der Stetigkeit von f auf M gilt nun

$$f(x^\star) \ = \ f\left(\lim_k x^k\right) \ = \ \lim_k f(x^k) \ = \ v,$$

man kann also $\bar{x} := x^\star$ wählen. Der Beweis zur Existenz eines globales Maximalpunkts verläuft analog.   □

Obwohl Satz 1.2.6 einerseits viele praktische Anwendungen besitzt, sind seine Voraussetzungen andererseits selbst bei manchen einfachen lösbaren Problemen verletzt, beispielsweise beim Problems P_{Dose} aus Beispiel 1.1.1.

1.2.7 Übung Zeigen Sie, dass die Menge der zulässigen Punkte des Optimierungsproblems P_{Dose} aus Beispiel 1.1.1 zwar nichtleer und abgeschlossen, aber unbeschränkt ist.

Für Probleme ohne Nebenbedingungen, sogenannte *unrestringierte Probleme*, gilt $M = \mathbb{R}^n$ (etwa in Beispiel 1.1.4). Auch dann ist M zwar nichtleer und abgeschlossen, aber *nicht* beschränkt. Daher ist Satz 1.2.6 auf kein unrestringiertes Problem anwendbar.

Um den Satz von Weierstraß für Probleme mit unbeschränkter Menge M anwendbar zu machen, bedient man sich eines Tricks und betrachtet untere Niveaumengen (*lower level sets*) von f. In deren sowie einigen späteren Definitionen werden wir den Definitionsbereich von f nicht mit M, sondern mit X bezeichnen, da er nicht unbedingt die zulässige Menge eines Optimierungsproblems sein muss.

1.2.8 Definition (Untere Niveaumenge)

Für $X \subseteq \mathbb{R}^n$, $f : X \to \mathbb{R}$ und $\alpha \in \mathbb{R}$ heißt

$$\operatorname{lev}^\alpha_\leq(f, X) \;=\; \{x \in X |\ f(x) \leq \alpha\}$$

untere Niveaumenge von f auf X zum Niveau α. Im Fall $X = \mathbb{R}^n$ schreiben wir auch kurz

$$f^\alpha_\leq \;:=\; \operatorname{lev}^\alpha_\leq(f, \mathbb{R}^n) \quad (= \{x \in \mathbb{R}^n |\ f(x) \leq \alpha\}).$$

1.2.9 Beispiel

Für $f(x) = x^2$ gilt $f^1_\leq = [-1, 1]$, $f^0_\leq = \{0\}$ und $f^{-1}_\leq = \emptyset$ (Abb. 1.8), und für $f(x) = x_1^2 + x_2^2$ gilt $f^1_\leq = \{x \in \mathbb{R}^2 |\ x_1^2 + x_2^2 \leq 1\}$ (die Einheitskreisscheibe), $f^0_\leq = \{0\}$ sowie $f^{-1}_\leq = \emptyset$ (Abb. 1.9). ◀

1.2.10 Übung Für eine abgeschlossene Menge $X \subseteq \mathbb{R}^n$ sei die Funktion $f : X \to \mathbb{R}$ stetig. Zeigen Sie, dass dann die Mengen $\operatorname{lev}^\alpha_\leq(f, X)$ für alle $\alpha \in \mathbb{R}$ abgeschlossen sind.

1.2.11 Übung Für eine abgeschlossene Menge $X \subseteq \mathbb{R}^n$ und endliche Indexmengen I und J seien die Funktionen $g_i : X \to \mathbb{R}$, $i \in I$, und $h_j : X \to \mathbb{R}$, $j \in J$, stetig. Zeigen Sie, dass dann die Menge

$$M \;=\; \{x \in X |\ g_i(x) \leq 0,\ i \in I,\ h_j(x) = 0,\ j \in J\}$$

abgeschlossen ist.

Für das folgenden Ergebnis führen wir die Menge der globalen Minimalpunkte

Abb. 1.8 Untere Niveaumenge $f^1_\leq$ von $f(x) = x^2$ auf $\mathbb{R}$

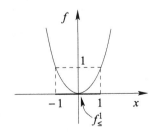

Abb. 1.9 Untere Niveaumenge
$f_{\leq}^{1}$ von $f(x) = x_1^2 + x_2^2$ auf
$\mathbb{R}^2$

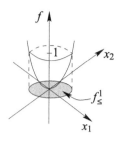

$$S = \{\bar{x} \in M \mid \forall\, x \in M : f(x) \geq f(\bar{x})\}$$

von P ein. Die Lösbarkeit von P lässt sich dann auch durch die Bedingung $S \neq \emptyset$ ausdrücken (in [33] werden aber noch interessantere Eigenschaften der Menge S gezeigt).

1.2.12 Lemma
Für ein $\alpha \in \mathbb{R}$ sei $\mathrm{lev}_{\leq}^{\alpha}(f, M) \neq \emptyset$. Dann gilt $S \subseteq \mathrm{lev}_{\leq}^{\alpha}(f, M)$.

Beweis Wegen $\mathrm{lev}_{\leq}^{\alpha}(f, M) \neq \emptyset$ gibt es einen Punkt $\widetilde{x}$ in M mit $f(\widetilde{x}) \leq \alpha$. Nun sei $\bar{x}$ ein beliebiger globaler Minimalpunkt von P. Dann gilt $\bar{x} \in M$ und $f(\bar{x}) \leq f(\widetilde{x}) \leq \alpha$, also $\bar{x} \in \mathrm{lev}_{\leq}^{\alpha}(f, M)$. $\qquad\qquad\square$

Das Konzept der unteren Niveaumengen erlaubt es, in einer hinreichenden Bedingung zur Lösbarkeit von P das Zusammenspiel der Eigenschaften der Zielfunktion f und der zulässigen Menge M zu berücksichtigen.

1.2.13 Satz (Verschärfter Satz von Weierstraß)
Für eine (nicht notwendigerweise beschränkte oder abgeschlossene) Menge $M \subseteq \mathbb{R}^n$ sei $f : M \to \mathbb{R}$ stetig, und mit einem $\alpha \in \mathbb{R}$ sei $\mathrm{lev}_{\leq}^{\alpha}(f, M)$ nichtleer und kompakt. Dann besitzt f auf M (mindestens) einen globalen Minimalpunkt.

Beweis Wegen Lemma 1.2.12 besitzen P und das Hilfsproblem

$$\widetilde{P} : \quad \min\; f(x) \quad \text{s.t.} \quad x \in \mathrm{lev}_{\leq}^{\alpha}(f, M)$$

dieselben Optimalpunkte und denselben Optimalwert. $\widetilde{P}$ erfüllt die Voraussetzungen von Satz 1.2.6, so dass die Behauptung folgt.   □

1.2.14 Übung Zeigen Sie, dass die Voraussetzungen von Satz 1.2.13 schwächer sind als die von Satz 1.2.6, dass sie also unter den Voraussetzungen von Satz 1.2.6 stets erfüllbar sind.

Die *Verschärfung* von Satz 1.2.13 gegenüber Satz 1.2.6 bezieht sich darauf, dass die uns interessierende Aussage des Satzes von Weierstraß, nämlich die Existenz eines globalen *Minimal*punkts, auch unter der schwächeren Voraussetzung von Satz 1.2.13 folgt. Da nun allerdings keine Aussage mehr zur Existenz eines globalen *Maximal*punkts von P getroffen werden kann, sind die beiden Sätze genau genommen unabhängig voneinander.

1.2.15 Beispiel

Betrachtet werde das Problem

$$P: \quad \min e^x \quad \text{s.t.} \quad x \geq 0$$

(Abb. 1.10).
Hier ist $M = \{x \in \mathbb{R} \mid x \geq 0\}$ unbeschränkt, Satz 1.2.6 also nicht anwendbar. Aber beispielsweise mit $\alpha = e$ ist

$$\text{lev}^e_\leq(f, M) = \{x \in M \mid e^x \leq e\} = \{x \geq 0 \mid x \leq 1\} = [0, 1]$$

nichtleer und kompakt. Folglich ist Satz 1.2.13 anwendbar und P daher lösbar. ◄

1.2.16 Übung Zeigen Sie die Lösbarkeit des Optimierungsproblems P_{Dose} aus Beispiel 1.1.1 mit Hilfe von Satz 1.2.13.

Abb. 1.10 e^x mit $x \geq 0$

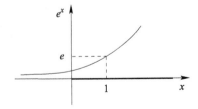

1.2.17 Korollar (Verschärfter Satz von Weierstraß für unrestringierte Probleme)

Die Funktion $f : \mathbb{R}^n \to \mathbb{R}$ sei stetig, und mit einem $\alpha \in \mathbb{R}$ sei $f_{\leq}^{\alpha}$ nichtleer und kompakt. Dann besitzt f auf $\mathbb{R}^n$ (mindestens) einen globalen Minimalpunkt.

Beweis Satz 1.2.13 mit $M = \mathbb{R}^n$.   □

1.2.18 Beispiel

Für $f(x) = (x-5)^2$ ist $f_{\leq}^1 = [4,6]$ nichtleer und kompakt, also besitzt f nach Korollar 1.2.17 einen globalen Minimalpunkt auf $\mathbb{R}$. ◄

1.2.19 Beispiel

Mit $f(x) = e^x$ gilt $f_{\leq}^{\alpha} = \emptyset$ für alle $\alpha \leq 0$ sowie $f_{\leq}^{\alpha} = (-\infty, \log(\alpha)]$ für alle $\alpha > 0$. Daher ist $f_{\leq}^{\alpha}$ für kein α nichtleer und kompakt, Korollar 1.2.17 also nicht anwendbar. f besitzt auch tatsächlich keinen globalen Minimalpunkt auf $\mathbb{R}$. ◄

1.2.20 Beispiel

Für $f(x) = \sin(x)$ ist Korollar 1.2.17 ebenfalls nicht anwendbar, da alle Mengen $f_{\leq}^{\alpha}$ mit $\alpha \in \mathbb{R}$ unbeschränkt oder leer sind. f besitzt aber trotzdem globale Minimalpunkte auf $\mathbb{R}$. ◄

Im Folgenden geben wir ein einfaches Kriterium an, aus dem die Kompaktheit von $\text{lev}_{\leq}^{\alpha}(f, X)$ mit *jedem* $\alpha \in \mathbb{R}$ folgt. Dadurch kann man die Voraussetzungen von Satz 1.2.13 und Korollar 1.2.17 garantieren, ohne ein explizites Niveau α angeben zu müssen.

1.2.21 Definition (Koerzivität)

Gegeben seien eine abgeschlossene Menge $X \subseteq \mathbb{R}^n$ und eine Funktion $f : X \to \mathbb{R}$. Falls für alle Folgen $(x^k) \subseteq X$ mit $\lim_k \|x^k\| = +\infty$ auch

$$\lim_k f(x^k) = +\infty$$

gilt, dann heißt f *koerziv* auf X.

1.2.22 Beispiel

$f(x) = (x-5)^2$ ist koerziv auf $\mathbb{R}$. ◄

1.2.23 Beispiel

$f(x) = e^x$ ist nicht koerziv auf $X = \mathbb{R}$, wohl aber auf der Menge $X = \{x \in \mathbb{R} \mid x \geq 0\}$. ◄

1.2.24 Übung Gegeben sei die quadratische Funktion $q(x) = \frac{1}{2}x^\mathsf{T} A x + b^\mathsf{T} x$ mit einer symmetrischen (n,n)-Matrix A (d. h., es gilt $A = A^\mathsf{T}$) und $b \in \mathbb{R}^n$. Zeigen Sie, dass q genau dann koerziv auf $\mathbb{R}^n$ ist, wenn A positiv definit ist (d. h. wenn $d^\mathsf{T} A d > 0$ für alle $d \in \mathbb{R}^n \setminus \{0\}$ gilt; Details zu positiv definiten Matrizen finden sich in Abschn. 2.1.4).

1.2.25 Beispiel

Auf kompakten Mengen X ist jede Funktion f trivialerweise koerziv. ◄

Zur Formulierung von Beispiel 1.2.25 sei angemerkt, dass wir den Begriff „trivial" in diesem Lehrbuch sparsam benutzen. Er bezeichnet nicht Aussagen, die aus Sicht des Autors „leicht" zu beweisen sind, sondern solche, die wegen einer logischen Trivialität gelten. Zum Beispiel ist die Aussage „Alle grünen Kühe können fliegen" trivialerweise wahr, denn um sie zu widerlegen, müsste man eine grüne Kuh finden, die nicht fliegen kann. Da man aber schon keine grüne Kuh findet, braucht man nicht noch darüber hinaus nach einer grünen Kuh zu suchen, die nicht fliegen kann. Damit lässt die Aussage sich aus einem trivialen Grund nicht widerlegen und ist folglich wahr. In Beispiel 1.2.25 lautet die analoge Argumentation, dass in einer kompakten Menge X keine einzige Folge (x^k) mit $\lim_k \|x^k\| \to +\infty$ liegt. Um zu zeigen, dass f *nicht* koerziv ist, müsste aber eine solche Folge *existieren* und außerdem noch $\lim_k f(x^k) = +\infty$ erfüllen. Letzteres ist aber irrelevant, weil schon die Existenz der Folge nicht vorliegt. Folglich ist f auf X aus einem trivialen Grund koerziv.

Im Satz von Weierstraß können wir nun im Sinne der folgenden beiden Resultate die Beschränktheit von M durch die Koerzivität von f auf M ersetzen. Beweise dazu finden sich beispielsweise in [33].

1.2.26 Lemma
Die Funktion $f : X \to \mathbb{R}$ sei stetig und koerziv auf der (nicht notwendigerweise beschränkten) abgeschlossenen Menge $X \subseteq \mathbb{R}^n$. Dann ist die Menge $\mathrm{lev}_\leq^\alpha(f, X)$ für jedes Niveau $\alpha \in \mathbb{R}$ kompakt.

Hieraus und aus dem Satz von Weierstraß folgt das zweite Resultat, das insbesondere ein häufig einsetzbares Kriterium zum Nachweis der Lösbarkeit unrestringierter Optimierungsprobleme liefert.

1.2.27 Korollar

Es sei M nichtleer und abgeschlossen, aber nicht notwendigerweise beschränkt. Ferner sei die Funktion $f : M \to \mathbb{R}$ stetig und koerziv auf M. Dann besitzt f auf M (mindestens) einen globalen Minimalpunkt.

1.3   Rechenregeln und Umformungen

Dieser Abschnitt führt eine Reihe von Rechenregeln und äquivalenten Umformungen von Optimierungsproblemen auf, die im Rahmen dieses Lehrbuchs von Interesse sind. Die Existenz aller auftretenden Optimalpunkte und -werte wird in diesem Abschnitt ohne weitere Erwähnung vorausgesetzt und muss bei Anwendung der Resultate zunächst zum Beispiel mit den Techniken aus Abschn. 1.2 garantiert werden. Die Übertragung der Resultate zu Optimalwerten auf Fälle von nicht angenommenen Infima und Suprema ist dem Leser als weitere Übung überlassen.

1.3.1 Übung (Skalare Vielfache und Summen) Gegeben seien $M \subseteq \mathbb{R}^n$ und $f, g : M \to \mathbb{R}$. Dann gilt:

a) $\forall \alpha \geq 0,\ \beta \in \mathbb{R}:\ \min_{x \in M} (\alpha f(x) + \beta) = \alpha (\min_{x \in M} f(x)) + \beta.$
b) $\forall \alpha < 0,\ \beta \in \mathbb{R}:\ \min_{x \in M} (\alpha f(x) + \beta) = \alpha (\max_{x \in M} f(x)) + \beta.$
c) $\min_{x \in M} (f(x) + g(x)) \geq \min_{x \in M} f(x) + \min_{x \in M} g(x).$
d) In Aussage c kann die strikte Ungleichung > auftreten.

In Aussage a und Aussage b stimmen außerdem jeweils die lokalen bzw. globalen Optimalpunkte der Optimierungsprobleme überein.

1.3.2 Übung (Separable Zielfunktion auf kartesischem Produkt) Es seien $X \subseteq \mathbb{R}^n$, $Y \subseteq \mathbb{R}^m$, $f : X \to \mathbb{R}$ und $g : Y \to \mathbb{R}$. Dann gilt

$$\min_{(x,y) \in X \times Y} (f(x) + g(y)) = \min_{x \in X} f(x) + \min_{y \in Y} g(y).$$

1.3.3 Übung (Vertauschung von Minima und Maxima) Es seien $X \subseteq \mathbb{R}^n$, $Y \subseteq \mathbb{R}^m$, $M = X \times Y$ und $f : M \to \mathbb{R}$ gegeben. Dann gilt:

a) $\min_{(x,y) \in M} f(x,y) = \min_{x \in X} \min_{y \in Y} f(x,y) = \min_{y \in Y} \min_{x \in X} f(x,y).$
b) $\max_{(x,y) \in M} f(x,y) = \max_{x \in X} \max_{y \in Y} f(x,y) = \max_{y \in Y} \max_{x \in X} f(x,y).$
c) $\min_{x \in X} \max_{y \in Y} f(x,y) \geq \max_{y \in Y} \min_{x \in X} f(x,y).$
d) In Aussage c kann die strikte Ungleichung > auftreten.

1.3.4 Übung (Monotone Transformation) Zu $M \subseteq \mathbb{R}^n$ und einer Funktion $f : M \to Y$ mit $Y \subseteq \mathbb{R}$ sei $\psi : Y \to \mathbb{R}$ eine streng monoton wachsende Funktion. Dann gilt

$$\min_{x \in M} \psi(f(x)) = \psi(\min_{x \in M} f(x)),$$

und die lokalen bzw. globalen Minimalpunkte stimmen überein.

1.3.5 Übung (Epigraphumformulierung) Gegeben seien $M \subseteq \mathbb{R}^n$ und eine Funktion $f : M \to \mathbb{R}$. Dann sind die Probleme

$$P : \quad \min_{x \in \mathbb{R}^n} f(x) \quad \text{s.t.} \quad x \in M$$

und

$$P_{\text{epi}} : \quad \min_{(x, \alpha) \in \mathbb{R}^n \times \mathbb{R}} \alpha \quad \text{s.t.} \quad f(x) \leq \alpha, \quad x \in M$$

in folgendem Sinne äquivalent:

a) Für jeden lokalen oder globalen Minimalpunkt $x^\star$ von P ist $(x^\star, f(x^\star))$ lokaler bzw. globaler Minimalpunkt von P_{epi}.
b) Für jeden lokalen oder globalen Minimalpunkt $(x^\star, \alpha^\star)$ von P_{epi} ist $x^\star$ lokaler bzw. globaler Minimalpunkt von P.
c) Die Minimalwerte von P und P_{epi} stimmen überein.

1.3.6 Definition (Parallelprojektion)
Es sei $M \subseteq \mathbb{R}^n \times \mathbb{R}^m$. Dann heißt

$$\text{pr}_x M = \{x \in \mathbb{R}^n |\, \exists\, y \in \mathbb{R}^m : (x, y) \in M\}$$

Parallelprojektion von M auf (den „x-Raum") $\mathbb{R}^n$.

1.3.7 Übung (Projektionsumformulierung) Gegeben seien $M \subseteq \mathbb{R}^n \times \mathbb{R}^m$ und eine Funktion $f : \mathbb{R}^n \to \mathbb{R}$, die nicht von den Variablen aus $\mathbb{R}^m$ abhängt. Dann sind die Probleme

$$P : \quad \min_{(x, y) \in \mathbb{R}^n \times \mathbb{R}^m} f(x) \quad \text{s.t.} \quad (x, y) \in M$$

und

$$P_{\text{proj}}: \quad \min_{x \in \mathbb{R}^n} f(x) \quad \text{s.t.} \quad x \in \text{pr}_x M$$

in folgendem Sinne äquivalent:

a) Für jeden lokalen oder globalen Minimalpunkt $(x^\star, y^\star)$ von P ist $x^\star$ lokaler bzw. globaler Minimalpunkt von P_{proj}.

b) Für jeden lokalen oder globalen Minimalpunkt $x^\star$ von P_{proj} existiert ein $y^\star \in \mathbb{R}^m$, so dass $(x^\star, y^\star)$ lokaler bzw. globaler Minimalpunkt von P ist.

c) Die Minimalwerte von P und P_{proj} stimmen überein.

Unrestringierte Optimierung

2

Inhaltsverzeichnis

Nichtlineare Optimierungsprobleme ohne Restriktionen besitzen die Form

$$P: \quad \min \, f(x)$$

mit einer Funktion $f : \mathbb{R}^n \to \mathbb{R}$. Das Problem P wird auch *unrestringiertes Optimierungsproblem* genannt. Allgemeiner werden manchmal auch Probleme mit *offener* zulässiger Menge M als unrestringiert bezeichnet (grob gesagt, weil auch bei diesen Problemen

---

Die Originalversion dieses Kapitels wurde revidiert. Ein Erratum ist verfügbar unter
https://doi.org/10.1007/978-3-662-62532-3_4

© Der/die Autor(en), exklusiv lizenziert durch Springer-Verlag GmbH,
DE, ein Teil von Springer Nature 2021, korrigierte Publikation 2021
O. Stein, *Grundzüge der Nichtlinearen Optimierung*,
https://doi.org/10.1007/978-3-662-62532-3_2

keine „Randeffekte" auftreten können). Tatsächlich lassen sich die im folgenden Abschn. 2.1 besprochenen Optimalitätsbedingungen ohne Weiteres auf diesen Fall übertragen, was wir aus Gründen der Übersichtlichkeit aber nicht explizit angeben werden. Abschn. 2.2 diskutiert ausführlich verschiedene numerische Lösungsverfahren für unrestringierte Optimierungs-probleme, die auf den zuvor hergeleiteten Optimalitätsbedingungen basieren.

2.1   Optimalitätsbedingungen

Zur Herleitung von ableitungsbasierten notwendigen bzw. hinreichenden Optimalitätsbedin-gungen führen wir in Abschn. 2.1.1 zunächst das ableitungsfreie Konzept der sogenannten Abstiegsrichtung für eine Funktion f an einer Stelle $\bar{x} \in \mathbb{R}^n$ ein. Für jede differenzierbare Funktion f lässt sich mit Hilfe der (mehrdimensionalen) ersten Ableitung von f an $\bar{x}$ eine hinreichende Bedingung dafür angeben, dass eine Richtung Abstiegsrichtung für f an $\bar{x}$ ist, woraus wir in Abschn. 2.1.2 als zentrale notwendige Optimalitätsbedingung die Fermat'sche Regel herleiten.

Die dafür erforderliche Definition der mehrdimensionalen ersten Ableitung führt auf den Begriff des Gradienten der Funktion f an $\bar{x}$, der selbst ein Vektor der Länge n ist. Die in Abschn. 2.1.3 diskutierten geometrischen Eigenschaften solcher Gradienten sind grundle-gend für das Verständnis sowohl der Optimalitätsbedingungen als auch der numerischen Verfahren in Abschn. 2.2.

Sofern f zweimal differenzierbar ist, lässt sich die obige hinreichende Bedingung für die Abstiegseigenschaft einer Richtung durch Informationen über die zweite Ableitung von f an $\bar{x}$ verfeinern, was eine stärkere notwendige Optimalitätsbedingung als die Fermat'sche Regel liefert, nämlich die in Abschn. 2.1.4 besprochene notwendige Optimalitätsbedingung zweiter Ordnung. Durch eine einfache Modifikation lässt sich aus dieser Bedingung auch eine hinreichende Optimalitätsbedingung konstruieren. Allerdings klafft zwischen der not-wendigen und der hinreichenden Optimalitätsbedingung zweiter Ordnung eine „Lücke". Wir diskutieren kurz, warum dies keine gravierenden Konsequenzen hat. Der abschließende Abschn. 2.1.5 reißt kurz an, wie die Optimalitätsbedingungen sich vereinfachen, wenn die Zielfunktion f zusätzlich konvex auf $\mathbb{R}^n$ ist.

2.1.1   Abstiegsrichtungen

Um zu klären, welche notwendigen Bedingungen die Funktion f an einem Minimalpunkt erfüllen muss, gehen wir nach folgendem Ausschlussprinzip vor: Wenn man den Punkt $\bar{x} \in \mathbb{R}^n$ entlang einer Richtung $d \in \mathbb{R}^n$ verlassen kann, während die Funktionswerte (zumindest zunächst) fallen, dann kommt $\bar{x}$ offensichtlich nicht als Minimalpunkt infrage. Die Punkte, die man beim Verlassen von $\bar{x}$ entlang d besucht, lassen sich per Punktrichtungsform einer Geraden explizit als $\bar{x} + td$ mit Skalaren $t \geq 0$ adressieren.

2.1.1 Definition (Abstiegsrichtung)

Es seien $f : \mathbb{R}^n \to \mathbb{R}$ und $\bar{x} \in \mathbb{R}^n$. Ein Vektor $d \in \mathbb{R}^n$ heißt *Abstiegsrichtung* für f in $\bar{x}$, falls

$$\exists \check{t} > 0 \ \forall t \in (0, \check{t}) : \quad f(\bar{x} + td) \ < \ f(\bar{x})$$

gilt.

2.1.2 Übung Für $f : \mathbb{R}^n \to \mathbb{R}$ sei $\bar{x}$ ein lokaler Minimalpunkt. Zeigen Sie, dass dann keine Abstiegsrichtung für f in $\bar{x}$ existiert.

Im Folgenden werden wir die nur von der eindimensionalen Variable t abhängige Funktion $f(\bar{x} + td)$ genauer untersuchen und geben ihr dazu eine eigene Bezeichnung.

2.1.3 Definition (Eindimensionale Einschränkung)

Gegeben seien $f : \mathbb{R}^n \to \mathbb{R}$, ein Punkt $\bar{x} \in \mathbb{R}^n$ und ein Richtungsvektor $d \in \mathbb{R}^n$. Die Funktion

$$\varphi_d : \mathbb{R}^1 \to \mathbb{R}^1, \quad t \mapsto f(\bar{x} + td)$$

heißt *eindimensionale Einschränkung* von f auf die durch $\bar{x}$ in Richtung d verlaufende Gerade.

Abb. 2.1 veranschaulicht, wie man sich die Entstehung des Graphen der Funktion φ_d aus dem der Funktion f für $n = 2$ geometrisch vorstellen kann: Der Punkt $\bar{x}$ und die Richtung d definieren die Gerade $\{\bar{x} + td \mid t \in \mathbb{R}\}$ im zweidimensionalen Raum der Argumente, und φ_d beschreibt die Auswertung der Funktion f genau auf den Punkten dieser Geraden. Den Graphen gph φ_d von φ_d erhält man geometrisch also, indem man über der Geraden eine „senkrechte Ebene" errichtet und diese mit dem Graphen gph$f$ von f schneidet. Tatsächlich ist gph φ_d aber natürlich keine Teilmenge des $\mathbb{R}^3$, wie es in Abb. 2.1 dargestellt ist, sondern Teilmenge des zweidimensionalen Raums, der mit der konstruierten „senkrechten Ebene" übereinstimmt.

Offensichtlich gilt $\varphi_d(0) = f(\bar{x})$ für jede Richtung $d \in \mathbb{R}^n$. Daher ist d genau dann Abstiegsrichtung für f in $\bar{x}$, wenn

$$\exists \check{t} > 0 \ \forall t \in (0, \check{t}) : \quad \varphi_d(t) \ < \ \varphi_d(0)$$

gilt.

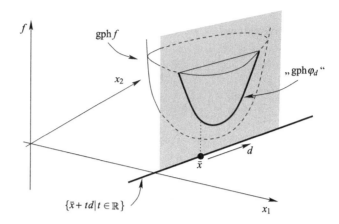

Abb. 2.1 Eindimensionale Einschränkung

2.1.2 Optimalitätsbedingung erster Ordnung

Im Folgenden werden wir eine Bedingung herleiten, die an jedem lokalen Minimalpunkt von f notwendigerweise erfüllt sein muss. Da sie Informationen aus ersten Ableitungen von f benutzt, spricht man von einer *notwendigen Optimalitätsbedingung erster Ordnung*. Um später (in Satz 3.3.21) eine Anwendung der folgenden Grundüberlegungen auch auf gewisse *nicht*glatte Probleme zuzulassen, führen wir sie unter einer sehr schwachen Voraussetzung an die Funktion f ein, nämlich ihrer *einseitigen Richtungsdifferenzierbarkeit*.

Zur Motivation dieses Konzepts betrachten wir zunächst den Fall, in dem f differenzierbar an einem betrachteten Punkt $\bar{x} \in \mathbb{R}^n$ ist. Als Verknüpfung von f mit der affin-linearen Funktion $\bar{x} + td$ ist dann auch die eindimensionale Einschränkung φ_d an $\bar{t} = 0$ differenzierbar. Ihre Ableitung $\varphi_d'(0)$ gibt an, mit welcher Steigung die Funktionswerte von f sich ändern, wenn man $\bar{x}$ in Richtung d verlässt. Diese Ableitung

$$\varphi_d'(0) \;=\; \lim_{t \to 0} \frac{f(\bar{x} + td) - f(\bar{x})}{t}$$

heißt *Richtungsableitung* von f an $\bar{x}$ in Richtung d.

Es erscheint plausibel, dass im Fall $\varphi_d'(0) < 0$ die Funktionswerte von φ_d bei wachsendem t zunächst fallen, dass ein solches d also eine Abstiegsrichtung ist. Da *negative* Werte von t für dieses Argument aber gar keine Rolle spielen, benötigt man tatsächlich nicht die Richtungsableitung von f, sondern nur das folgende Konzept.

2.1.4 Definition (Einseitige Richtungsableitung)

Eine Funktion $f : \mathbb{R}^n \to \mathbb{R}$ heißt an $\bar{x} \in \mathbb{R}^n$ in eine Richtung $d \in \mathbb{R}^n$ *einseitig richtungsdifferenzierbar*, wenn der Grenzwert

$$f'(\bar{x}, d) := \lim_{t \searrow 0} \frac{f(\bar{x} + td) - f(\bar{x})}{t}$$

existiert. Der Wert $f'(\bar{x}, d)$ heißt dann *einseitige Richtungsableitung*. Die Funktion f heißt an $\bar{x}$ *einseitig richtungsdifferenzierbar*, wenn f an $\bar{x}$ in jede Richtung $d \in \mathbb{R}^n$ einseitig richtungsdifferenzierbar ist, und f heißt *einseitig richtungsdifferenzierbar*, wenn f an jedem $\bar{x} \in \mathbb{R}^n$ einseitig richtungsdifferenzierbar ist.

Die obigen Schreibweisen für die auftretenden Limiten bedeuten expliziter das Folgende: Richtungsdifferenzierbarkeit von f an $\bar{x}$ in Richtung d besagt, dass für alle Folgen $(t^k) \subseteq \mathbb{R} \setminus \{0\}$ mit $\lim_k t^k = 0$ der Grenzwert

$$\lim_k \frac{f(\bar{x} + t^k d) - f(\bar{x})}{t^k}$$

existiert und identisch ist. Diesen Grenzwert nennen wir $\varphi'_d(0)$. Hingegen bedeutet die *einseitige* Richtungsdifferenzierbarkeit von f an $\bar{x}$ in Richtung d, dass nur für alle Folgen $(t^k) \subseteq \{t \in \mathbb{R}\,|\, t > 0\}$ mit $\lim_k t^k = 0$ der Grenzwert

$$\lim_k \frac{f(\bar{x} + t^k d) - f(\bar{x})}{t^k}$$

zu existieren und identisch zu sein braucht. Diesen Grenzwert bezeichnen wir mit $f'(\bar{x}, d)$.

Offensichtlich ist jede an $\bar{x}$ in Richtung d richtungsdifferenzierbare Funktion f an $\bar{x}$ in Richtung d auch einseitig richtungsdifferenzierbar mit $f'(\bar{x}, d) = \varphi'_d(0)$. Damit ist insbesondere jede an $\bar{x}$ differenzierbare Funktion f dort auch einseitig richtungsdifferenzierbar. Allerdings umfasst die Klasse der einseitig richtungsdifferenzierbaren Funktionen auch sehr viele nichtdifferenzierbare Funktionen, etwa alle auf $\mathbb{R}^n$ konvexen Funktionen (Abschn. 2.1.5 und [34]) sowie Maxima endlich vieler glatter Funktionen (Übung 2.1.12). Als einfaches Beispiel ist $f(x) = |x|$ an $\bar{x} = 0$ weder differenzierbar noch richtungsdifferenzierbar, aber *einseitig* richtungsdifferenzierbar.

2.1.5 Lemma

Die Funktion $f : \mathbb{R}^n \to \mathbb{R}$ sei an $\bar{x} \in \mathbb{R}^n$ in Richtung $d \in \mathbb{R}^n$ einseitig richtungsdifferenzierbar mit $f'(\bar{x}, d) < 0$. Dann ist d Abstiegsrichtung für f in $\bar{x}$.

Beweis Angenommen, d sei keine Abstiegsrichtung für f in $\bar{x}$. Dann existiert kein $\check{t} > 0$, so dass für alle $t \in (0, \check{t})$ die Ungleichung $f(\bar{x} + td) < f(\bar{x})$ erfüllt ist. Insbesondere erfüllt für jedes $k \in \mathbb{N}$ mindestens ein $t^k \in (0, 1/k)$ die Ungleichung $f(\bar{x} + t^k d) \geq f(\bar{x})$. Für jedes $k \in \mathbb{N}$ gilt dann wegen $t^k > 0$ auch

$$\frac{f(\bar{x} + t^k d) - f(\bar{x})}{t^k} \geq 0,$$

und die einseitige Richtungsdifferenzierbarkeit von f an $\bar{x}$ in Richtung d liefert

$$f'(\bar{x}, d) = \lim_k \frac{f(\bar{x} + t^k d) - f(\bar{x})}{t^k} \geq 0.$$

Dies steht jedoch im Widerspruch zur Voraussetzung $f'(\bar{x}, d) < 0$. Demnach ist die Annahme falsch und die Behauptung bewiesen. $\qquad\square$

Aus Übung 2.1.2 und Lemma 2.1.5 folgt sofort das nächste Resultat.

2.1.6 Lemma
Die Funktion $f : \mathbb{R}^n \to \mathbb{R}$ sei an einem lokalen Minimalpunkt $\bar{x} \in \mathbb{R}^n$ einseitig richtungsdifferenzierbar. Dann gilt $f'(\bar{x}, d) \geq 0$ für jede Richtung $d \in \mathbb{R}^n$.

Lemma 2.1.5 und 2.1.6 motivieren die folgenden Definitionen.

2.1.7 Definition (Abstiegsrichtung erster Ordnung)
Für eine am Punkt $\bar{x} \in \mathbb{R}^n$ in Richtung $d \in \mathbb{R}^n$ einseitig richtungsdifferenzierbare Funktion $f : \mathbb{R}^n \to \mathbb{R}$ heißt d *Abstiegsrichtung erster Ordnung*, falls $f'(\bar{x}, d) < 0$ gilt.

2.1.8 Definition (Stationärer Punkt – unrestringierter Fall)
Die Funktion $f : \mathbb{R}^n \to \mathbb{R}$ sei an $\bar{x} \in \mathbb{R}^n$ einseitig richtungsdifferenzierbar. Dann heißt $\bar{x}$ *stationärer Punkt* von f, falls $f'(\bar{x}, d) \geq 0$ für jede Richtung $d \in \mathbb{R}^n$ gilt.

In dieser Terminologie besagt Lemma 2.1.5, dass jede Abstiegsrichtung erster Ordnung tatsächlich eine Abstiegsrichtung im Sinne von Definition 2.1.1 ist. Die Definition der Stationarität eines Punkts aus Definition 2.1.8 lautet gerade, dass an ihm keine Abstiegsrichtung erster Ordnung existieren darf, und Lemma 2.1.6 sagt aus, dass jeder lokale Minimalpunkt einer dort einseitig richtungsdifferenzierbaren Funktion auch stationär ist.

Um Lemma 2.1.6 algorithmisch ausnutzen zu können, benötigen wir eine einfache Formel für $f'(\bar{x}, d)$ und kehren daher wieder zu einer in $\bar{x}$ differenzierbaren Funktion f zurück. Wir betrachten als Richtungsvektor zunächst speziell den i-ten Einheitsvektor $d = e_i$ (setzen also $d_i = 1$ und $d_j = 0$ für alle $j \neq i$). Dann ist $f'(\bar{x}, e_i)$ die *partielle Ableitung* von f bezüglich der Variable x_i, die man alternativ auch mit $\partial_{x_i} f(\bar{x})$ bezeichnet. Als *erste Ableitung* einer partiell differenzierbaren Funktion $f : \mathbb{R}^n \to \mathbb{R}$ an $\bar{x}$ betrachtet man den Zeilenvektor

$$Df(\bar{x}) := (\, \partial_{x_1} f(\bar{x}), \, \ldots \,, \partial_{x_n} f(\bar{x})\,)$$

oder auch sein Transponiertes $\nabla f(\bar{x}) := (Df(\bar{x}))^\mathsf{T}$. Der Spaltenvektor $\nabla f(\bar{x})$ wird als *Gradient* von f an $\bar{x}$ bezeichnet. Im Hinblick auf spätere Konstruktionen halten wir fest, dass der Gradient $\nabla f(\bar{x})$ zwar einerseits nur eine Liste von partiellen Ableitungsinformationen ist, andererseits aber genau wie $\bar{x}$ als ein n-dimensionaler Vektor interpretiert werden darf.

Für eine *vektor*wertige Funktion $f : \mathbb{R}^n \to \mathbb{R}^m$ mit partiell differenzierbaren Komponenten $f_1, \ldots, f_m$ definiert man die erste Ableitung als

$$Df(\bar{x}) := \begin{pmatrix} Df_1(\bar{x}) \\ \vdots \\ Df_m(\bar{x}) \end{pmatrix}.$$

Diese (m, n)-Matrix heißt *Jacobi-Matrix* oder *Funktionalmatrix* von f an $\bar{x}$. Gelegentlich benutzen wir auch für vektorwertige Funktionen f die Notation $\nabla f(\bar{x}) := (Df(\bar{x}))^\mathsf{T}$.

Eine wichtige Rechenregel für differenzierbare Funktionen ist die *Kettenregel,* deren Beweis man z. B. in [18] findet.

2.1.9 Satz (Kettenregel)
Es seien $g : \mathbb{R}^n \to \mathbb{R}^m$ *differenzierbar an* $\bar{x} \in \mathbb{R}^n$ *und* $f : \mathbb{R}^m \to \mathbb{R}^k$ *differenzierbar an* $g(\bar{x}) \in \mathbb{R}^m$. *Dann ist* $f \circ g : \mathbb{R}^n \to \mathbb{R}^k$ *differenzierbar an* $\bar{x}$ *mit*

$$D(f \circ g)(\bar{x}) = Df(g(\bar{x})) \cdot Dg(\bar{x}).$$

Ein wesentlicher Grund dafür, die Jacobi-Matrix einer Funktion wie oben zu definieren, besteht darin, dass die Kettenregel dann völlig analog zum eindimensionalen Fall ($n = m = k = 1$) formuliert werden kann, obwohl das auftretende Produkt ein Matrixprodukt ist.

Bei der Anwendung der Kettenregel auf die Funktion $\varphi_d(t) = f(\bar{x} + td)$ gilt $k = m = 1$ und $g(t) = \bar{x} + td$. Als Jacobi-Matrix von g erhält man

$$Dg(t) = d$$

und damit

$$\varphi_d'(0) = Df(\bar{x}) \, d.$$

Das Matrixprodukt aus der Kettenregel wird in diesem speziellen Fall also zum Produkt des Zeilenvektors $Df(\bar{x})$ mit dem Spaltenvektor d.

Für zwei allgemeine (Spalten-)Vektoren $a, b \in \mathbb{R}^n$ nennt man den so definierten Term

$$a^\mathsf{T} b = \sum_{i=1}^{n} a_i \, b_i$$

auch (Standard-)*Skalarprodukt* von a und b. Eine alternative Schreibweise dafür ist

$$\langle a, b \rangle := a^\mathsf{T} b.$$

Wir erhalten also

$$\varphi_d'(0) = \langle \nabla f(\bar{x}), d \rangle$$

und können damit zunächst Lemma 2.1.5 umformulieren.

2.1.10 Lemma
Die Funktion $f : \mathbb{R}^n \to \mathbb{R}$ sei am Punkt $\bar{x} \in \mathbb{R}^n$ differenzierbar, und für die Richtung $d \in \mathbb{R}^n$ gelte $\langle \nabla f(\bar{x}), d \rangle < 0$. Dann ist d Abstiegsrichtung für f in $\bar{x}$.

Für eine an $\bar{x}$ differenzierbare Funktion f ist d offensichtlich genau dann Abstiegsrichtung erster Ordnung im Sinne von Definition 2.1.7, wenn $\langle \nabla f(\bar{x}), d \rangle < 0$ gilt.

2.1.11 Bemerkung Nachfolgend wird wichtig sein, wie die Bedingung $\langle \nabla f(\bar{x}), d \rangle < 0$ geometrisch zu interpretieren ist. Für zwei Vektoren $a, b \in \mathbb{R}^n$ besitzt das Skalarprodukt $\langle a, b \rangle$ neben der algebraischen Definition zu $a^\mathsf{T} b$ nämlich auch die Darstellung

$$\langle a, b \rangle = \|a\|_2 \cdot \|b\|_2 \cdot \cos(\angle(a, b)) \tag{2.1}$$

(z. B. [8]). Dabei bezeichnet $\angle(a, b)$ den Winkel zwischen den beiden Vektoren a und b. Dieser lässt sich für n-dimensionale Vektoren a und b definieren, indem man ihn in der Ebene misst, die von a und b aufgespannt wird (also in der Menge $\{\lambda a + \mu b \mid \lambda, \mu \in \mathbb{R}\}$).

Im Ausnahmefall, in dem die Vektoren a und b linear abhängig sind, spannen sie zwar keine Ebene auf, aber der Winkel zwischen a und b kann dann nur null (falls sie in die gleiche Richtung zeigen) oder π (falls sie in entgegengesetzte Richtungen zeigen) betragen. In diesen Fällen gilt $\cos(\angle(a,b)) = +1$ bzw. $\cos(\angle(a,b)) = -1$.

Aus der Darstellung (2.1) erhalten wir die Bedingung $\langle a, b \rangle < 0$ also genau dann, wenn $\cos(\angle(a,b)) < 0$ gilt, d.h. genau für $\angle(a,b) \in (\pi/2, 3\pi/2)$. Mit anderen Worten ist das Skalarprodukt der Vektoren a und b genau dann negativ, wenn sie einen stumpfen Winkel miteinander bilden. Analog ist das Skalarprodukt genau für einen spitzen Winkel bildende Vektoren positiv sowie genau für senkrecht zueinander stehende Vektoren null.

Insbesondere ist d genau dann eine Abstiegsrichtung erster Ordnung für f in $\bar{x}$, wenn d einen *stumpfen Winkel* mit dem Gradienten $\nabla f(\bar{x})$ bildet. Wir werden später sehen, dass unter gewissen Zusatzvoraussetzungen auch Richtungen d Abstiegsrichtungen sein können, die *senkrecht* zum Vektor $\nabla f(\bar{x})$ stehen.

Auch für nur einseitig richtungsdifferenzierbare Funktionen lassen sich manchmal einfache Formeln für die einseitige Richtungsableitung angeben.

2.1.12 Übung Gegeben seien $\bar{x} \in \mathbb{R}^n$, eine endliche Indexmenge K und an $\bar{x}$ differenzierbare Funktionen $f_k : \mathbb{R}^n \to \mathbb{R}$, $k \in K$. Zeigen Sie, dass dann die Funktion $f(x) := \max_{k \in K} f_k(x)$ an $\bar{x}$ einseitig richtungsdifferenzierbar ist und dass mit $K_\star(\bar{x}) = \{k \in K \mid f_k(\bar{x}) = f(\bar{x})\}$

$$f'(\bar{x}, d) = \max_{k \in K_\star(\bar{x})} \langle \nabla f_k(\bar{x}), d \rangle$$

für jede Richtung $d \in \mathbb{R}^n$ gilt.

Wir können nun die zentrale Optimalitätsbedingung für unrestringierte glatte Optimierungsprobleme beweisen.

2.1.13 Satz (Notwendige Optimalitätsbedingung erster Ordnung – Fermat'sche Regel)
Die Funktion $f : \mathbb{R}^n \to \mathbb{R}$ sei differenzierbar an einem lokalen Minimalpunkt $\bar{x} \in \mathbb{R}^n$. Dann gilt $\nabla f(\bar{x}) = 0$.

Beweis Nach Lemma 2.1.6 ist $\bar{x}$ ein stationärer Punkt von f. Aufgrund der Darstellung der Richtungsableitung per Kettenregel gilt für jede Richtung $d \in \mathbb{R}^n$ also

$$0 \leq \varphi'_d(0) = \langle \nabla f(\bar{x}), d \rangle.$$

Insbesondere gilt dies auch für die Wahl des Vektors $d = -\nabla f(\bar{x})$, also

$$0 \leq \langle \nabla f(\bar{x}), -\nabla f(\bar{x}) \rangle = -\|\nabla f(\bar{x})\|_2^2 \leq 0.$$

Es folgt $\|\nabla f(\bar{x})\|_2 = 0$ und (wegen der Definitheit der Norm) $\nabla f(\bar{x}) = 0$.   □

Die Fermat'sche Regel wird als *Optimalitätsbedingung erster Ordnung* bezeichnet, da sie von ersten Ableitungen der Funktion f Gebrauch macht. Sie motiviert die folgende Definition.

> **2.1.14 Definition (Kritischer Punkt)**
> Die Funktion $f : \mathbb{R}^n \to \mathbb{R}$ sei an $\bar{x} \in \mathbb{R}^n$ differenzierbar. Dann heißt $\bar{x}$ *kritischer Punkt* von f, wenn $\nabla f(\bar{x}) = 0$ gilt.

In dieser Terminologie ist nach der Fermat'schen Regel jeder lokale Minimalpunkt einer differenzierbaren Funktion notwendigerweise kritischer Punkt.

2.1.15 Übung Die Funktion $f : \mathbb{R}^n \to \mathbb{R}$ sei differenzierbar an einem Punkt $\bar{x} \in \mathbb{R}^n$. Zeigen Sie, dass $\bar{x}$ genau dann stationärer Punkt von f ist, wenn er kritischer Punkt von f ist.

Übung 2.1.15 begründet, weshalb in der Literatur zur glatten unrestringierten Optimierung die Begriffe des stationären und des kritischen Punkts synonym gebraucht werden. Für nichtglatte oder restringierte glatte Probleme ist der Zusammenhang zwischen der durch das Fehlen einer Abstiegsrichtung erster Ordnung definierten Stationarität und einer algebraischen Optimalitätsbedingung (analog zur Kritikalität $\nabla f(\bar{x}) = 0$) allerdings weniger übersichtlich ([34] und Kap. 3). Die Begriffe der Stationarität und der Kritikalität werden in der Literatur aber nicht einheitlich gebraucht.

2.1.16 Beispiel

Für den (globalen) Minimalpunkt $\bar{x} = 0$ von $f_1(x) = x_1^2 + x_2^2$ rechnet man sofort $\nabla f_1(\bar{x}) = 0$ nach. Für die beiden Funktionen $f_2(x) = -x_1^2 - x_2^2$ und $f_3(x) = x_1^2 - x_2^2$ ist $\bar{x} = 0$ allerdings ebenfalls kritischer Punkt, obwohl $\bar{x}$ *kein* lokaler Minimalpunkt ist. In der Tat liefert beispielsweise die Richtung $d = (0, 1)^\mathsf{T}$ für die eindimensionale Einschränkung beider Funktionen

$$\varphi_d(t) = f_i(\bar{x} + td) = f_i(0, t) = -t^2, \quad i = 2,3,$$

so dass man $\bar{x} = 0$ in diese Richtung verlassen kann, während die Funktionswerte fallen (damit ist d zwar Abstiegsrichtung, aber *nicht* Abstiegsrichtung erster Ordnung). Für f_2 ist dies sogar in jeder beliebigen Richtung der Fall, da f_2 an $\bar{x} = 0$ offensichtlich einen Maximalpunkt besitzt. Bei f_3 wachsen hingegen in Richtung $d = (1,0)^\mathsf{T}$ die Funktionswerte an. In diesem Fall spricht man von einem Sattelpunkt von f_3. ◄

2.1.17 Definition (Sattelpunkt)

Die Funktion $f : \mathbb{R}^n \to \mathbb{R}$ sei an $\bar{x} \in \mathbb{R}^n$ differenzierbar. Dann heißt $\bar{x}$ *Sattelpunkt* von f, falls $\bar{x}$ zwar kritischer Punkt von f, aber weder lokaler Minimal- noch lokaler Maximalpunkt ist.

Beispiel 2.1.16 illustriert, dass die Fermat'sche Regel nur eine *notwendige* Optimalitätsbedingung ist. Sie besagt zwar, dass ein lokaler Minimalpunkt von f notwendigerweise kritischer Punkt ist, aber die Eigenschaft, ein kritischer Punkt zu sein, ist nicht *hinreichend* für Minimalität.

Damit ist klar, dass kritische Punkte lediglich *Kandidaten* für Minimalpunkte von f sind, aber auch beispielsweise Maximal- oder Sattelpunkten entsprechen können. Algorithmus 2.1 beschreibt ein auf dieser Beobachtung basierendes konzeptionelles Verfahren zur Minimierung mit Hilfe kritischer Punkte. Es nutzt die notwendige Optimalitätsbedingung, um unter allen zulässigen Punkten (also allen Punkten in $\mathbb{R}^n$) diejenigen „auszusieben", die nicht als Kandidaten für Minimalpunkte infrage kommen. „Nur" unter den restlichen Punkten muss dann noch ein Minimalpunkt gesucht werden.

Hier und im Folgenden nennen wir ein Optimierungsproblem P differenzierbar, wenn es durch differenzierbare Funktionen beschrieben wird. Im vorliegenden unrestringierten Fall betrifft dies natürlich nur die Differenzierbarkeit der Zielfunktion f.

Algorithmus 2.1: Konzeptioneller Algorithmus zur unrestringierten nichtlinearen Minimierung mit Informationen erster Ordnung

---

Input :   Lösbares unrestringiertes differenzierbares Optimierungsproblem P
Output : Globaler Minimalpunkt $x^\star$ von f über $\mathbb{R}^n$

---

1 **begin**
2   Bestimme alle kritischen Punkte von f, d.h. die Lösungsmenge K der Gleichung
      $\nabla f(x) = 0$.
3   Bestimme einen Minimalpunkt $x^\star$ von f in K.
4 **end**

Algorithmus 2.1 besitzt drei Nachteile, die seine Anwendung auf praktische Probleme behindern. Zunächst muss die Lösbarkeit des Problems P a priori bekannt sein, etwa durch Anwendung der Kriterien aus Abschn. 1.2. Beispielsweise besitzt die Funktion $f(x) = x^3/3 - x$ genau die beiden kritischen Punkte $x^1 = -1$ und $x^2 = 1$, wobei x^2 den kleineren Funktionswert besitzt und damit den Output von Algorithmus 2.1 bildet. Allerdings ist f auf $\mathbb{R}$ nicht nach unten beschränkt und besitzt damit keinen globalen Minimalpunkt. Diese Unlösbarkeit kann von Algorithmus 2.1 nicht identifiziert werden.

Der zweite Nachteil von Algorithmus 2.1 besteht darin, dass er *alle* kritischen Punkte bestimmen muss. Bei einer nichtlinearen Kritische-Punkt-Gleichung $\nabla f(x) = 0$ ist aber selten klar, wie alle Lösungen bestimmt werden können. Falls kritische Punkte übersehen werden, besteht die Gefahr, dass der Output von Algorithmus 2.1 kein globaler Minimalpunkt ist.

Als dritter Nachteil ist anzuführen, dass bei komplizierten Funktionen f schon die Berechnung eines einzigen kritischen Punkts sehr aufwendig sein kann.

Algorithmus 2.1 lässt sich demnach immerhin auf lösbare Optimierungsprobleme anwenden, deren kritische Punkte etwa durch Fallunterscheidung komplett und außerdem explizit berechenbar sind. Dies trifft leider oft nur auf niedrigdimensionale Probleme mit „übersichtlicher" Zielfunktion zu.

2.1.18 Übung Betrachten Sie noch einmal das Datenapproximationsproblem aus Beispiel 1.1.4 mit der euklidischen Norm, also das auch als Problem der *linearen Regression* bekannte unrestringierte Optimierungsproblem

$$\min_{a,b} \left\| \begin{pmatrix} ax_1 + b - y_1 \\ \vdots \\ ax_m + b - y_m \end{pmatrix} \right\|_2$$

für gegebene Datenpunkte $(x_j, y_j) \in \mathbb{R}^2$, $1 \le j \le m$. Warum ist nicht garantiert, dass sich die Fermat'sche Regel auf jeden lokalen Minimalpunkt dieses Problems anwenden lässt?

Berechnen Sie alle kritischen Punkte des nach Übung 1.3.4 äquivalenten und auch als *Kleinste-Quadrate-Problem* bekannten Optimierungsproblems

$$\min_{a,b} \left\| \begin{pmatrix} ax_1 + b - y_1 \\ \vdots \\ ax_m + b - y_m \end{pmatrix} \right\|_2^2$$

unter der Voraussetzung, dass mindestens zwei der Stützstellen x_j, $1 \le j \le m$, voneinander verschieden sind.

2.1.3 Geometrische Eigenschaften von Gradienten

Um die geometrische Interpretation des Gradienten $\nabla f(\bar{x})$ vollständig zu verstehen, bringen wir ihn mit der unteren Niveaumenge

$$f_{\leq}^{f(\bar{x})} = \{x \in \mathbb{R}^n \mid f(x) \leq f(\bar{x})\}$$

in Verbindung. Sie ist für Minimierungsverfahren von grundlegender Bedeutung, da einerseits offensichtlich $\bar{x} \in f_{\leq}^{f(\bar{x})}$ gilt und im Vergleich zu $\bar{x}$ „bessere" Punkte x gerade solche sind, die die strikte Ungleichung $f(x) < f(\bar{x})$ erfüllen. Eine Abstiegsrichtung d für f in $\bar{x}$ sollte also in das „Innere" von $f_{\leq}^{f(\bar{x})}$ zeigen. Abb. 2.2 illustriert, wie eine solche Menge für eine nichtlineare Funktion f aussehen kann, wobei zwei verschiedene Punkte x^1 und x^2 so gewählt sind, dass $f_{\leq}^{f(x^1)} = f_{\leq}^{f(x^2)}$ gilt.

Völlig analog zu Lemma 2.1.10 und Definition 2.1.7 kann man zeigen, dass jeder Vektor $d \in \mathbb{R}^n$ mit $\langle \nabla f(\bar{x}), d \rangle > 0$ eine *Anstiegsrichtung* erster Ordnung ist. Da für einen nichtkritischen Punkt $\bar{x}$ die Gradientenrichtung $d = \nabla f(\bar{x})$ die strikte Ungleichung

$$\langle \nabla f(\bar{x}), \nabla f(\bar{x}) \rangle = \|\nabla f(\bar{x})\|_2^2 > 0$$

erfüllt, ist $d = \nabla f(\bar{x})$ also eine Anstiegsrichtung erster Ordnung für f in $\bar{x}$ und zeigt damit sicherlich *aus $f_{\leq}^{f(\bar{x})}$ heraus.*

Tatsächlich lässt sich sogar zeigen, dass $\nabla f(\bar{x})$ *senkrecht* auf dem Rand von $f_{\leq}^{f(\bar{x})}$ steht. Um dies korrekt zu begründen, muss man einen Tangentialkegel an die Menge $f_{\leq}^{f(\bar{x})}$ im Punkt $\bar{x}$ definieren, was wir auf Abschn. 3.1.2 verschieben, in dem Tangentialkegel an allgemeine Mengen eingeführt werden (Übung 3.2.9).

Plausibel ist zumindest, dass der Tangentialkegel, also die um $\bar{x}$ *linearisierte* Menge $f_{\leq}^{f(\bar{x})}$, etwas mit der Linearisierung der Ungleichung zu tun hat, durch die die Menge definiert ist. Tatsächlich liegt für $t>0$ und eine Richtung $d \in \mathbb{R}^n$ der Punkt $\bar{x} + td$ in $f_{\leq}^{f(\bar{x})}$, falls $f(\bar{x} + td) \leq f(\bar{x})$ gilt. Mit der eindimensionalen Einschränkung lässt sich

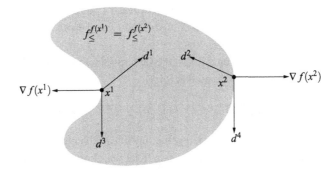

Abb. 2.2 Gradienten und Abstiegsrichtungen

dies auch als $\varphi_d(t) \leq \varphi_d(0)$ schreiben. Eine Linearisierung dieser Ungleichung um $\bar{t} = 0$, also die Taylor-Entwicklung erster Ordnung (s. auch Satz 2.1.19a) mit unterschlagenem Restglied, führt auf

$$\varphi_d(0) + \varphi'_d(0)\, t \ \leq \ \varphi_d(0),$$

woraus für jedes $t > 0$ die Bedingung $\langle \nabla f(\bar{x}), d \rangle = \varphi'_d(0) \leq 0$ folgt. Mit den Ergebnissen aus Abschn. 3.2.2 werden wir in Übung 3.2.9 tatsächlich zeigen können, dass an einem nichtkritischen Punkt $\bar{x}$ der Tangentialkegel an die Menge $f_{\leq}^{f(\bar{x})}$ im Punkt $\bar{x}$ durch

$$\{d \in \mathbb{R}^n \mid \langle \nabla f(\bar{x}), d \rangle \leq 0\}$$

gegeben ist. Jede Richtung d aus dem Rand des Tangentialkegels erfüllt daher $\langle \nabla f(\bar{x}), d \rangle = 0$, steht also senkrecht auf dem Gradienten $\nabla f(\bar{x})$. Folglich zeigt $\nabla f(\bar{x})$ nicht nur aus $f_{\leq}^{f(\bar{x})}$ heraus, sondern steht auch senkrecht zum Rand dieser Menge (bzw. ihres Tangentialkegels).

Abb. 2.2 illustriert dies für die Punkte x^1 und x^2. Da d^1 und d^2 stumpfe Winkel mit $\nabla f(x^1)$ bzw. $\nabla f(x^2)$ bilden, sind sie Abstiegsrichtungen erster Ordnung für f in x^1 bzw. x^2. Offensichtlich gerät man entlang dieser Richtungen auch (zunächst) ins Innere der Menge $f_{\leq}^{f(x^1)} = f_{\leq}^{f(x^2)}$. Der Vektor d^3 steht senkrecht auf $\nabla f(x^1)$, ist also keine Abstiegsrichtung erster Ordnung. Dass er dennoch als Abstiegsrichtung fungiert, ist der „nichtkonvexen Krümmung" des Rands dieser Menge um x^1 zuzuschreiben. Andererseits steht der Vektor d^4 zwar ebenfalls senkrecht auf $\nabla f(x^2)$, kommt als Abstiegsrichtung aber offensichtlich nicht infrage. Mit diesen beiden Effekten werden wir uns in Abschn. 2.1.4 genauer befassen.

Während wir bislang nur das *Vorzeichen* der Richtungsableitung $\varphi'_d(0) = f'(\bar{x}, d) = \langle \nabla f(\bar{x}), d \rangle$ betrachtet haben, untersuchen wir abschließend noch, wie man den tatsächlichen An- oder Abstieg der Funktionswerte von $\bar{x}$ aus in Richtung d quantifizieren kann. Das Problem hierbei ist, dass zu jedem Vektor $d \neq 0$ auch etwa der Vektor $2d$ in dieselbe Richtung zeigt, sich beim Austausch von d gegen $2d$ aber der Wert der Richtungsableitung verdoppelt. Um einen eindeutigen Wert der Richtungsableitung zu erhalten, liegt es nahe, nur solche Richtungen d zu betrachten, die die Länge eins besitzen, also $\|d\|_2 = 1$ erfüllen. Dies entspricht der natürlichen Forderung, dass ein Schritt der Länge t von $\bar{x}$ in Richtung d zu einem Punkt $\bar{x} + td$ führt, der tatsächlich den Abstand t von $\bar{x}$ besitzt (denn mit $\|d\|_2 = 1$ gilt $\|(\bar{x} + td) - \bar{x}\|_2 = t\|d\|_2 = t$).

Für solche normierten Richtungen d liefert die Cauchy-Schwarz-Ungleichung (die sofort aus der Darstellung (2.1) des Skalarprodukts folgt)

$$-\|\nabla f(\bar{x})\|_2 = -\|\nabla f(\bar{x})\|_2 \cdot \|d\|_2 \leq \langle \nabla f(\bar{x}), d \rangle \leq \|\nabla f(\bar{x})\|_2 \cdot \|d\|_2 = \|\nabla f(\bar{x})\|_2\,,$$

und die Unter- und Oberschranken werden genau für linear abhängige d und $\nabla f(\bar{x})$ angenommen. Wegen $\nabla f(\bar{x}) \neq 0$ wird die kleinstmögliche Steigung $-\|\nabla f(\bar{x})\|_2$ daher mit

$$d = -\frac{\nabla f(\bar{x})}{\|\nabla f(\bar{x})\|_2}$$

realisiert und die größtmögliche $+\|\nabla f(\bar{x})\|_2$ mit

$$d = +\frac{\nabla f(\bar{x})}{\|\nabla f(\bar{x})\|_2}.$$

Insbesondere entspricht die *Länge* $\|\nabla f(\bar{x})\|_2$ des Gradienten genau dem größtmöglichen Anstieg der Funktion f von $\bar{x}$ aus, und die *Richtung* des Gradienten zeigt in die zugehörige Richtung des *steilsten Anstiegs*.

Analog zeigt $-\nabla f(\bar{x})$ in die Richtung des *steilsten Abstiegs* von f in $\bar{x}$. Dies wird in Abschn. 2.2 auf ein grundlegendes numerisches Verfahren führen. Tatsächlich arbeitet man numerisch allerdings *nicht* mit normierten Richtungsvektoren, da beispielsweise die Länge $\|\nabla f(x)\|_2$ der negativen Gradientenrichtung gerade in der Nähe der gesuchten kritischen Punkte nahe bei null liegt, und die Division $-\nabla f(x)/\|\nabla f(x)\|_2$ dann numerisch instabil wäre.

2.1.4 Optimalitätsbedingungen zweiter Ordnung

Zur Herleitung der Fermat'schen Regel haben wir in Abschn. 2.1.2 ausgenutzt, dass an lokalen Minimalpunkten keine Abstiegsrichtungen *erster Ordnung* existieren können. Übung 2.1.2 schließt in lokalen Minimalpunkten allerdings *jegliche* Abstiegsrichtungen aus, und in Beispiel 2.1.16 sowie mit der Richtung d^3 in Abb. 2.2 haben wir gesehen, dass es noch andere als Abstiegsrichtungen erster Ordnung gibt. Die im aktuellen Abschnitt hergeleiteten Optimalitätsbedingungen zweiter Ordnung basieren auf dem Konzept der Abstiegsrichtungen *zweiter* Ordnung.

Um es einzuführen, setzen wir f im Folgenden als mindestens zweimal differenzierbar am betrachteten Punkt $\bar{x} \in \mathbb{R}^n$ voraus. Dann ist auch die eindimensionale Einschränkung φ_d an $\bar{t} = 0$ zweimal differenzierbar. Ihre zweite Ableitung $\varphi_d''(0)$ ist ein Maß für die Krümmung von φ_d in $\bar{t} = 0$. Aus Abschn. 2.1.2 ist bekannt, dass φ_d im Fall $\varphi_d'(0) < 0$ von $\bar{t} = 0$ aus für wachsende Werte von t zunächst fällt und analog dass φ_d im Fall $\varphi_d'(0) > 0$ von $\bar{t} = 0$ aus für wachsende Werte von t zunächst steigt. Im Grenzfall $\varphi_d'(0) = 0$ erscheint es plausibel, dass für $\varphi_d''(0) < 0$ die Funktionswerte von φ_d bei wachsendem t zunächst fallen, dass ein solches d also eine Abstiegsrichtung ist. Um auch dies tatsächlich nachzuweisen, benötigen wir den aus der Analysis bekannten und beispielsweise in [16, 17, 28] bewiesenen Satz von Taylor in folgender Form, wobei der Begriff *univariat* sich darauf bezieht, dass die betrachtete Funktion von einer nur *ein*dimensionalen Variable abhängt.

2.1.19 Satz (Entwicklungen erster und zweiter Ordnung per univariatem Satz von Taylor)

a) *Es sei* $\varphi : \mathbb{R} \to \mathbb{R}$ *differenzierbar an* $\bar{t}$. *Dann gilt für alle* $t \in \mathbb{R}$

$$\varphi(t) \;=\; \varphi(\bar{t}) + \varphi'(\bar{t})(t - \bar{t}) + o(|t - \bar{t}|),$$

wobei $o(|t - \bar{t}|)$ *einen Ausdruck der Form* $\omega(t) \cdot |t - \bar{t}|$ *mit* $\lim_{t \to \bar{t}} \omega(t) = \omega(\bar{t}) = 0$
bezeichnet.

b) *Es sei* $\varphi : \mathbb{R} \to \mathbb{R}$ *zweimal differenzierbar an* $\bar{t}$. *Dann gilt für alle* $t \in \mathbb{R}$

$$\varphi(t) \;=\; \varphi(\bar{t}) + \varphi'(\bar{t})(t - \bar{t}) + \tfrac{1}{2}\varphi''(\bar{t})(t - \bar{t})^2 + o(|t - \bar{t}|^2),$$

wobei $o(|t - \bar{t}|^2)$ *einen Ausdruck der Form* $\omega(t) \cdot |t - \bar{t}|^2$ *mit* $\lim_{t \to \bar{t}} \omega(t) = \omega(\bar{t}) = 0$
bezeichnet.

2.1.20 Lemma
Für $f : \mathbb{R}^n \to \mathbb{R}$, *einen Punkt* $\bar{x} \in \mathbb{R}^n$ *und eine Richtung* $d \in \mathbb{R}^n$ *seien* $\varphi_d'(0) = 0$
und $\varphi_d''(0) < 0$. *Dann ist* d *Abstiegsrichtung für* f *in* $\bar{x}$.

Beweis Wie im Beweis zu Lemma 2.1.5 nehmen wir an, dass d keine Abstiegsrichtung ist.
Dann existiert für jedes $k \in \mathbb{N}$ wieder ein $t^k \in (0, 1/k)$ mit

$$\varphi_d(t^k) \;=\; f(\bar{x} + t^k d) \;\geq\; f(\bar{x}) \;=\; \varphi_d(0).$$

Satz 2.1.19b mit $\varphi = \varphi_d$ und $\bar{t} = 0$ liefert außerdem für jedes $k \in \mathbb{N}$

$$\varphi_d(t^k) \;=\; \varphi_d(0) + \varphi_d'(0)\, t^k + \tfrac{1}{2}\varphi_d''(0)(t^k)^2 + o((t^k)^2).$$

Zusammen mit der Voraussetzung $\varphi_d'(0) = 0$ und $t^k \neq 0$ erhalten wir insgesamt für jedes
$k \in \mathbb{N}$

$$0 \;\leq\; \frac{\varphi_d(t^k) - \varphi_d(0)}{(t^k)^2} \;=\; \tfrac{1}{2}\varphi_d''(0) + \omega(t^k)$$

mit $\lim_k \omega(t^k) = \omega(0) = 0$. Im Grenzübergang gilt also

$$0 \;\leq\; \tfrac{1}{2}\varphi_d''(0),$$

was aber im Widerspruch zur Voraussetzung $\varphi_d''(0) < 0$ steht. Demnach ist d Abstiegsrichtung. $\qquad\square$

> **2.1.21 Lemma**
> *Für $f : \mathbb{R}^n \to \mathbb{R}$ sei $\bar{x}$ ein lokaler Minimalpunkt. Dann gilt $\nabla f(\bar{x}) = 0$, und jede Richtung $d \in \mathbb{R}^n$ erfüllt $\varphi_d''(0) \geq 0$.*

Beweis Zunächst liefert Satz 2.1.13, dass $\nabla f(\bar{x}) = 0$ gilt und damit insbesondere auch $\varphi_d'(0) = \langle \nabla f(\bar{x}), d \rangle = 0$. Aus Übung 2.1.2 und Lemma 2.1.20 folgt daher die Behauptung. $\qquad\square$

Um Lemma 2.1.21 ausnutzen zu können, benötigen wir eine einfache Formel für $\varphi_d''(0)$, also für die Ableitung der bereits per Kettenregel berechneten ersten Ableitung

$$\varphi_d'(t) = \langle \nabla f(\bar{x} + td), d \rangle = \sum_{i=1}^{n} \partial_{x_i} f(\bar{x} + td)\, d_i$$

an der Stelle $\bar{t} = 0$. Aus nochmaliger Anwendung der Kettenregel folgt

$$\varphi_d''(t) = \sum_{i=1}^{n} \left(D\partial_{x_i} f(\bar{x} + td)\, d \right) d_i = \sum_{i=1}^{n} \sum_{j=1}^{n} \partial_{x_j} \partial_{x_i} f(\bar{x} + td)\, d_j\, d_i$$

und damit

$$\varphi_d''(0) = \sum_{i=1}^{n} \sum_{j=1}^{n} \partial_{x_j} \partial_{x_i} f(\bar{x})\, d_j\, d_i\,.$$

In dieser noch etwas unübersichtlichen Formel für $\varphi_d''(0)$ treten jedenfalls *partielle* zweite Ableitungen von f auf. Um eine übersichtlichere Formel für $\varphi_d''(0)$ zu finden, führen wir eine „n-dimensionale zweite Ableitung" von f ein. Eine naheliegende Möglichkeit dafür ist es, die erste Ableitung der ersten Ableitung zu bilden, also die Jacobi-Matrix des Gradienten von f: Die (n, n)-Matrix

$$D^2 f(\bar{x}) := D\nabla f(\bar{x}) = \begin{pmatrix} \partial_{x_1} \partial_{x_1} f(\bar{x}) & \cdots & \partial_{x_n} \partial_{x_1} f(\bar{x}) \\ \vdots & & \vdots \\ \partial_{x_1} \partial_{x_n} f(\bar{x}) & \cdots & \partial_{x_n} \partial_{x_n} f(\bar{x}) \end{pmatrix}$$

heißt *Hesse-Matrix* von f an $\bar{x}$. Als zweite Ableitung sind in ihr Krümmungsinformationen von f an $\bar{x}$ codiert.

Nach den Regeln der Matrix-Vektor-Multiplikation gilt für jeden Vektor $d \in \mathbb{R}^n$ gerade

$$d^{\mathsf{T}} D^2 f(\bar{x}) d \;=\; \sum_{i=1}^{n} \sum_{j=1}^{n} \partial_{x_j} \partial_{x_i} f(\bar{x}) \, d_j \, d_i \;=\; \varphi_d''(0),$$

womit die gesuchte einfache Darstellung von $\varphi_d''(0)$ vorliegt. Damit können wir Lemma 2.1.20 umformulieren.

2.1.22 Lemma
Für $f : \mathbb{R}^n \to \mathbb{R}$, einen Punkt $\bar{x} \in \mathbb{R}^n$ und eine Richtung $d \in \mathbb{R}^n$ seien $\langle \nabla f(\bar{x}), d \rangle = 0$ und $d^{\mathsf{T}} D^2 f(\bar{x}) d < 0$. Dann ist d Abstiegsrichtung für f in $\bar{x}$.

Dies motiviert die folgende Definition.

2.1.23 Definition (Abstiegsrichtung zweiter Ordnung)
Zu $f : \mathbb{R}^n \to \mathbb{R}$ und $\bar{x} \in \mathbb{R}^n$ heißt jeder Richtungsvektor $d \in \mathbb{R}^n$ mit $\langle \nabla f(\bar{x}), d \rangle = 0$ und $d^{\mathsf{T}} D^2 f(\bar{x}) d < 0$ *Abstiegsrichtung zweiter Ordnung* für f in $\bar{x}$.

2.1.24 Beispiel

Die Funktionen $f_1(x) = x_1^2 + x_2^2$, $f_2(x) = -x_1^2 - x_2^2$ und $f_3(x) = x_1^2 - x_2^2$ aus Beispiel 2.1.16 besitzen an $\bar{x} = 0$ den Gradienten $\nabla f(\bar{x}) = 0$ und die Hesse-Matrizen

$$D^2 f_1(0) = \begin{pmatrix} 2 & 0 \\ 0 & 2 \end{pmatrix}, \qquad D^2 f_2(0) = \begin{pmatrix} -2 & 0 \\ 0 & -2 \end{pmatrix}, \qquad D^2 f_3(0) = \begin{pmatrix} 2 & 0 \\ 0 & -2 \end{pmatrix}.$$

Für $d = (0, 1)^{\mathsf{T}}$ folgt

$$\langle \nabla f_2(0), d \rangle \;=\; \langle \nabla f_3(0), d \rangle \;=\; \langle 0, d \rangle \;=\; 0$$

und

$$d^{\mathsf{T}} D^2 f_2(0) d \;=\; d^{\mathsf{T}} D^2 f_3(0) d \;=\; -2 \;<\; 0,$$

so dass d Abstiegsrichtung zweiter Ordnung für f_2 und f_3 in $\bar{x} = 0$ ist. ◄

2.1.25 Beispiel

In Beispiel 2.1.24 ist die Bedingung $\langle \nabla f(\bar{x}), d \rangle = 0$ aus Definition 2.1.23 erfüllt, weil schon $\nabla f(\bar{x}) = 0$ gilt. Es gibt aber auch Abstiegsrichtungen zweiter Ordnung im Fall $\nabla f(\bar{x}) \neq 0$, nämlich solche, die orthogonal zu $\nabla f(\bar{x})$ stehen. Dies veranschaulicht etwa die Richtung d^3 in Abb. 2.2. Die dortige Richtung d^4 verdeutlicht andererseits, dass die bloße Orthogonalität natürlich nicht ausreicht. Die „nichtkonvexe Krümmung" des Rands der Menge $f_{\leq}^{f(x^1)} = f_{\leq}^{f(x^2)}$ an x^1 entspricht gerade der Bedingung $(d^3)^{\mathsf{T}} D^2 f(x^1) d^3 < 0$, die d^3 laut Definition 2.1.23 zu einer Abstiegsrichtung zweiter Ordnung macht. Dieser Zusammenhang wird noch klarer werden, wenn wir diese Bedingungen mit den Eigenwerten der Matrix $D^2 f(x^1)$ in Verbindung bringen. ◄

Das folgende Beispiel belegt, dass nicht jede Abstiegsrichtung entweder von erster oder von zweiter Ordnung ist.

2.1.26 Beispiel

Für jede Abstiegsrichtung zweiter Ordnung d ist offenbar auch ihre „Gegenrichtung" $-d$ eine Abstiegsrichtung zweiter Ordnung. Daher ist beispielsweise $d = -1$ für die Funktion $f(x) = x^3$ an $\bar{x} = 0$ zwar eine Abstiegsrichtung, aber weder von erster noch von zweiter Ordnung. ◄

Die per Formel für $\varphi_d''(0)$ explizitere Formulierung von Lemma 2.1.21 besagt, dass an einem lokalen Minimalpunkt $\bar{x}$ von f notwendigerweise $\nabla f(\bar{x}) = 0$ und $d^{\mathsf{T}} D^2 f(\bar{x}) d \geq 0$ für alle $d \in \mathbb{R}^n$ gilt. In der linearen Algebra wird letztere Bedingung an die Matrix $D^2 f(\bar{x})$ *positive Semidefinitheit* genannt und kurz mit $D^2 f(\bar{x}) \succeq 0$ bezeichnet. Damit erhalten wir aus Lemma 2.1.21 folgendes Resultat.

2.1.27 Satz (Notwendige Optimalitätsbedingung zweiter Ordnung)
Die Funktion $f : \mathbb{R}^n \to \mathbb{R}$ sei zweimal differenzierbar an einem lokalen Minimalpunkt $\bar{x} \in \mathbb{R}^n$. Dann gilt $\nabla f(\bar{x}) = 0$ und $D^2 f(\bar{x}) \succeq 0$.

Um Satz 2.1.27 praktisch anwenden zu können, muss die Bedingung $D^2 f(\bar{x}) \succeq 0$ überprüfbar sein. Nach Definition der positiven Semidefinitheit wären dazu aber unendlich viele Ungleichungen zu garantieren. Glücklicherweise stellt die lineare Algebra eine Charakterisierung von positiver Semidefinitheit zur Verfügung, sofern die Matrix $D^2 f(\bar{x})$ *symmetrisch* ist (d. h., es gilt $D^2 f(\bar{x}) = D^2 f(\bar{x})^{\mathsf{T}}$). Nach dem aus der Analysis bekannten Satz von Schwarz (z. B. [18]) ist Letzteres der Fall, wenn f nicht nur zweimal differenzierbar, sondern sogar zweimal *stetig* differenzierbar ist (kurz: $f \in C^2(\mathbb{R}^n, \mathbb{R})$).

Es sei daran erinnert, dass λ ein *Eigenwert* zum *Eigenvektor* $v \neq 0$ von $D^2 f(\bar{x})$ ist, wenn $D^2 f(\bar{x})v = \lambda v$ gilt (eine Motivation dafür wird z. B. im Anhang von [24] gegeben). Obwohl Eigenwerte im Allgemeinen komplexe Zahlen sein können, wird in der linearen Algebra gezeigt (z. B. [8, 20]), dass Eigenwerte *symmetrischer* Matrizen stets reell sind. Insbesondere kann man dann ihre Vorzeichen betrachten. Eine symmetrische Matrix ist tatsächlich genau dann positiv semidefinit, wenn ihre sämtlichen Eigenwerte nichtnegativ sind (z. B. [8, 20]). Demnach dürfen wir für jede C^2-Funktion f die Bedingung $D^2 f(\bar{x}) \succeq 0$ verifizieren, indem wir die n Eigenwerte der Matrix $D^2 f(\bar{x})$ berechnen und auf Nichtnegativität überprüfen.

2.1.28 Beispiel

Alle drei Funktionen f_1, f_2 und f_3 aus Beispiel 2.1.24 sind zweimal stetig differenzierbar an $\bar{x} = 0$, so dass die positive Semidefinitheit ihrer Hesse-Matrizen mit Hilfe der Eigenwerte geprüft werden kann. Von den drei Hesse-Matrizen ist nur $D^2 f_1(0)$ positiv semidefinit. Daher kann man mit Satz 2.1.27 ausschließen, dass f_2 und f_3 an $\bar{x} = 0$ lokale Minimalpunkte besitzen. ◄

Beispiel 2.1.28 zeigt, dass Satz 2.1.27 die Kandidatenmenge für lokale Minimalpunkte gegenüber der Fermat'schen Regel stark reduzieren kann. Darauf basiert der konzeptionelle Algorithmus 2.2, der im Vergleich zu Algorithmus 2.1 das entsprechend „feinere Sieb" zum Einsatz bringt. Die drei Hauptnachteile von Algorithmus 2.1, nämlich die fehlende Identifizierung der Unlösbarkeit des Optimierungsproblems, die Notwendigkeit, die Kandidatenmenge K komplett zu berechnen, sowie die Schwierigkeit, überhaupt kritische Punkte zu bestimmen, werden auch durch Algorithmus 2.2 nicht ausgeräumt. Sein Vorteil gegenüber Algorithmus 2.1 ist die üblicherweise erheblich kleinere Menge K.

Algorithmus 2.2: Konzeptioneller Algorithmus zur unrestringierten nichtlinearen Minimierung mit Informationen zweiter Ordnung

Input :   Lösbares unrestringiertes zweimal stetig differenzierbares Optimierungsproblem P
Output : Globaler Minimalpunkt $x^\star$ von f über $\mathbb{R}^n$

1 **begin**
2   Bestimme alle kritischen Punkte mit positiv semidefiniter Hesse-Matrix von f, d.h. die Lösungsmenge K der beiden Bedingungen $\nabla f(x) = 0$ und $D^2 f(x) \succeq 0$.
3   Bestimme einen Minimalpunkt $x^\star$ von f in K.
4 **end**

Leider sind lokale Minimalpunkte durch die notwendige Bedingung aus Satz 2.1.27 nach wie vor nicht *charakterisiert,* denn etwa für $f_4(x) = x_1^2 - x_2^4$ gilt $\nabla f_4(0) = 0$, und die Hesse-Matrix

$$D^2 f_4(0) = \begin{pmatrix} 2 & 0 \\ 0 & 0 \end{pmatrix}$$

ist positiv semidefinit, aber $\bar{x} = 0$ ist trotzdem kein lokaler Minimalpunkt von f. Dies führt auf die Frage nach einer *hinreichenden* Bedingung für lokale Minimalität.

Analog zu unseren bisherigen Betrachtungen ließe sich vermuten, dass f sicherlich dann einen lokalen Minimalpunkt an $\bar{x}$ besitzt, wenn für alle $d \in \mathbb{R}^n$ die eindimensionale Einschränkung φ_d an $\bar{t}$ einen lokalen Minimalpunkt besitzt. Die folgende Übung zeigt allerdings, dass diese Vermutung *falsch* ist.

2.1.29 Übung (Beispiel von Peano) Zeigen Sie, dass die Funktion $f(x) = (x_1^2 - x_2) \cdot (x_1^2 - 3x_2)$ zwar keinen lokalen Minimalpunkt bei $\bar{x} = 0$ besitzt, dass aber für jede Richtung $d \in \mathbb{R}^n$ die eindimensionale Einschränkung φ_d an $\bar{t} = 0$ einen lokalen Minimalpunkt aufweist.

Übung 2.1.29 illustriert einen Effekt, der für univariate Funktionen (also für $n = 1$) nicht auftreten kann: Der Funktionswert an $\bar{x}$ wird durch Funktionswerte an Punkten unterschritten, die nicht entlang einer Geraden durch $\bar{x}$ liegen, sondern entlang einer *Parabel* durch $\bar{x}$. Tatsächlich gilt in Übung 2.1.29 für die Richtung d, die an $\bar{x}$ tangential zu dieser Parabel liegt, $\varphi_d''(0) = 0$, während alle anderen Richtungen $\varphi_d''(0) > 0$ erfüllen.

Um einen lokalen Minimalpunkt $\bar{x}$ durch Informationen zweiter Ordnung zu garantieren, sollte man also ausschließen, dass für eine Richtung d nur $\varphi_d''(0) = 0$ gilt. Dies ist (neben der notwendigerweise aufzustellenden Bedingung $\nabla f(\bar{x}) = 0$) gleichbedeutend mit der Forderung, jede Richtung d sei *An*stiegsrichtung zweiter Ordnung, also

$$d^\mathsf{T} D^2 f(\bar{x}) d > 0 \text{ für alle } d \neq 0,$$

was in der linearen Algebra als *positive Definitheit* von $D^2 f(\bar{x})$ bezeichnet wird, kurz $D^2 f(\bar{x}) \succ 0$. Falls die Hesse-Matrix wegen zweimaliger stetiger Differenzierbarkeit von f an $\bar{x}$ symmetrisch ist, wird positive Definitheit dadurch charakterisiert, dass alle Eigenwerte von $D^2 f(\bar{x})$ strikt positiv sind (z. B. [8, 20]).

Der Beweis der resultierenden hinreichenden Optimalitätsbedingung zweiter Ordnung benutzt wieder den Satz von Taylor. Aus Übung 2.1.29 erschließt sich allerdings, dass univariate Versionen dieses Satzes, also Entwicklungen entlang von Geraden, nicht hilfreich sein werden.

Zum Glück lässt der Satz von Taylor sich auch im multivariaten Fall formulieren (ein Beweis wird z. B. in [16, 18] gegeben).

2.1.30 Satz (Entwicklungen erster und zweiter Ordnung per multivariatem Satz von Taylor)

a) *Es sei* $f : \mathbb{R}^n \to \mathbb{R}$ *differenzierbar an* $\bar{x}$. *Dann gilt für alle* $x \in \mathbb{R}^n$

$$f(x) = f(\bar{x}) + \langle \nabla f(\bar{x}), x - \bar{x} \rangle + o(\|x - \bar{x}\|),$$

wobei $o(\|x - \bar{x}\|)$ *einen Ausdruck der Form* $\omega(x) \cdot \|x - \bar{x}\|$ *mit* $\lim_{x \to \bar{x}} \omega(x) = \omega(\bar{x}) = 0$ *bezeichnet.*

b) *Es sei* $f : \mathbb{R}^n \to \mathbb{R}$ *zweimal differenzierbar an* $\bar{x}$. *Dann gilt für alle* $x \in \mathbb{R}^n$

$$f(x) = f(\bar{x}) + \langle \nabla f(\bar{x}), x - \bar{x} \rangle + \tfrac{1}{2}(x - \bar{x})^\mathsf{T} D^2 f(\bar{x})(x - \bar{x}) + o(\|x - \bar{x}\|^2),$$

wobei $o(\|x - \bar{x}\|^2)$ *einen Ausdruck der Form* $\omega(x) \cdot \|x - \bar{x}\|^2$ *mit* $\lim_{x \to \bar{x}} \omega(x) = \omega(\bar{x}) = 0$ *bezeichnet.*

Im Beweis des folgenden Satzes werden wir außerdem mit

$$B_{\leq}(\bar{x}, r) = \{x \in \mathbb{R}^n \mid \|x - \bar{x}\| \leq r\}$$

eine Kugel mit Radius r um $\bar{x}$ bezeichnen und mit

$$B_{=}(\bar{x}, r) = \{x \in \mathbb{R}^n \mid \|x - \bar{x}\| = r\}$$

ihren Rand, also die Sphäre mit Radius r um $\bar{x}$ (wobei die Wahl der Norm $\| \cdot \|$ keine Rolle spielt).

2.1.31 Satz (Hinreichende Optimalitätsbedingung zweiter Ordnung)
Die Funktion $f : \mathbb{R}^n \to \mathbb{R}$ *sei an* $\bar{x} \in \mathbb{R}^n$ *zweimal differenzierbar, und es gelte* $\nabla f(\bar{x}) = 0$ *und* $D^2 f(\bar{x}) \succ 0$. *Dann ist* $\bar{x}$ *ein strikter lokaler Minimalpunkt von* f.

Beweis Der Beweis wird per Widerspruch geführt. Angenommen, $\bar{x}$ sei kein strikter lokaler Minimalpunkt von f. Falls $\bar{x}$ kein kritischer Punkt von f ist, liegt bereits ein Widerspruch vor, so dass wir im Folgenden $\nabla f(\bar{x}) = 0$ voraussetzen dürfen. Da $\bar{x}$ kein strikter lokaler Minimalpunkt ist, existiert per Definition 1.1.2 zu jeder Umgebung U von $\bar{x}$ ein $x_U \in U \setminus \{\bar{x}\}$ mit $f(x_U) \leq f(\bar{x})$. Insbesondere existiert zu jeder Umgebung $U_k = B_{\leq}(\bar{x}, 1/k)$ mit $k \in \mathbb{N}$ ein Punkt $x^k \neq \bar{x}$ mit $f(x^k) \leq f(\bar{x})$. Aus der speziellen Wahl der Umgebungen folgt außerdem $\lim_k x^k = \bar{x}$.

Folglich bilden die Werte $t^k := \|x^k - \bar{x}\|$ eine Nullfolge positiver Zahlen, die Richtungen

$$d^k := \frac{x^k - \bar{x}}{t^k} = \frac{x^k - \bar{x}}{\|x^k - \bar{x}\|}$$

sind wohldefiniert und normiert, und es gilt $x^k = \bar{x} + t^k d^k$ für alle $k \in \mathbb{N}$. Dass alle Richtungen d^k normiert sind, bedeutet gerade, dass die Folge (d^k) in der Einheitssphäre $B_=(0,1)$ liegt. Da diese eine kompakte Menge ist, besitzt die Folge (d^k) mindestens einen Häufungspunkt $d \in B_=(0,1)$ (nach dem Satz von Bolzano-Weierstraß; z.B. [18]). Nach Übergang zu einer entsprechenden Teilfolge erhalten wir die Existenz von Folgen (t^k) und (d^k) mit $\lim_k t^k = 0$, $\lim_k d^k = d$, $\|d\| = 1$ und

$$f(x^k) = f(\bar{x} + t^k d^k) \leq f(\bar{x})$$

für alle $k \in \mathbb{N}$. Satz 2.1.30b liefert nun für alle $k \in \mathbb{N}$

$$0 \geq \frac{f(\bar{x} + t^k d^k) - f(\bar{x})}{(t^k)^2} = \tfrac{1}{2}(d^k)^\mathsf{T} D^2 f(\bar{x}) d^k + \omega(x^k),$$

wobei die Funktion $\omega(x^k)$ für $k \to \infty$ gegen $\omega(\bar{x}) = 0$ strebt. Wegen $\lim_k t^k = 0$ folgt im Grenzübergang also

$$0 \geq d^\mathsf{T} D^2 f(\bar{x}) d.$$

Aufgrund von $\|d\| = 1$ widerspricht dies aber der Voraussetzung $D^2 f(\bar{x}) \succ 0$. $\square$

2.1.32 Bemerkung Die *notwendigen* Optimalitätsbedingungen erster und zweiter Ordnung lassen sich samt ihrer Beweise problemlos auf Funktionale auf Banach-Räumen $f : X \to \mathbb{R}$ übertragen, also auf eine große Klasse unendlichdimensionaler Optimierungsprobleme. Die Verallgemeinerung *hinreichender* Bedingungen ist hingegen nur mit zusätzlichem Aufwand möglich. Hauptgrund hierfür ist, dass die Einheitssphäre in einem Banach-Raum nur in Spezialfällen kompakt ist (für Details s. z.B. [4, 19]).

2.1.33 Übung Zeigen Sie, dass der in Übung 2.1.18 unter der Voraussetzung, dass mindestens zwei der Stützstellen x_j, $1 \leq j \leq m$, voneinander verschieden sind, berechnete eindeutige kritische Punkt des Kleinste-Quadrate-Problems

$$\min_{a,b} \left\| \begin{pmatrix} ax_1 + b - y_1 \\ \vdots \\ ax_m + b - y_m \end{pmatrix} \right\|_2^2$$

ein strikter lokaler Minimalpunkt ist.

2.1.34 Bemerkung Man kann sich fragen, warum es bei den Optimalitätsbedingungen zweiter Ordnung zwar eine notwendige und eine hinreichende Version gibt, bei den Bedingungen erster Ordnung aber nur die Fermat'sche Regel als notwendige Bedingung. Dazu sei daran erinnert, dass der Beweis der Fermat'schen Regel auf Lemma 2.1.6 für einseitig richtungsdifferenzierbare Funktionen basiert, also auf der Notwendigkeit von Stationarität für jeden lokalen Minimalpunkt. Im glatten Fall besagt dies, dass an einem lokalen Minimalpunkt $\bar{x}$ von f notwendigerweise die Ungleichungen $\langle \nabla f(\bar{x}), d \rangle \geq 0$ für alle $d \in \mathbb{R}^n$ gelten.

Würde man hier zur Konstruktion einer womöglich hinreichenden Optimalitätsbedingung erster Ordnung analog zu den Bedingungen zweiter Ordnung die nichtstrikte durch eine strikte Ungleichung ersetzen, erhielte man $\langle \nabla f(\bar{x}), d \rangle > 0$ für alle $d \in \mathbb{R}^n \setminus \{0\}$. Diese Bedingung ist aber für keinen Vektor $\nabla f(\bar{x})$ erfüllbar und daher nutzlos.

Das Problem liegt dabei in der Glattheitsvoraussetzung an die Funktion f. Für lediglich einseitig richtungsdifferenzierbare Funktionen lässt sich sehr wohl zeigen, dass aus $f'(\bar{x}, d) > 0$ für alle $d \in \mathbb{R}^n \setminus \{0\}$ die (strikte) lokale Minimalität von $\bar{x}$ für f folgt und dass diese Bedingung auch erfüllbar ist (z. B. für $f(x) = |x|$ und $\bar{x} = 0$).

Für *restringierte* glatte Probleme werden wir in Korollar 3.2.69 wiederum eine hinreichende Optimalitätsbedingung erster Ordnung angeben können, weil (etwas lax formuliert) die dafür benötigte Nichtglattheit durch den Rand der zulässigen Menge bereitgestellt wird.

Da die hinreichende Bedingung aus Satz 2.1.31 etwas mehr liefert als gewünscht, nämlich sogar *strikte* lokale Minimalpunkte, kann man von ihr keine *Charakterisierung* lokaler Minimalität erwarten. Andererseits liefert diese hinreichende Bedingung auch keine Charakterisierung für strikte Minimalität, denn sie kann an strikten lokalen Minimalpunkten verletzt sein (z. B. für $f(x) = x^4$ und $\bar{x} = 0$).

Zwischen notwendigen und hinreichenden Optimalitätsbedingungen zweiter Ordnung klafft in diesem Sinne also eine Lücke. Die folgenden Ergebnisse zeigen allerdings, dass diese Lücke für „sehr viele" Optimierungsprobleme keine Rolle spielt. Als Konsequenz daraus befassen wir uns weder mit Optimalitätsbedingungen noch mit Abstiegsrichtungen dritter und höherer Ordnung, obwohl sich diese mit Hilfe der entsprechenden Taylor-Entwicklungen durchaus angeben ließen. Für die folgende Definition sei daran erinnert, dass eine quadratische Matrix *nichtsingulär* heißt, wenn keiner ihrer Eigenwerte null ist.

2.1.35 Definition (Nichtdegenerierte kritische und Minimalpunkte)
Die Funktion $f : \mathbb{R}^n \to \mathbb{R}$ sei an $\bar{x}$ zweimal differenzierbar mit $\nabla f(\bar{x}) = 0$. Dann heißt $\bar{x}$

a) *nichtdegenerierter kritischer Punkt*, falls $D^2 f(\bar{x})$ nichtsingulär ist,
b) *nichtdegenerierter lokaler Minimalpunkt*, falls $\bar{x}$ lokaler Minimalpunkt und nichtdegenerierter kritischer Punkt ist.

Beispielsweise ist der Sattelpunkt $\bar{x} = 0$ von $f_3(x) = x_1^2 - x_2^2$ ein nichtdegenerierter kritischer Punkt, während der Sattelpunkt $\bar{x} = 0$ ein *degenerierter* kritischer Punkt von $f_4(x) = x_1^2 - x_2^4$ ist.

Nichtdegenerierte lokale Minimalpunkte lassen sich durch Eigenschaften von Gradient und Hesse-Matrix *charakterisieren*.

2.1.36 Lemma
Der Punkt $\bar{x}$ ist genau dann nichtdegenerierter lokaler Minimalpunkt von f, wenn $\nabla f(\bar{x}) = 0$ und $D^2 f(\bar{x}) \succ 0$ gilt.

Beweis Für einen lokalen Minimalpunkt $\bar{x}$ gilt nach Satz 2.1.27 $\nabla f(\bar{x}) = 0$ und $D^2 f(\bar{x}) \succeq 0$. Wenn $\bar{x}$ außerdem nichtdegenerierter kritischer Punkt ist, dann besitzt $D^2 f(\bar{x})$ keinen verschwindenden Eigenwert, ist also positiv definit.

Es seien andererseits $\nabla f(\bar{x}) = 0$ und $D^2 f(\bar{x}) \succ 0$. Dann ist $\bar{x}$ nach Satz 2.1.31 ein lokaler Minimalpunkt. Da eine positiv definite Matrix nichtsingulär ist, ist dieser lokale Minimalpunkt auch nichtdegeneriert. $\qquad\square$

In einem gewissen Sinne, den wir nur kurz motivieren, besitzen „fast alle" C^2-Funktionen ausnahmslos nichtdegenerierte kritische Punkte. Etwas genauer ausgedrückt ist die Teilmenge

$$\mathscr{F} = \{f \in C^2(\mathbb{R}^n, \mathbb{R})| \text{ alle kritischen Punkte von } f \text{ sind nichtdegeneriert}\}$$

der Menge aller C^2-Funktionen „sehr groß". Tatsächlich macht man sich leicht die Äquivalenz

$$f \in \mathscr{F} \quad \Leftrightarrow \quad \forall\, x \in \mathbb{R}^n : \quad \|\nabla f(x)\| + |\det(D^2 f(x))| > 0$$

klar, so dass $\mathscr{F}$ in einer passend gewählten Topologie auf dem Funktionenraum $C^2(\mathbb{R}^n, \mathbb{R})$ (die für die Definition einer Umgebung einer Funktion auch ihre ersten und zweiten Ableitungen berücksichtigt) eine *offene* Menge ist. Benutzt man dafür die starke Whitney-Topologie (C_s^2-Topologie), dann gilt sogar das folgende Ergebnis, für dessen tiefliegenden Beweis wir auf [22] verweisen.

2.1.37 Satz
$\mathscr{F}$ ist C_s^2-offen und -dicht in $C^2(\mathbb{R}^n, \mathbb{R})$.

Im Sinne von Satz 2.1.37 ist es also eine *schwache* Voraussetzung, die Nichtdegeneriertheit eines kritischen Punkts und insbesondere die Nichtdegeneriertheit eines lokalen Minimalpunkts zu fordern.

Abschließend halten wir fest, dass analog zu den Interpretationen von Vorzeichen und Wert des Skalarprodukts $\langle \nabla f(\bar{x}), d \rangle$ auch nicht nur die *Vorzeichen* von Eigenwerten von $D^2 f(\bar{x})$ wichtige Informationen enthalten, sondern auch deren tatsächlichen Werte. Dazu sei λ ein Eigenwert von $D^2 f(\bar{x})$, und d mit $\|d\|_2 = 1$ sei ein zugehöriger Eigenvektor. Dann gilt

$$\varphi_d''(0) \;=\; d^{\mathsf{T}} D^2 f(\bar{x}) d \;=\; d^{\mathsf{T}}(\lambda d) \;=\; \lambda \|d\|_2^2 \;=\; \lambda,$$

so dass man die Größe des Eigenwerts λ als ein Maß für die Krümmung der eindimensionalen Einschränkung φ_d an $\bar{t} = 0$ interpretieren kann.

Zudem ist für symmetrische (n, n)-Matrizen aus der linearen Algebra bekannt, dass die n Eigenvektoren der n Eigenwerte paarweise orthogonal zueinander gewählt werden können (z. B. [8, 20]). Dadurch lässt sich die lokale Struktur von f um einen nichtdegenerierten kritischen Punkt sehr genau beschreiben.

Letztlich ermöglichen es diese Zusammenhänge auch, in kritischen Punkten Abstiegsrichtungen zweiter Ordnung explizit anzugeben. Dazu sei ein kritischer Punkt $\bar{x}$ von f mit $D^2 f(\bar{x}) \not\succeq 0$ gegeben, d. h., $D^2 f(\bar{x})$ besitzt (mindestens) einen negativen Eigenwert λ. Jeder zugehörige Eigenvektor d ist dann Abstiegsrichtung zweiter Ordnung, denn er erfüllt $\langle \nabla f(\bar{x}), d \rangle = 0$ und

$$d^{\mathsf{T}} D^2 f(\bar{x}) d \;=\; \lambda \;<\; 0.$$

2.1.38 Übung Zeigen Sie, dass an einem nichtdegenerierten Sattelpunkt sowohl eine Ab- als auch eine Anstiegsrichtung zweiter Ordnung existieren.

2.1.5 Konvexe Optimierungsprobleme

Abschn. 2.1 hat mit Hilfe von ersten und zweiten Ableitungen einer Funktion Optimalitätsbedingungen für ihre *lokalen* Minimalpunkte angegeben. Da Ableitungen nur lokale Information über eine Funktion enthalten, kann man auch nicht mehr erwarten, sofern man nicht eine zusätzliche *globale* Eigenschaft der Funktion fordert. Eine solche ist die Konvexität. Da konvexe Optimierungsprobleme ausführlich in [33] behandelt werden, stellen wir im Folgenden nur einige wesentliche Resultate zusammen und verweisen für Beweise und weitergehende Überlegungen auf [33].

2.1.39 Definition (Konvexe Mengen und Funktionen)

a) Eine Menge $X \subseteq \mathbb{R}^n$ heißt *konvex*, falls

$$\forall x, y \in X, \ \lambda \in (0, 1) : \quad (1 - \lambda)x + \lambda y \in X$$

gilt (d. h., die Verbindungsstrecke von je zwei beliebigen Punkten in X gehört komplett zu X; Abb. 2.3).

b) Für eine konvexe Menge $X \subseteq \mathbb{R}^n$ heißt eine Funktion $f : X \to \mathbb{R}$ *konvex (auf X)*, falls

$$\forall x, y \in X, \ \lambda \in (0, 1) : \quad f((1 - \lambda)x + \lambda y) \leq (1 - \lambda)f(x) + \lambda f(y)$$

gilt (d. h., der Funktionsgraph von f verläuft *unter* jeder seiner Sekanten; Abb. 2.4).

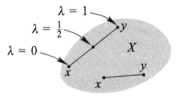

X konvex X nicht konvex

Abb. 2.3 Konvexität von Mengen in $\mathbb{R}^2$

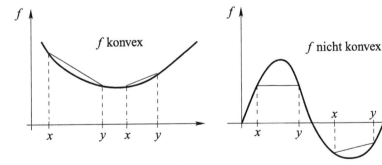

Abb. 2.4 Konvexität von Funktionen auf $\mathbb{R}$

Während die Konvexität einer Funktion geometrisch dadurch definiert ist, dass ihr Graph *unter* jeder ihrer Sekanten verläuft, lässt sich Konvexität einer stetig differenzierbaren Funktion f dadurch charakterisieren, dass ihr Graph *über* den Graphen jeder ihrer Linearisierungen verläuft. Dazu betrachten wir für f die multivariate Taylor-Entwicklung erster Ordnung aus Satz 2.1.30a um einen Punkt x, die besagt, dass für alle $y \in \mathbb{R}^n$ die Darstellung

$$f(y) = f(x) + \langle \nabla f(x), y - x \rangle + o(\|y - x\|)$$

gilt. Zur Linearisierung unterschlagen wir den Fehlerterm $o(\|y - x\|)$ und erhalten die (in y lineare) Funktion $f(x) + \langle \nabla f(x), y - x \rangle$ als Approximation von f im Punkt x. Die angekündigte Charakterisierung von Konvexität stetig differenzierbarer Funktionen (kurz: $f \in C^1$) lautet damit wie folgt.

2.1.40 Satz (C^1-Charakterisierung von Konvexität)
Auf einer konvexen Menge $X \subseteq \mathbb{R}^n$ ist eine Funktion $f \in C^1(X, \mathbb{R})$ genau dann konvex, wenn

$$\forall\, x, y \in X: \quad f(y) \geq f(x) + \langle \nabla f(x), y - x \rangle$$

gilt.

Der zentrale Satz für stetig differenzierbare konvexe unrestringierte Optimierungsprobleme ist die folgende weitreichende Verschärfung der Fermat'schen Regel.

2.1.41 Korollar
Die Funktion $f \in C^1(\mathbb{R}^n, \mathbb{R})$ sei konvex. Dann sind die kritischen Punkte von f genau die globalen Minimalpunkte von f.

Beweis Dass jeder globale Minimalpunkt kritischer Punkt von f ist, folgt aus Satz 2.1.13. Andererseits erfüllt jeder Punkt $\bar{x}$ mit $\nabla f(\bar{x}) = 0$ nach Satz 2.1.40

$$\forall\, y \in \mathbb{R}^n: \quad f(y) \geq f(\bar{x}) + \underbrace{\langle \nabla f(\bar{x}), y - \bar{x} \rangle}_{= 0} = f(\bar{x})$$

und ist damit globaler Minimalpunkt. $\qquad\qquad\square$

Das Problem der globalen Minimierung stetig differenzierbarer konvexer Funktionen ist also äquivalent zu einem Nullstellenproblem, nämlich zur Lösung der Gleichung $\nabla f(x) = 0$.

Obwohl notwendige oder hinreichende Optimalitätsbedingungen *zweiter* Ordnung im konvexen Fall offenbar überflüssig sind, spielen Hesse-Matrizen dennoch eine wichtige Rolle, nämlich um ein einfaches Kriterium zum *Nachweis* der Konvexität zweimal stetig differenzierbarer Funktionen anzugeben.

2.1.42 Satz (C^2-Charakterisierung von Konvexität)
Eine Funktion $f \in C^2(\mathbb{R}^n, \mathbb{R})$ *ist genau dann konvex, wenn*

$$\forall x \in \mathbb{R}^n: \quad D^2 f(x) \succeq 0$$

gilt.

Zum Abschluss dieses Abschnitts betrachten wir für $f \in C^2(\mathbb{R}^n, \mathbb{R})$ einen nichtdegenerierten lokalen Minimalpunkt $\bar{x}$ von f, d.h., an ihm gelte $D^2 f(\bar{x}) \succ 0$. Wegen der Stetigkeit von $D^2 f$ und der stetigen Abhängigkeit der Eigenwerte symmetrischer Matrizen von den Matrixeinträgen [36] gilt auch $D^2 f(x) \succ 0$ für die x aus einer ganzen Umgebung von $\bar{x}$. Nach Satz 2.1.42 ist f also lokal um den nichtdegenerierten lokalen Minimalpunkt $\bar{x}$ konvex.

2.1.43 Übung Gegeben sei die quadratische Funktion $q(x) = \frac{1}{2} x^\mathsf{T} A x + b^\mathsf{T} x$ mit $A = A^\mathsf{T} \succ 0$ und $b \in \mathbb{R}^n$. Zeigen Sie, dass q eine auf $\mathbb{R}^n$ konvexe Funktion ist und dass ihr eindeutiger Minimalpunkt

$$x^\star = -A^{-1} b$$

mit Minimalwert

$$q(x^\star) = -\frac{1}{2} b^\mathsf{T} A^{-1} b$$

lautet.

Angemerkt sei, dass die Funktion q aus Übung 2.1.43 nach [33] sogar *gleichmäßig konvex* ist.

2.1.44 Übung Zeigen Sie, dass die Zielfunktion des Optimierungsproblems

$$\min_{a,b} \left\| \begin{pmatrix} a x_1 + b - y_1 \\ \vdots \\ a x_m + b - y_m \end{pmatrix} \right\|_2^2$$

aus Übung 2.1.18 konvex ist, und bestimmen Sie unter der Voraussetzung, dass mindestens zwei der Stützstellen x_j, $1 \leq j \leq m$, voneinander verschieden sind, den eindeutigen globalen Minimalpunkt sowie den globalen Minimalwert.

2.2 Numerische Verfahren

In diesem Abschnitt entwickeln wir numerische Verfahren zur Minimierung einer glatten Funktion $f : \mathbb{R}^n \to \mathbb{R}$, wobei der vage Begriff „glatt" bedeutet, dass die jeweils benötigten Stetigkeits- und Differenzierbarkeitsvoraussetzungen erfüllt sind. Alle vorgestellten Verfahren gehen von einem vom Benutzer bereitgestellten Startpunkt x^0 aus und erzeugen daraus iterativ eine Folge (x^k), deren Häufungspunkte zumindest kritische Punkte von f sind, also Nullstellen des Gradienten ∇f. Wir werden sehen, dass diese Folge unter gewissen Voraussetzungen sogar konvergiert, und dass ihr Grenzpunkt üblicherweise ein lokaler Minimalpunkt von f sein wird. *Nicht* erwarten kann man, auf diese Weise algorithmisch einen *globalen* Minimalpunkt von f zu finden, sofern nicht zusätzliche globale Informationen über f vorliegen. Für Verfahren der globalen Optimierung verweisen wir stattdessen auf [33].

Abschn. 2.2.1 führt zunächst als sehr allgemeinen Rahmen ein sogenanntes Abstiegsverfahren ein, ohne es bereits explizit auszugestalten. Trotzdem ist es möglich, hinreichende Bedingungen für das Terminieren dieses Verfahrens zu formulieren, die wir später für die explizit angegebenen Verfahren überprüfen können. Die neuen Iterierten werden dabei durch eine Kombination von Suchrichtungsvektoren und Schrittweiten entlang dieser Suchrichtungen generiert, und die genannten hinreichenden Bedingungen sind die sogenannte Gradientenbezogenheit der Suchrichtungsfolge sowie die Effizienz der Schrittweitenfolge. Abschn. 2.2.2 stellt drei Möglichkeiten zur Bestimmung effizienter Schrittweitenfolgen vor, die danach in den konkreten Abstiegsverfahren zum Einsatz kommen können.

In Abschn. 2.2.3 untersuchen wir die naheliegendste Wahl zur Konstruktion gradientenbezogener Suchrichtungsfolgen, was auf das Gradientenverfahren führt. Es erweist sich in der Praxis allerdings als sehr langsam, was wir zunächst durch die Einführung verschiedener Konvergenzgeschwindigkeiten quantifizieren. Mit der geometrischen Einsicht, dass der Hauptgrund für die Langsamkeit des Gradientenverfahrens in der mangelnden Verwertung von Krümmungsinformation der Zielfunktion liegt, modifizieren wir es in Abschn. 2.2.4 zur Klasse der Variable-Metrik-Verfahren.

Ein wichtiger Vertreter dieser Verfahrensklasse ist das in Abschn. 2.2.5 besprochene Newton-Verfahren. Obwohl seine quadratische Konvergenzgeschwindigkeit sehr hoch ist, besitzt es den entscheidenden Nachteil, unter oft nur sehr unrealistischen Voraussetzungen ein Abstiegsverfahren zu sein. Wir modifizieren unseren Ansatz daher weiter und geben in Abschn. 2.2.6 zunächst sehr allgemeine Voraussetzungen an, unter denen Variable-Metrik-Verfahren wenigstens superlinear konvergieren, bevor Abschn. 2.2.7 darauf basierend die Quasi-Newton-Verfahren einführt.

Dass die Quasi-Newton-Verfahren auf Krümmungsinformation aus Approximationen der Hesse-Matrix der Zielfunktion angewiesen sind, kann bei hochdimensionalen Optimierungsproblemen zu Speicherplatzproblemen führen. Daher versuchen wir, das Gradientenverfahren auch durch matrix*freie* Verfahren zu verbessern. Überraschenderweise lässt sich durch eine geschickte Kombination von Gradienteninformationen so viel Krümmungsinformation gewinnen, dass solche Verfahren tatsächlich existieren. Dies sind die auf dem in Abschn. 2.2.8 erklärten Konzept der konjugierten Richtungen basierenden und in Abschn. 2.2.9 eingeführten Konjugierte-Gradienten-Verfahren.

Abschn. 2.2.10 widmet sich abschließend den Trust-Region-Verfahren, die im Gegensatz zu den anderen besprochenen Abstiegsverfahren nicht zuerst eine Suchrichtung und dann eine Schrittweite, sondern erst einen Suchradius und dann die Richtung zur neuen Iterierten bestimmen.

2.2.1 Abstiegsverfahren

Neben der Stetigkeit der Zielfunktion f fordern wir im gesamten Abschn. 2.2, dass die untere Niveaumenge $f_{\leq}^{f(x^0)}$ zum Startpunkt $x^0 \in \mathbb{R}^n$ beschränkt ist. Falls diese Voraussetzung verletzt sein sollte, sind die vorgestellten Konvergenzbeweise nicht durchführbar, und die betrachteten Verfahren können dann nur als Heuristiken angesehen werden. Nach Lemma 1.2.26 ist die Voraussetzung aber zum Beispiel für jeden beliebigen Startpunkt x^0 erfüllt, wenn f auf $\mathbb{R}^n$ koerziv ist.

Als ersten Grund für die Einführung dieser Voraussetzung stellen wir fest, dass für beschränktes $f_{\leq}^{f(x^0)}$ eine stetige Funktion f nach Korollar 1.2.17 einen globalen Minimalpunkt besitzt und dass dann insbesondere die Gleichung $\nabla f(x) = 0$ überhaupt lösbar ist.

2.2.1 Bemerkung Für beschränktes $f_{\leq}^{f(x^0)}$ ist die Funktion f also nach unten beschränkt. In der Literatur wird für Konvergenzbeweise manchmal auch nur diese schwächere Voraussetzung benutzt. Allerdings wird die dadurch später getroffene Voraussetzung der Lipschitz-Stetigkeit des Gradienten ∇f auf $f_{\leq}^{f(x^0)}$ in vielen Anwendungen zu einer starken oder sogar unerfüllbaren Voraussetzung (s. dazu Bemerkung 2.2.11).

Als erste algorithmische Idee könnte man versuchen, die Gleichung $\nabla f(x) = 0$ mit dem aus der Numerik bekannten Newton-Verfahren

$$x^{k+1} = x^k - (D^2 f(x^k))^{-1} \nabla f(x^k), \quad k = 0, 1, 2, \dots$$

zu lösen (für eine geometrische Interpretation s. [24, 33]). Vorteil wäre eine hohe Konvergenzgeschwindigkeit, falls x^0 nahe genug an einer Lösung liegt. Nachteilig ist, dass x^0 nicht in der Nähe einer Lösung zu liegen braucht, dass die Hesse-Matrix $D^2 f(x^k)$ nicht notwendig invertierbar sein muss (und eventuell schwer auszuwerten) und dass das Newton-Verfahren auch gegen lokale Maximalpunkte und Sattelpunkte konvergieren kann.

Obwohl wir wegen der hohen lokalen Konvergenzgeschwindigkeit in Abschn. 2.2.5 ausführlich auf die Idee des Newton-Verfahrens zurückkommen werden, betrachten wir stattdessen zunächst Verfahren, die in jedem Iterationsschritt einen *Abstieg* im Zielfunktionswert erzeugen, für die also

$$\forall\, k \in \mathbb{N}_0 : \quad f(x^{k+1}) \;<\; f(x^k)$$

gilt. Solche Verfahren können nur „unter sehr unglücklichen Umständen" gegen lokale Maximalpunkte konvergieren (z. B. falls x^0 bereits zufällig lokaler Maximalpunkt ist oder falls man bei einem langen Abstiegsschritt einen lokalen Minimalpunkt überspringt und zufällig einen lokalen Maximalpunkt trifft), und aus geometrischen Überlegungen heraus ist die Konvergenz gegen Sattelpunkte unwahrscheinlich (x^0 müsste in einer nicht volldimensionalen Mannigfaltigkeit liegen, damit ein Abstiegsverfahren gegen einen Sattelpunkt konvergiert, was wegen stets präsenter kleiner numerischer Störungen nicht zu erwarten ist).

Ein allgemeines Abstiegsverfahren ist in Algorithmus 2.3 formuliert. In seinem Input sowie nachfolgend sprechen wir etwas lax von einem „C^1-Optimierungsproblem P", wenn die definierenden Funktionen von P stetig differenzierbar sind.

Aus theoretischer Sicht würde häufig sogar nur die Differenzierbarkeit genügen. In Anwendungen sind differenzierbare Funktionen aber typischerweise auch stetig differenzierbar, so dass diese Voraussetzung üblich ist und keine entscheidende Einschränkung darstellt.

Algorithmus 2.3: Allgemeines Abstiegsverfahren

Input : C^1-Optimierungsproblem P, Startpunkt x^0 und Abbruchtoleranz $\varepsilon > 0$
Output : Approximation $\bar{x}$ eines kritischen Punkts von f (falls das Verfahren terminiert; Korollar 2.2.10)

1 **begin**
2   Setze $k = 0$.
3   **while** $\|\nabla f(x^k)\| > \varepsilon$ **do**
4   Wähle x^{k+1} mit $f(x^{k+1}) < f(x^k)$.
5   Ersetze k durch $k + 1$.
6   **end**
7   Setze $\bar{x} = x^k$.
8 **end**

Verschiedene Abstiegsverfahren unterscheiden sich durch die Wahl von x^{k+1} in Zeile 4 von Algorithmus 2.3. Im Folgenden werden wir zunächst unabhängig von der speziellen Ausgestaltung der Zeile 4 schwache Bedingungen an die Wahl von x^{k+1} herleiten, die garantieren, dass Algorithmus 2.3 tatsächlich nach endlich vielen Schritten terminiert.

Für den Fall, in dem diese schwachen Bedingungen verletzt sind, versieht man Algorithmus 2.3 häufig noch mit einer „Notbremse", nämlich mit dem zusätzlichen Abbruchkriterium $k > k_{\max}$ mit einer hohen Iterationszahl $k_{\max}$ (wie etwa $k_{\max} = 10^4 \cdot n$). Vom Output $\bar{x}$ kann man dann natürlich nicht erwarten, einen kritischen Punkt von f zu approximieren, aber immerhin erfüllt er die Ungleichung $f(\bar{x}) < f(x^0)$. Zur Übersichtlichkeit werden wir im Folgenden auf die explizite Betrachtung der „Notbremse" verzichten.

2.2.2 Bemerkung In der Verhaltensökonomik und Psychologie erklärt das Konzept der *begrenzten Rationalität*, dass Entscheider, die vor der Aufgabe stehen, ein Optimierungsproblem zu lösen, manchmal schon damit zufrieden sind, irgendeinen Punkt $\bar{x}$ mit besserem Zielfunktionswert als x^0 zu finden, also mit $f(\bar{x}) < f(x^0)$. Dafür genügen offenbar endlich viele Schritte jedes Abstiegsverfahrens (wie auch bei Verbesserungsheuristiken [24]), ohne dass das Abbruchkriterium in Zeile 3 erfüllt zu sein braucht. Die Implementierung der oben beschriebenen „Notbremse" liefert bei jedem Abstiegsverfahren garantiert einen solchen Output $\bar{x}$.

In Zeile 3 des allgemeinen Abstiegsverfahrens 2.3 testet man $\|\nabla f(x^k)\| > \varepsilon$ mit einer Toleranz $\varepsilon > 0$, da man nicht erwarten kann, numerisch einen kritischen Punkt *exakt* zu bestimmen (eine While-Schleife zur Bedingung $\|\nabla f(x^k)\| > 0$ würde in den meisten Fällen also nie abbrechen). Der generierte Output $\bar{x}$ mit $\|\nabla f(\bar{x})\| \leq \varepsilon$ ist dann natürlich nur die *Approximation* eines kritischen Punkts.

Um zu garantieren, dass Algorithmus 2.3 nach endlich vielen Iterationen terminiert, muss man nachweisen können, dass unabhängig von der Wahl von ε ein $k \in \mathbb{N}$ mit $\|\nabla f(x^k)\| \leq \varepsilon$ existiert. Dies ist sicher dann gewährleistet, wenn die Folge $(\nabla f(x^k))$ gegen den Nullvektor konvergiert. Es genügt aber beispielsweise auch, dass diese Folge den Nullvektor lediglich als Häufungspunkt besitzt. Da andererseits für vorgegebenes $\varepsilon > 0$ im Fall der Terminierung von Algorithmus 2.3 gar keine unendliche Folge erzeugt werden würde, werden wir für die folgenden Konvergenzuntersuchungen künstlich $\varepsilon = 0$ setzen und von den erhaltenen Resultaten auf die endliche Terminierung im Fall $\varepsilon > 0$ schließen.

Zunächst untersuchen wir, ob die Iterierten x^k selbst sowie ihre Funktionswerte konvergieren.

2.2.3 Lemma
Für beschränktes $f_{\leq}^{f(x^0)}$ bricht die von Algorithmus 2.3 mit $\varepsilon = 0$ erzeugte Folge (x^k) entweder nach endlich vielen Schritten mit einem kritischen Punkt ab, oder sie besitzt mindestens einen Häufungspunkt in $f_{\leq}^{f(x^0)}$, und die Folge der Funktionswerte $(f(x^k))$ ist konvergent.

Beweis Aufgrund der Abstiegseigenschaft in Zeile 4 liegen alle Iterierten x^k in der Menge $f_{\leq}^{f(x^0)}$. Diese ist als beschränkt vorausgesetzt und nach Übung 1.2.10 außerdem abgeschlossen, insgesamt also kompakt. Nach dem Satz von Bolzano-Weierstraß (z. B. [18]) besitzt die Folge (x^k) also mindestens einen Häufungspunkt in $f_{\leq}^{f(x^0)}$. Außerdem ist die Folge $(f(x^k))$ monoton fallend und durch den globalen Minimalwert von f nach unten beschränkt, also konvergent. $\square$

Die folgende Übung zeigt, dass aus Lemma 2.2.3 noch *nicht* folgt, dass ein Häufungspunkt der Iterierten x^k existiert, der auch kritischer Punkt von f ist.

2.2.4 Übung Betrachten Sie die Funktion $f(x) = x^2$, den Startpunkt $x^0 = 3$ sowie die Iterierten $x^k = (-1)^k(1 + 1/k)$, $k \in \mathbb{N}$. Zeigen Sie, dass die Iterierten die Abstiegsbedingung aus Zeile 4 von Algorithmus 2.3 erfüllen, dass sie zwei Häufungspunkte besitzen, dass aber keiner davon kritischer Punkt von f ist.

Um Bedingungen an die Wahl von x^{k+1} in Zeile 4 von Algorithmus 2.3 herzuleiten, die dessen Terminieren gewährleisten, stellen wir zunächst fest, dass man ohne Einschränkung

$$x^{k+1} \;=\; x^k + t^k d^k \tag{2.2}$$

mit $t^k > 0$ und $d^k \in \mathbb{R}^n$ ansetzen darf, denn durch passende Wahlen von t^k und d^k lässt sich jede neue Iterierte x^{k+1} in dieser Form realisieren. Eine einfache Möglichkeit dafür wäre es, $d^k = x^{k+1} - x^k$ und $t^k = 1$ zu setzen; nachfolgend werden wir d^k und t^k aber geschickter wählen.

Die Wahl der neuen Iterierten x^{k+1} wird durch den Ansatz (2.2) in zwei separate Operationen aufgeteilt, nämlich die Bestimmung einer *Suchrichtung* d^k und die einer *Schrittweite* t^k. Die klassischen Optimierungsverfahren, auf die wir uns zunächst konzentrieren werden, bestimmen *erst* eine Suchrichtung d^k und *dann* eine Schrittweite t^k. Man spricht daher auch von Suchrichtungsverfahren *(line search)* mit Schrittweitensteuerung. Die Grundidee der moderneren Trust-Region-Verfahren, die wir in Abschn. 2.2.10 besprechen werden, besteht darin, *erst* einen Suchradius t^k und *dann* eine Abstiegsrichtung d^k zu berechnen.

Wir beginnen mit Suchrichtungsverfahren. Im Folgenden sei d^k eine Abstiegsrichtung erster Ordnung für f in x^k, es gelte also $\langle \nabla f(x^k), d^k \rangle < 0$. Wir suchen nach schwachen Bedingungen an die Wahl von t^k und d^k, die $\lim_k \nabla f(x^k) = 0$ garantieren, also $\nabla f(x^\star) = 0$ für jeden Häufungspunkt $x^\star$ der Folge (x^k).

Wegen der in Lemma 2.2.3 gezeigten Konvergenz der Folge $(f(x^k))$ konvergieren jedenfalls die Differenzen $f(x^k + t^k d^k) - f(x^k)$ gegen null. Nach dem Satz von Taylor (Satz 2.1.30) stimmt der tatsächliche Abstieg $f(x^k + t^k d^k) - f(x^k) < 0$ ungefähr mit dem „Abstieg erster Ordnung" $t^k \langle \nabla f(x^k), d^k \rangle < 0$ überein, woraus wir durch geeignete Voraussetzungen die Konvergenz der Vektoren $\nabla f(x^k)$ gegen null schließen können. Zunächst fordern wir, dass der tatsächliche Abstieg eine Unterschranke an den Abstieg erster Ordnung liefert, dass die Werte von f also *hinreichend schnell fallen*:

$$\exists\, c_1 > 0 \,\forall k \in \mathbb{N}: \quad f(x^k + t^k d^k) - f(x^k) \leq c_1 \cdot t^k \langle \nabla f(x^k), d^k \rangle. \tag{2.3}$$

Wegen $0 > f(x^k + t^k d^k) - f(x^k) \to 0$ und $c_1 \cdot t^k \langle \nabla f(x^k), d^k \rangle < 0$ liefert das Sandwich-Theorem

$$\lim_k t^k \langle \nabla f(x^k), d^k \rangle = 0. \tag{2.4}$$

Um hieraus zu schließen, dass schon $\lim_k \nabla f(x^k) = 0$ gilt, müssen wir Bedingungen an die Folgen (t^k) und (d^k) aufstellen, die ausschließen, dass der Grenzwert in (2.4) aus anderen Gründen null wird.

Um wenigstens $\lim_k \langle \nabla f(x^k), d^k \rangle = 0$ schließen zu können, darf jedenfalls (t^k) nicht zu schnell gegen null konvergieren, muss also *genügend groß bleiben*. Wir fordern daher

$$\exists\, c_2 > 0 \,\forall k \in \mathbb{N}: \quad t^k \geq -c_2 \cdot \frac{\langle \nabla f(x^k), d^k \rangle}{\|d^k\|_2^2}, \tag{2.5}$$

wobei wir die Motivation der Division durch $\|d^k\|_2^2$ für einen Moment zurückstellen. Wegen

$$\underbrace{t^k \langle \nabla f(x^k), d^k \rangle}_{< 0,\, \to 0} \leq -c_2 \left(\frac{\langle \nabla f(x^k), d^k \rangle}{\|d^k\|_2} \right)^2 < 0$$

liefert das Sandwich-Theorem dann

$$\lim_k \frac{\langle \nabla f(x^k), d^k \rangle}{\|d^k\|_2} = 0. \tag{2.6}$$

Für dieses Ergebnis reicht es sogar, nur eine Kombination von (2.3) und (2.5) zu fordern.

2.2.5 Definition (Effiziente Schrittweiten)
Es sei (d^k) eine Folge von Abstiegsrichtungen erster Ordnung, und (t^k) erfülle

$$\exists\, c > 0 \,\forall k \in \mathbb{N}: \quad f(x^k + t^k d^k) - f(x^k) \leq -c \cdot \left(\frac{\langle \nabla f(x^k), d^k \rangle}{\|d^k\|_2} \right)^2.$$

Dann heißt (t^k) *effiziente* Schrittweitenfolge (für (d^k)).

Das folgende Ergebnis beweist man wie oben mit dem Sandwich-Theorem.

2.2.6 Satz

Die Menge $f_{\leq}^{f(x^0)}$ sei beschränkt, (d^k) sei eine Folge von Abstiegsrichtungen erster Ordnung, und (t^k) sei eine effiziente Schrittweitenfolge. Dann gilt (2.6).

Nun benötigen wir noch eine Bedingung an die Folge (d^k), die $\lim_k \nabla f(x^k) = 0$ garantiert. Dazu stellen wir fest, dass (2.6) zwar unter der gewünschten Bedingung $\lim_k \nabla f(x^k) = 0$ gilt (weil alle Vektoren $d^k/\|d^k\|_2$ die Länge eins besitzen und damit eine beschränkte Folge bilden), dass (2.6) aber auch dadurch erfüllt sein kann, dass nicht die *Längen* der Vektoren $\nabla f(x^k)$ gegen null gehen, sondern ihre *Richtungen* im Grenzübergang senkrecht zu einem Grenzpunkt der Folge $(d^k/\|d^k\|_2)$ stehen. In diesem Sinne müssen wir also ausschließen, dass die Vektoren $\nabla f(x^k)$ und $d^k/\|d^k\|_2$ „asymptotisch senkrecht" aufeinander stehen. Ohne die Division von d^k durch $\|d^k\|_2$ würde man dann insbesondere den Fall $d^k \to 0$ ausschließen, was aber bereits für die Wahl $d^k = -\nabla f(x^k)$ wegen des gewünschten Verhaltens der Folge $(\nabla f(x^k))$ sinnlos wäre.

Die stumpfen Winkel zwischen $\nabla f(x^k)$ und $d^k/\|d^k\|_2$ dürfen also nicht gegen einen rechten Winkel konvergieren. Äquivalent können wir fordern, dass die negativen Werte $\cos\left(\angle(\nabla f(x^k), d^k/\|d^k\|_2)\right)$ nicht gegen null konvergieren. Dazu setzen wir die Existenz einer Konstante $c > 0$ voraus, so dass alle $k \in \mathbb{N}$ die Ungleichung

$$\cos\left(\angle\left(\nabla f(x^k), \frac{d^k}{\|d^k\|_2}\right)\right) \leq -c$$

erfüllen. Aufgrund der Darstellung des Skalarprodukts aus (2.1) ist diese Ungleichung äquivalent zu

$$\frac{\left\langle \nabla f(x^k), \frac{d^k}{\|d^k\|_2}\right\rangle}{\left\|\frac{d^k}{\|d^k\|_2}\right\|_2} \leq -c \cdot \|\nabla f(x^k)\|_2,$$

wobei wir die Ungleichung mit dem Faktor $\|\nabla f(x^k)\|_2$ durchmultipliziert haben, um den Fall $\|\nabla f(x^k)\|_2 = 0$ abzufangen. Dies rechtfertigt die folgende Definition.

2.2.7 Definition (Gradientenbezogene Suchrichtungen)

Die Folge von Suchrichtungen (d^k) heißt *gradientenbezogen*, falls

$$\exists\, c > 0\; \forall\, k \in \mathbb{N}: \quad \frac{\langle \nabla f(x^k), d^k \rangle}{\|d^k\|_2} \leq -c \cdot \|\nabla f(x^k)\|_2$$

gilt.

2.2.8 Übung Zeigen Sie, dass die Folge der Suchrichtungen $d^k = -\nabla f(x^k)$, $k \in \mathbb{N}$, gradientenbezogen ist.

Wir können nun das folgende zentrale Ergebnis zum allgemeinen Abstiegsverfahren zeigen.

2.2.9 Satz

Die Menge $f_{\leq}^{f(x^0)}$ sei beschränkt, und in Zeile 4 von Algorithmus 2.3 sei $x^{k+1} = x^k + t^k d^k$ mit einer gradientenbezogenen Suchrichtungsfolge (d^k) und einer effizienten Schrittweitenfolge (t^k) gewählt. Für $\varepsilon = 0$ stoppt dann das Verfahren entweder nach endlich vielen Schritten mit einem kritischen Punkt, oder die Folge (x^k) besitzt einen Häufungspunkt, und für jeden solchen Punkt $x^\star$ gilt $\nabla f(x^\star) = 0$.

Beweis Aus Lemma 2.2.3 wissen wir, dass das Verfahren entweder nach endlich vielen Schritten mit einem kritischen Punkt abbricht oder die Folge (x^k) einen Häufungspunkt in $f_{\leq}^{f(x^0)}$ besitzt. Es bezeichne $x^\star$ einen beliebigen solchen Häufungspunkt. Satz 2.2.6, die Definition der Gradientenbezogenheit sowie das Sandwich-Theorem liefern nun die Behauptung. $\qquad\square$

Dass Algorithmus 2.3 nach endlichen vielen Schritten mit einem exakten kritischen Punkt abbricht, ist natürlich kaum zu erwarten, wird in Satz 2.2.9 aber als Alternative angeführt, damit man anderenfalls über Häufungspunkte einer „echten" Folge sprechen kann.

Für den Fall, dass in $f_{\leq}^{f(x^0)}$ nur ein einziger kritischer Punkt $x^\star$ liegt, muss dieser der globale Minimalpunkt von f sein, und jeder Häufungspunkt der Folge (x^k) aus Satz 2.2.9 stimmt mit $x^\star$ überein. Dies bedeutet, dass dann sogar $\lim_k x^k = x^\star$ gilt.

Satz 2.2.9 liefert das gewünschte Verhalten des allgemeinen Abstiegsverfahrens für Inputs mit beliebigen Abbruchtoleranzen $\varepsilon > 0$.

2.2.10 Korollar

Die Menge $f_{\leq}^{f(x^0)}$ sei beschränkt, und in Zeile 4 von Algorithmus 2.3 sei $x^{k+1} = x^k + t^k d^k$ mit einer gradientenbezogenen Suchrichtungsfolge (d^k) und einer effizienten Schrittweitenfolge (t^k) gewählt. Dann terminiert das Verfahren nach endlich vielen Schritten.

2.2.2 Schrittweitensteuerung

Während die Existenz einer gradientenbezogenen Suchrichtungsfolge nach Übung 2.2.8 klar ist, müssen wir uns noch mit der Konstruktion effizienter Schrittweiten befassen. Ob solche existieren, ist zunächst nicht klar, da die Bedingungen (2.3) und (2.5) grob gesagt gleichzeitig Ober- und Unterschranken an t^k fordern und damit vielleicht nicht simultan erfüllbar sind. Im Folgenden sei der Index $k \in \mathbb{N}$ der besseren Übersichtlichkeit halber fest und unterschlagen, d. h., wir setzen $x = x^k$, $t = t^k$ und $d = d^k$.

Tatsächlich werden wir die Effizienz von drei beliebten Schrittweitenstrategien nachweisen, nämlich der Wahl exakter Schrittweiten t_e, gewisser konstanter Schrittweiten t_c sowie der Armijo-Schrittweiten t_a. Allgemein bezeichnet man die Wahl geeigneter Schrittweiten auch als *Schrittweitensteuerung*.

Als grundlegende Voraussetzung für die zugehörigen Effizienzbeweise werden wir die Lipschitz-Stetigkeit des Gradienten ∇f auf der Menge $f_{\leq}^{f(x^0)}$ benötigen. Dazu sei daran erinnert, dass eine Funktion $F : D \to \mathbb{R}^m$ *Lipschitz-stetig auf* $D \subseteq \mathbb{R}^n$ (bezüglich der euklidischen Norm) heißt, falls

$$\exists\, L > 0 \,\forall\, x, y \in D: \quad \|F(x) - F(y)\|_2 \;\leq\; L \cdot \|x - y\|_2$$

gilt. Da C^1-Funktionen auf kompakten Mengen immer Lipschitz-stetig sind (z. B. [12]), ist ∇f bei beschränkter Menge $f_{\leq}^{f(x^0)}$ zum Beispiel für jede C^2-Funktion f Lipschitz-stetig auf $f_{\leq}^{f(x^0)}$. Dieses Wissen schließt leider nicht automatisch die Kenntnis der *Größe* der Konstante L ein, was uns bei der Wahl konstanter Schrittweiten t_c ein Problem bereiten wird.

2.2.11 Bemerkung Für beschränkte (und daher kompakte) Mengen $f_{\leq}^{f(x^0)}$ ist die Voraussetzung der Lipschitz-Stetigkeit von ∇f auf $f_{\leq}^{f(x^0)}$ also eine schwache Voraussetzung. Dies wäre nicht der Fall, wenn wir anstelle der Beschränktheit von $f_{\leq}^{f(x^0)}$ z. B. nur gefordert hätten, dass f auf $\mathbb{R}^n$ nach unten beschränkt ist (vgl. dazu Bemerkung 2.2.1).

Beweistechnisch werden wir im folgenden Lemma die Lipschitz-Stetigkeit von ∇f auf einer konvexen Menge ausnutzen müssen, was bei der Menge $f_{\leq}^{f(x^0)}$ aber nicht notwendigerweise gegeben ist. Daher werden wir sie sogar auf der *konvexen Hülle* $\mathrm{conv}(f_{\leq}^{f(x^0)})$ von $f_{\leq}^{f(x^0)}$ fordern, also auf der kleinsten konvexen Obermenge von $f_{\leq}^{f(x^0)}$.

2.2.12 Bemerkung Bei beschränktem (und daher kompaktem) $f_{\leq}^{f(x^0)}$ ist die Menge $\mathrm{conv}(f_{\leq}^{f(x^0)})$ ebenfalls kompakt, so dass die Forderung der Lipschitz-Stetigkeit von ∇f auch auf $\mathrm{conv}(f_{\leq}^{f(x^0)})$ eine schwache Voraussetzung ist.

Das folgende Ergebnis besagt, dass man bei Lipschitz-stetigem Gradienten den qualitativen Fehlerterm $o(\|x - \bar{x}\|)$ aus der multivariaten Taylor-Entwicklung erster Ordnung (Satz 2.1.30a) beträglich durch einen expliziten quadratischen Term nach oben abschätzen kann.

2.2.13 Lemma

Auf einer konvexen Menge $D \subseteq \mathbb{R}^n$ sei f differenzierbar mit Lipschitz-stetigem Gradienten ∇f und zugehöriger Lipschitz-Konstante $L > 0$. Dann gilt

$$\forall \bar{x}, x \in D: \quad |f(x) - f(\bar{x}) - \langle \nabla f(\bar{x}), x - \bar{x} \rangle| \le \frac{L}{2} \|x - \bar{x}\|_2^2.$$

Beweis Für $\bar{x}$ und x aus D folgt wegen der Konvexität von D für alle $t \in [0, 1]$

$$\bar{x} + t(x - \bar{x}) = (1 - t)\bar{x} + tx \in D,$$

so dass wir die Lipschitz-Stetigkeit von ∇f für alle Punkte $\bar{x} + t(x - \bar{x})$ mit $t \in [0, 1]$ ausnutzen können. Wir fassen den Punkt x als den für $t = 1$ auftretenden Endpunkt der Strecke

$$[\bar{x}, x] = \{\bar{x} + t(x - \bar{x}) \mid t \in [0, 1]\}$$

auf und betrachten den Fehlerterm zusätzlich entlang dieser Strecke. Er erfüllt

$$f(\bar{x} + t(x - \bar{x})) - f(\bar{x}) - \langle \nabla f(\bar{x}), \bar{x} + t(x - \bar{x}) - \bar{x} \rangle$$
$$= f(\bar{x} + t(x - \bar{x})) - f(\bar{x}) - t\langle \nabla f(\bar{x}), x - \bar{x} \rangle.$$

Aufgrund von

$$\frac{d}{dt}\left(f(\bar{x} + t(x - \bar{x})) - f(\bar{x}) - t\langle \nabla f(\bar{x}), x - \bar{x} \rangle \right) = \langle \nabla f(\bar{x} + t(x - \bar{x})) - \nabla f(\bar{x}), x - \bar{x} \rangle$$

können wir daher den Fehlerterm bei $t = 1$ „künstlich kompliziert" als

$$f(x) - f(\bar{x}) - \langle \nabla f(\bar{x}), x - \bar{x} \rangle = \int_0^1 \langle \nabla f(\bar{x} + t(x - \bar{x})) - \nabla f(\bar{x}), x - \bar{x} \rangle \, dt$$

schreiben. Die Dreiecksungleichung für Integrale, die Cauchy-Schwarz-Ungleichung sowie die Lipschitz-Stetigkeit von ∇f liefern somit

$$|f(x) - f(\bar{x}) - \langle \nabla f(\bar{x}), x - \bar{x} \rangle| \le \int_0^1 |\langle \nabla f(\bar{x} + t(x - \bar{x})) - \nabla f(\bar{x}), x - \bar{x} \rangle| \, dt$$

$$\le \int_0^1 \|\nabla f(\bar{x} + t(x - \bar{x})) - \nabla f(\bar{x})\|_2 \cdot \|x - \bar{x}\|_2 \, dt$$

$$\le \int_0^1 L \cdot t \cdot \|x - \bar{x}\|_2^2 \, dt = L\|x - \bar{x}\|_2^2 \cdot \int_0^1 t \, dt$$

$$= \frac{L}{2}\|x - \bar{x}\|_2^2.$$

$\square$

2.2.14 Übung Zeigen Sie unter den Voraussetzungen von Lemma 2.2.13, dass die Bedingung

$$\forall \bar{x}, x \in D: \quad f(x) - f(\bar{x}) - \langle \nabla f(\bar{x}), x - \bar{x} \rangle \leq \frac{L}{2} \|x - \bar{x}\|_2^2 \qquad (2.7)$$

zur Konvexität der Funktion $L\|x\|_2^2/2 - f(x)$ auf D äquivalent ist. Im dabei nützlichen Satz 2.1.40 darf die dort vorausgesetzte *stetige* Differenzierbarkeit von f zur Differenzierbarkeit abgeschwächt werden [33].

Die Ungleichung (2.7) ist als *Abstiegslemma* (*descent lemma*) bekannt (Übung 2.2.17).

Exakte Schrittweiten

Zu $x \in f_{\leq}^{f(x^0)}$ sei eine Abstiegsrichtung erster Ordnung d für f in x gegeben. Wegen $\varphi_d'(0) = \langle \nabla f(x), d \rangle < 0$ gilt $\varphi_d(t) < \varphi_d(0)$ für kleine positive t. Für beschränktes $f_{\leq}^{f(x^0)}$ besitzt φ_d nach dem Satz von Weierstraß sogar globale Minimalpunkte $t_e > 0$, die *exakte Schrittweiten* genannt werden. Per Definition der eindimensionalen Einschränkung φ_d erfüllen sie

$$f(x + t_e d) = \min_{t > 0} f(x + t d).$$

Eine wichtige und im Folgenden häufig benutzte Eigenschaft jeder exakten Schrittweite ist die laut Fermat'scher Regel sowie Kettenregel gültige Beziehung

$$0 = \varphi_d'(t_e) = \langle \nabla f(x + t_e d), d \rangle. \qquad (2.8)$$

Eine exakte Schrittweite zu berechnen, um den größtmöglichen Abstieg von x aus entlang d zu erzielen, ist im Allgemeinen sehr aufwendig, so dass wir dieses Konzept meist nur für theoretische Zwecke benutzen und stattdessen zu *inexakten* Schrittweiten übergehen werden. Bei spezieller Struktur von f lassen sich exakte Schrittweiten aber manchmal leicht berechnen, wie zum Beispiel die folgende Übung zeigt.

2.2.15 Übung Gegeben sei die quadratische Funktion $q(x) = \frac{1}{2}x^{\mathsf{T}}Ax + b^{\mathsf{T}}x$ mit $A = A^{\mathsf{T}} \succ 0$ und $b \in \mathbb{R}^n$, die nach Übung 1.2.24 koerziv und nach Übung 2.1.43 konvex ist. Zeigen Sie, dass für jedes $x \in \mathbb{R}^n$ und jede Abstiegsrichtung erster Ordnung d für q in x die exakte Schrittweite eindeutig zu

$$t_e = -\frac{\langle Ax + b, d \rangle}{d^{\mathsf{T}}Ad}$$

bestimmt ist.

2.2.16 Satz

Die Menge $f_\leq^{f(x^0)}$ sei beschränkt, die Funktion ∇f sei Lipschitz-stetig auf $\mathrm{conv}(f_\leq^{f(x^0)})$, und (d^k) sei eine Folge von Abstiegsrichtungen erster Ordnung. Dann ist jede Folge von exakten Schrittweiten (t_e^k) effizient.

Beweis Der Index $k \in \mathbb{N}$ sei wieder fest und unterschlagen. Da man von x^0 aus nur Abstiege ausgeführt hat, liegen sowohl x als auch $x + t_e d$ in der Menge $f_\leq^{f(x^0)}$. Es sei $L > 0$ eine nach Voraussetzung existierende Lipschitz-Konstante von ∇f auf $\mathrm{conv}(f_\leq^{f(x^0)})$. Aus der Cauchy-Schwarz-Ungleichung folgt dann zunächst

$$0 = \varphi_d'(t_e) = \langle \nabla f(x + t_e d), d \rangle = \langle \nabla f(x + t_e d) - \nabla f(x), d \rangle + \langle \nabla f(x), d \rangle$$
$$\leq \|\nabla f(x + t_e d) - \nabla f(x)\|_2 \cdot \|d\|_2 + \langle \nabla f(x), d \rangle \leq L \cdot t_e \|d\|_2^2 + \langle \nabla f(x), d \rangle.$$

Demnach erfüllt t_e die Bedingung (2.5) mit $c_2 = L^{-1}$, also

$$t_e \geq -\frac{\langle \nabla f(x), d \rangle}{L \cdot \|d\|_2^2} =: t_c.$$

Die positive Hilfsgröße t_c lässt sich ebenfalls als Schrittweite auffassen, was wir später ausnutzen werden.

Wegen $x, x + t_e d \in f_\leq^{f(x^0)}$ liegt der Punkt $x + td$ für alle $t \in (0, t_e]$ in $\mathrm{conv}(f_\leq^{f(x^0)})$. Lemma 2.2.13 liefert daher für diese t

$$f(x + td) - f(x) - t\langle \nabla f(x), d \rangle \leq |f(x + td) - f(x) - t\langle \nabla f(x), d \rangle| = t^2 \frac{L}{2} \|d\|_2^2.$$

Für t_c folgt daraus

$$f(x + t_c d) - f(x) \leq t_c \left(\langle \nabla f(x), d \rangle + t_c \frac{L}{2} \|d\|_2^2 \right)$$
$$= -\frac{\langle \nabla f(x), d \rangle}{L \cdot \|d\|_2^2} \left(\langle \nabla f(x), d \rangle - \frac{\langle \nabla f(x), d \rangle}{L \cdot \|d\|_2^2} \cdot \frac{L}{2} \|d\|_2^2 \right)$$
$$= -\frac{1}{2L} \left(\frac{\langle \nabla f(x), d \rangle}{\|d\|_2} \right)^2.$$

Wegen $t_c > 0$ und der globalen Minimalität der exakten Schrittweite t_e für $\varphi_d(t)$ über $t > 0$ erhalten wir schließlich

$$f(x + t_e d) - f(x) \;\leq\; f(x + t_c d) - f(x) \;\leq\; -\frac{1}{2L}\left(\frac{\langle \nabla f(x), d\rangle}{\|d\|_2}\right)^2,$$

so dass mit der von $k \in \mathbb{N}$ unabhängigen Konstante $c = (2L)^{-1}$ die Behauptung folgt. $\qquad\square$

Damit ist neben der Existenz gradientenbezogener Suchrichtungen auch die Existenz effizienter Schrittweiten gezeigt, weshalb insbesondere Satz 2.2.9 nicht trivialerweise gilt (weil er nicht „von der leeren Menge handelt").

Konstante Schrittweiten

Falls die Funktion f keine besondere Struktur aufweist (wie etwa in Übung 2.2.15), lohnt sich üblicherweise der Aufwand nicht, in jedem Iterationsschritt eine exakte Schrittweite t_e^k zu berechnen. Da man weniger an Minimalpunkten der Hilfsfunktionen φ_{d^k} interessiert ist als an denen von f, benutzt man dann lieber *inexakte* Schrittweiten, die ebenfalls effizient, aber erheblich leichter zu berechnen sind.

Eine zunächst naheliegend erscheinende Möglichkeit dafür besteht darin, anstelle von t_e^k die im Beweis von Satz 2.2.16 aufgetretenen und leicht berechenbaren Hilfsgrößen

$$t_c^k \;=\; -\frac{\langle \nabla f(x^k), d^k\rangle}{L \cdot \|d^k\|_2^2}$$

als Schrittweiten zu benutzen, denn dort wurde insbesondere auch die Effizienz der Folge (t_c^k) gezeigt. Im speziellen Fall $d^k = -\nabla f(x^k)$ gilt sogar

$$t_c^k \;=\; \frac{1}{L},$$

so dass die Folge der Schrittweiten dann *konstant* ist.

Leider lässt sich diese Wahl algorithmisch nur umsetzen, wenn eine Lipschitz-Konstante $L > 0$ von ∇f auf $\mathrm{conv}(f_\leq^{f(x^0)})$ *explizit bekannt* ist. Mit gewissem Aufwand und unter Einsatz der Intervallarithmetik lassen sich Lipschitz-Konstanten tatsächlich häufig ermitteln [33]. Während allerdings nur kleinstmögliche Lipschitz-Konstanten das Verhalten von ∇f gut beschreiben, muss man sich dann oft mit groben Überschätzungen von L zufrieden geben. Die entsprechenden Schrittweiten t_c^k können dadurch sehr klein werden, so dass die Iteration langsamer als nötig voranschreitet.

Es sei betont, dass eine explizite Kenntnis von L im Effizienzbeweis für die exakten Schrittweiten in Satz 2.2.16 nicht erforderlich ist.

2.2.17 Übung Die Menge $f_\leq^{f(x^0)}$ sei beschränkt, die Funktion ∇f sei Lipschitz-stetig auf $\mathrm{conv}(f_\leq^{f(x^0)})$ mit Lipschitz-Konstante $L > 0$, und in Algorithmus 2.3 sei an der Iterierten x^k

die Suchrichtung $d^k = -\nabla f(x^k)$ des Gradientenverfahrens gewählt. Zeigen Sie mit Hilfe der Ungleichung (2.7), dass dann jede Schrittweite $t^k \in (0, 2/L)$ zum Abstieg

$$f(x^{k+1}) \leq f(x^k) - t^k(1 - \tfrac{t^k}{2}L)\|\nabla f(x^k)\|_2^2 < f(x^k)$$

führt, wobei der Faktor $t^k(1 - \tfrac{t^k}{2}L)$ für $t_c^k = 1/L$ maximal ist. Dieser Zusammenhang motiviert die Bezeichnung von (2.7) als Abstiegslemma.

Armijo-Schrittweiten

Eine in modernen Implementierungen von Optimierungsverfahren sehr beliebte inexakte Schrittweitensteuerung geht auf eine Idee von Armijo zurück: Zu $x \in f_{\leq}^{f(x^0)}$ seien d eine Abstiegsrichtung erster Ordnung und $\sigma \in (0,1)$. Dann existiert ein $\check{t} > 0$, so dass für alle $t \in (0, \check{t})$ die Werte $\varphi_d(t)$ unter der „nach oben gedrehten Tangente" $\varphi_d(0) + t\sigma\varphi_d'(0)$ liegen, so dass also

$$f(x + td) \leq f(x) + t\sigma\langle\nabla f(x), d\rangle$$

gilt (Abb. 2.5).

Offensichtlich erfüllt jedes solche t die Bedingung (2.3) mit $c_1 = \sigma$. Wie kann man unter diesen Schrittweiten aber ein $t_a > 0$ so wählen, dass außerdem (2.5) erfüllt ist? Dies realisiert die in Algorithmus 2.4 angegebene *Armijo-Regel* mit einer *Backtracking Line Search* genannten Idee.

Abb. 2.5 Armijo-Regel

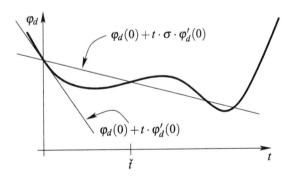

Algorithmus 2.4: Armijo-Regel

Input : C^1-Funktion f, Parameter $\sigma, \rho \in (0, 1), \gamma > 0$ sowie $x, d \in \mathbb{R}^n$ mit $\langle \nabla f(x), d \rangle < 0$
Output : Armijo-Schrittweite t_a

1 **begin**
2   Wähle eine Startschrittweite $t^0 \geq -\gamma \langle \nabla f(x), d \rangle / \|d\|_2^2$ und setze $\ell = 0$.
3   **while** $f(x + t^\ell d) > f(x) + t^\ell \sigma \langle \nabla f(x), d \rangle$ **do**
4   Setze $t^{\ell+1} = \rho\, t^\ell$.
5   Ersetze ℓ durch $\ell + 1$.
6   **end**
7   Setze $t_a = t^\ell$.
8 **end**

2.2.18 Satz

Die Menge $f_{\leq}^{f(x^0)}$ sei beschränkt, die Funktion ∇f sei Lipschitz-stetig auf conv$(f_{\leq}^{f(x^0)})$, und (d^k) sei eine Folge von Abstiegsrichtungen erster Ordnung. Dann ist die Folge der Armijo-Schrittweiten (t_a^k) aus Algorithmus 2.4 (mit unabhängig von k gewählten Parametern σ, ρ und γ) wohldefiniert und effizient.

Beweis Der Index $k \in \mathbb{N}$ sei wieder fest und unterschlagen. Wegen $\rho \in (0, 1)$ gilt in Algorithmus 2.4 $\lim_\ell t^\ell = 0$, also existiert ein $\ell_0 \in \mathbb{N}$ mit $t^{\ell_0} \in (0, \check{\imath})$ (Abb. 2.5). Die Abbruchbedingung in Zeile 3 von Algorithmus 2.4 ist folglich nach endlich vielen Schritten erfüllt, und die Folge der Armijo-Schrittweiten ist damit wohldefiniert.

Da nach den Vorüberlegungen (2.3) mit $c_1 = \sigma$ für t_a erfüllt ist, bleibt noch (2.5) zu zeigen. Falls Algorithmus 2.4 bereits bei $\ell = 0$ abbricht, so gilt (2.5) mit $c_2 = \gamma$. Im Folgenden sei also $t_a = t^\ell$ mit $\ell > 0$. Da $t^{\ell-1}$ das Abbruchkriterium noch *nicht* erfüllt hatte, gilt

$$f(x + t^{\ell-1}d) > f(x) + t^{\ell-1}\sigma \langle \nabla f(x), d \rangle. \tag{2.9}$$

Um die vorausgesetzte Lipschitz-Bedingung auf conv$(f_{\leq}^{f(x^0)})$ einzusetzen, unterscheiden wir nun zwei Fälle, wobei $[x, x + t^{\ell-1}d]$ die Strecke $\{x + td \mid t \in [0, t^{\ell-1}]\}$ bezeichne.

Fall 1: $[x, x + t^{\ell-1}d] \subseteq$ conv$(f_{\leq}^{f(x^0)})$
Nach dem Mittelwertsatz existiert ein $\theta \in (0, 1)$ mit

$$f(x + t^{\ell-1}d) = f(x) + t^{\ell-1}\langle \nabla f(x + \theta t^{\ell-1}d), d \rangle.$$

Wegen (2.9) und $t^{\ell-1} > 0$ folgt daraus

$$\sigma \langle \nabla f(x), d \rangle < \langle \nabla f(x + \theta t^{\ell-1}d), d \rangle,$$

also mittels Cauchy-Schwarz-Ungleichung und Lipschitz-Bedingung

$$(\sigma - 1)\langle \nabla f(x), d \rangle < \langle \nabla f(x + \theta t^{\ell-1} d) - \nabla f(x), d \rangle \leq L \cdot \theta t^{\ell-1} \|d\|_2^2 \leq L t^{\ell-1} \|d\|_2^2.$$

Wir erhalten

$$t_a = \rho \cdot t^{\ell-1} \geq -\frac{\rho(1-\sigma)}{L} \frac{\langle \nabla f(x), d \rangle}{\|d\|_2^2}.$$

Fall 2: $[x, x + t^{\ell-1} d] \nsubseteq \mathrm{conv}(f_{\leq}^{f(x^0)})$

Die Lipschitz-Abschätzung ist in diesem Fall nicht auf ganz $[x, x + t^{\ell-1} d]$ garantiert. Mit einer *exakten* Schrittweite t_e liegen allerdings sowohl x als auch $x + t_e d$ in $f_{\leq}^{f(x^0)}$ und demnach die Strecke $[x, x + t_e d]$ in $\mathrm{conv}(f_{\leq}^{f(x^0)})$. Die Voraussetzung des zweiten Falls impliziert daher $t_e \leq t^{\ell-1}$. Mit der Schrittweite $t_c \leq t_e$ aus dem Beweis zu Satz 2.2.16 folgt

$$t_a = \rho t^{\ell-1} \geq \rho t_e \geq \rho t_c = -\frac{\rho}{L} \frac{\langle \nabla f(x), d \rangle}{\|d\|_2^2} \geq -\frac{\rho(1-\sigma)}{L} \frac{\langle \nabla f(x), d \rangle}{\|d\|_2^2}.$$

Insgesamt ist (2.5) also in jedem Fall mit

$$c_2 = \min\left\{\gamma, \frac{\rho(1-\sigma)}{L}\right\}$$

erfüllt. Da c_1 und c_2 unabhängig von k sind, folgt die Behauptung. □

Angemerkt sei, dass die konkrete Größe der Lipschitz-Konstante L auch für diesen Effizienzbeweis irrelevant ist.

In der Praxis haben sich Werte $\sigma \in [0.01, 0.2]$ und $\rho = 0.5$ bewährt. Statt t^0 in Algorithmus 2.4 per γ zu bestimmen, wird häufig $t^0 := 1$ gesetzt. Die folgende Übung zeigt, dass Algorithmus 2.3 dann aber nicht notwendigerweise terminiert.

2.2.19 Übung Zeigen Sie für die Funktion $f(x) = \frac{1}{2}x^2$, den Startpunkt $x^0 = -3$, die Richtungen $d^k = 2^{-k}$ sowie $\sigma = \frac{1}{2}$, dass der durch die Wahl $t^0 := 1$ modifizierte Algorithmus 2.4 nicht zu einer effizienten Schrittweitenfolge führt.

Man sollte t^0 also so initialisieren, wie in Algorithmus 2.4 angegeben, wobei sich die Wahl $\gamma = 10^{-4}$ bewährt hat. Es ist außerdem nicht schwer zu sehen, dass sich die Armijo-Regel auch für nur einseitig richtungsdifferenzierbare Funktionen einsetzen lässt, indem man das Skalarprodukt $\langle \nabla f(\bar{x}), d \rangle$ durch $f'(\bar{x}, d)$ ersetzt. Davon werden wir in Abschn. 3.3.6 Gebrauch machen.

2.2.3 Gradientenverfahren

Nach dieser Vorarbeit können wir mit Algorithmus 2.5 ein implementierbares numerisches Minimierungsverfahren angeben, nämlich das *Gradientenverfahren*. Es ist auch unter der Bezeichnung *Cauchy-Verfahren* bekannt, und ferner aufgrund seiner geometrischen Grundidee (Abschn. 2.1.3) als *Verfahren des steilsten Abstiegs*.

Algorithmus 2.5: Gradientenverfahren

Input : C^1-Optimierungsproblem P, Startpunkt x^0 und Abbruchtoleranz $\varepsilon > 0$
Output : Approximation $\bar{x}$ eines kritischen Punkts von f (falls das Verfahren terminiert; Satz 2.2.20)

1 **begin**
2   Setze $k = 0$.
3   **while** $\|\nabla f(x^k)\| > \varepsilon$ **do**
4   Setze $d^k = -\nabla f(x^k)$.
5   Bestimme eine Schrittweite t^k.
6   Setze $x^{k+1} = x^k + t^k d^k$.
7   Ersetze k durch $k+1$.
8   **end**
9   Setze $\bar{x} = x^k$.
10 **end**

2.2.20 Satz
Die Menge $f_{\leq}^{f(x^0)}$ *sei beschränkt, die Funktion* ∇f *sei Lipschitz-stetig auf* $\mathrm{conv}(f_{\leq}^{f(x^0)})$, *und in Zeile 5 seien exakte Schrittweiten* (t_e^k) *oder Armijo-Schrittweiten* (t_a^k) *gewählt. Dann terminiert Algorithmus 2.5 nach endlich vielen Schritten. Falls eine Lipschitz-Konstante* $L > 0$ *zur Lipschitz-Stetigkeit von* ∇f *auf* $\mathrm{conv}(f_{\leq}^{f(x^0)})$ *bekannt ist, dann gilt dieses Ergebnis auch für die dann berechenbaren konstanten Schrittweiten* $t_c^k = L^{-1}, k \in \mathbb{N}$.

Beweis Die Behauptungen folgen aus Korollar 2.2.10, Übung 2.2.8, Satz 2.2.16 sowie Satz 2.2.18.   □

Bei der Anwendung auf konvex-quadratische Zielfunktionen f sind sogar noch bessere Konvergenzaussagen für das Gradientenverfahren möglich. Zur Vorbereitung erinnern wir an die Definition der *Spektralnorm* einer (nicht notwendigerweise quadratischen) Matrix A als

$$\|A\|_2 := \max\{\|Ad\|_2 \mid \|d\|_2 = 1\}.$$

Aus dieser Definition folgt für jeden Vektor $d \neq 0$ sofort die Abschätzung

$$\|Ad\|_2 = \left\|A \frac{d}{\|d\|_2}\right\|_2 \|d\|_2 \leq \|A\|_2 \|d\|_2 \tag{2.10}$$

(und für $d = 0$ gilt sie ohnehin).

2.2.21 Übung Gegeben sei die quadratische Funktion $q(x) = \frac{1}{2}x^\mathsf{T}Ax + b^\mathsf{T}x$ mit $A = A^\mathsf{T}$ und $b \in \mathbb{R}^n$. Zeigen Sie, dass der Gradient ∇q auf ganz $\mathbb{R}^n$ Lipschitz-stetig mit $L = \|A\|_2$ ist.

2.2.22 Beispiel

Für die Funktion $q(x) = \frac{1}{2}x^\mathsf{T}Ax + b^\mathsf{T}x$ mit $A = A^\mathsf{T} \succ 0$ und $b \in \mathbb{R}^n$ erzeugt das Gradientenverfahren eine sogar gegen den globalen Minimalpunkt von q konvergente Folge von Iterierten (x^k), wenn entweder exakte, konstante oder Armijo-Schrittweiten gewählt werden.

Tatsächlich ist q nach Übung 1.2.24 koerziv, weshalb zu jedem $x^0 \in \mathbb{R}^n$ die untere Niveaumenge $q_\leq^{q(x^0)}$ beschränkt ist. Ferner ist ∇q nach Übung 2.2.21 sogar auf ganz $\mathbb{R}^n$ Lipschitz-stetig mit $L = \|A\|_2$. Die erwähnten Schrittweitenwahlen sind demnach effizient, so dass nach Satz 2.2.9 jeder Häufungspunkt der vom Gradientenverfahren für q erzeugten Iterierten x^k ein kritischer Punkt von q ist. Übung 2.1.43 zeigt außerdem, dass der *einzige* kritische Punkt $x^\star = -A^{-1}b$ von q mit dem eindeutigen globalen Minimalpunkt übereinstimmt. Damit konvergiert die Folge der Iterierten (x^k), und ihr Grenzpunkt ist globaler Minimalpunkt von q.

Nach Übung 2.2.15 ist bei jeder Abstiegsrichtung erster Ordnung für q in x die (eindeutige) exakte Schrittweite

$$t_e = -\frac{\langle Ax + b, d\rangle}{d^\mathsf{T}Ad},$$

beim Gradientenverfahren also

$$t_e = \frac{\|\nabla q(x)\|_2^2}{Dq(x)A\nabla q(x)}$$

mit $\nabla q(x) = Ax + b$.

Wegen der expliziten Kenntnis der Lipschitz-Konstante $L = \|A\|_2$ ist schließlich auch die Wahl der konstanten Schrittweite $t_c = \|A\|_2^{-1}$ möglich. Mit der Berechnung der Spektralnorm $\|A\|_2$ einer symmetrischen und positiv definiten Matrix A als größtem Eigenwert $\lambda_{\max}(A)$ von A werden wir uns in Bemerkung 2.2.41 befassen. ◄

Aufgrund der Konvergenzresultate sowie wegen seiner einfachen Implementierbarkeit wird das Gradientenverfahren in der Praxis gerne benutzt. Allerdings hat die Strategie, in jedem Schritt lokal den steilsten Abstieg zu wählen (eine *Greedy-Strategie*), den Nachteil, dass das Verfahren häufig *sehr langsam* konvergiert. Man kann daher oft nur grobe Toleranzen $\varepsilon > 0$ vorgeben, wenn das Verfahren nach einer vertretbaren Zeit terminieren soll.

Geometrisch lässt sich die Langsamkeit des Gradientenverfahrens mit Hilfe der Ergebnisse aus Abschn. 2.1.3 begründen (Abb. 2.6): Falls die Höhenlinien von f die Form lang gezogener Ellipsen mit einem Minimalpunkt $x^\star$ in deren gemeinsamem Zentrum besitzen, dann zeigt $-\nabla f(x^k)$ typischerweise nicht in die Richtung von $x^\star$. Die Iterierten springen dadurch entlang einer Zickzacklinie, weshalb man in Anlehnung an die englischsprachige Literatur auch vom *Zigzagging-Effekt* spricht.

Um bessere Verfahren zu konstruieren, benötigen wir zunächst eine Klassifikation von Konvergenzgeschwindigkeiten.

2.2.23 Definition (Konvergenzgeschwindigkeiten)
Es sei (x^k) eine konvergente Folge mit Grenzpunkt $x^\star$. Sie heißt

a) *linear konvergent*, falls

$$\exists\, 0 < c < 1,\ k_0 \in \mathbb{N} \quad \forall\, k \geq k_0 : \quad \|x^{k+1} - x^\star\| \leq c \cdot \|x^k - x^\star\|,$$

b) *superlinear konvergent*, falls

$$\exists\, c^k \searrow 0,\ k_0 \in \mathbb{N} \quad \forall\, k \geq k_0 : \quad \|x^{k+1} - x^\star\| \leq c^k \cdot \|x^k - x^\star\|,$$

c) *quadratisch konvergent*, falls

$$\exists\, c > 0,\ k_0 \in \mathbb{N} \quad \forall k \geq k_0 : \quad \|x^{k+1} - x^\star\| \leq c \cdot \|x^k - x^\star\|^2.$$

Abb. 2.6 Zigzagging-Effekt

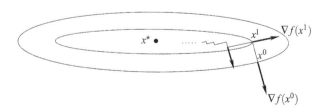

Es ist nicht schwer zu sehen, dass quadratische Konvergenz superlineare Konvergenz impliziert und dass Letztere lineare Konvergenz nach sich zieht. Während superlineare Konvergenz „schnell" und quadratische Konvergenz „sehr schnell" sind, kann lineare Konvergenz bei einer Konstante $c \approx 1$ sehr langsam sein.

Wir weisen darauf hin, dass die Punkte x^k in Definition 2.2.23 nicht notwendigerweise Iterierte eines Abstiegsverfahrens zu sein brauchen. Insbesondere kann man für ein Abstiegsverfahren auch die Konvergenzgeschwindigkeit der Funktionswerte $f(x^k)$ gegen einen Grenzwert $f(x^\star)$ messen.

Tatsächlich zeigt der folgende Satz, dass das Gradientenverfahren schon für sehr angenehme Funktionen nur linear konvergente Funktionswerte der Iterierten besitzt, und zwar mit einer Konstante c, die sehr nahe bei eins liegen kann.

Konkret betrachten wir die konvex-quadratische Funktion $q(x) = \frac{1}{2} x^\mathsf{T} A x + b^\mathsf{T} x$ mit $A = A^\mathsf{T} \succ 0$ sowie $b \in \mathbb{R}^n$ und bezeichnen den größten und den kleinsten Eigenwert der Matrix A mit $\lambda_{\max}$ bzw. $\lambda_{\min}$. Nach Beispiel 2.2.22 konvergieren die Iterierten des Gradientenverfahrens mit exakten Schrittweiten gegen den globalen Minimalpunkt $x^\star = -A^{-1}b$ von q, und die Stetigkeit von q impliziert die Konvergenz der Funktionswerte $q(x^k)$ gegen $q(x^\star) = -\frac{1}{2} b^\mathsf{T} A^{-1} b$. Wir betrachten nun die Konvergenz*geschwindigkeit* dieser Funktionswerte.

Dazu benötigen wir folgendes Ergebnis, das zum Beispiel in [16] bewiesen wird.

2.2.24 Lemma (Kantorowitsch-Ungleichung)
Es sei $A = A^\mathsf{T} \succ 0$ mit maximalem und minimalem Eigenwert $\lambda_{\max}$ bzw. $\lambda_{\min}$. Dann gilt für jedes $v \in \mathbb{R}^n \setminus \{0\}$

$$\frac{v^\mathsf{T} A^{-1} v \cdot v^\mathsf{T} A v}{\|v\|_2^4} \leq \frac{(\lambda_{\max} + \lambda_{\min})^2}{4 \lambda_{\max} \lambda_{\min}}.$$

2.2.25 Satz
Auf die konvex-quadratische Funktion $q(x) = \frac{1}{2} x^\mathsf{T} A x + b^\mathsf{T} x$ mit $A = A^\mathsf{T} \succ 0$ und $b \in \mathbb{R}^n$ werde das Gradientenverfahren mit exakten Schrittweiten und $\varepsilon = 0$ angewendet. Dann gilt für alle $k \in \mathbb{N}$

$$|q(x^{k+1}) - q(x^\star)| \leq \left(\frac{\lambda_{\max} - \lambda_{\min}}{\lambda_{\max} + \lambda_{\min}} \right)^2 |q(x^k) - q(x^\star)|.$$

Beweis Es sei $k \in \mathbb{N}$ fest gewählt. Zur Übersichtlichkeit unterschlagen wir im Folgenden den Index k und setzen $x^+ := x^{k+1}$. Da $q(x^\star)$ globaler Minimalwert von q ist, sind die Beträge in der behaupteten Ungleichung überflüssig. Wegen $x^+ = x - t_e \nabla q(x)$ und

$$t_e = \frac{\|\nabla q(x)\|_2^2}{Dq(x)A\nabla q(x)}$$

gilt

$$q(x^+) - q(x^\star) = q(x) - t_e\|\nabla q(x)\|_2^2 + \frac{t_e^2}{2}Dq(x)A\nabla q(x) - q(x^\star) =$$

$$q(x) - q(x^\star) - \frac{1}{2}\frac{\|\nabla q(x)\|_2^4}{Dq(x)A\nabla q(x)}$$

sowie

$$q(x) - q(x^\star) = \tfrac{1}{2}Dq(x)A^{-1}\nabla q(x),$$

wie man durch Ausmultiplizieren der rechten Seite leicht nachrechnet. Es folgt

$$\frac{q(x^+) - q(x^\star)}{q(x) - q(x^\star)} = 1 - \frac{\frac{1}{2}\frac{\|\nabla q(x)\|_2^4}{Dq(x)A\nabla q(x)}}{q(x) - q(x^\star)} = 1 - \frac{\|\nabla q(x)\|_2^4}{Dq(x)A^{-1}\nabla q(x) \cdot Dq(x)A\nabla q(x)}.$$

Da das Gradientenverfahren im Fall $\nabla q(x) = 0$ vor der Berechnung von x^+ terminiert hätte, lässt sich Lemma 2.2.24 mit $v = \nabla q(x) \neq 0$ anwenden, und wir erhalten

$$\frac{q(x^+) - q(x^\star)}{q(x) - q(x^\star)} \leq 1 - \frac{4\lambda_{\max}\lambda_{\min}}{(\lambda_{\max} + \lambda_{\min})^2} = \left(\frac{\lambda_{\max} - \lambda_{\min}}{\lambda_{\max} + \lambda_{\min}}\right)^2.$$

$\square$

Satz 2.2.25 besagt zunächst nur, dass die Funktionswerte der Iterierten im Gradientenverfahren unter den dortigen Voraussetzungen *mindestens* linear mit der Konstante

$$c = \left(\frac{\lambda_{\max} - \lambda_{\min}}{\lambda_{\max} + \lambda_{\min}}\right)^2$$

konvergieren, was noch nicht ausschließt, dass das Verfahren trotzdem schneller läuft. Die numerische Erfahrung mit dem Gradientenverfahren zeigt allerdings, dass lineare Konvergenz mit der berechneten Konstante üblicherweise realisiert wird. Entscheidend ist hierbei, dass durch die passende Wahl der Matrix A Konstanten c beliebig nahe bei eins erzeugt werden können und man dadurch beliebig langsame lineare Konvergenz des Gradientenverfahrens erreicht. Dass $\lambda_{\min}$ dazu im Vergleich zu $\lambda_{\max}$ sehr klein werden muss, schlägt sich geometrisch in „sehr lang gezogenen" Niveaumengen von q nieder, wie sie bereits als Höhenlinien in Abb. 2.6 illustriert wurden.

2.2.26 Bemerkung (Ellipsodiale Niveaumengen und Eigenwerte) Da das Verständnis des Zusammenhangs zwischen Eigenwerten und Niveaumengen auch für den folgenden Abschnitt wesentlich ist, wiederholen wir an dieser Stelle kurz einige Grundlagen zu den ellipsodialen Niveaumengen

$$q_{=}^{\alpha} := \{x \in \mathbb{R}^n \mid q(x) = \alpha\}$$

konvex-quadratischer Funktionen $q(x) = \frac{1}{2}x^\mathsf{T} A x + b^\mathsf{T} x$ mit $A = A^\mathsf{T} \succ 0$ und $b \in \mathbb{R}^n$.

Nach Übung 2.1.43 ist $\alpha_{\min} = -\frac{1}{2}b^\mathsf{T} A^{-1} b$ das Minimalniveau von q, und den zugehörigen Minimalpunkt $x^\star = -A^{-1}b$ können wir als Mittelpunkt jedes Ellipsoids $q_{=}^{\alpha}$ mit $\alpha > \alpha_{\min}$ auffassen. Für jedes solche α kann man von diesem Mittelpunkt $x^\star$ aus in eine beliebige vorgegebene Richtung $d \in \mathbb{R}^n$ „laufen" und wird sicher die Niveaumenge $q_{=}^{\alpha}$ treffen. Allerdings wird die Größe der entsprechenden Schrittweite $t > 0$ mit $x^\star + td \in q_{=}^{\alpha}$ im Allgemeinen von der Richtung d abhängen. In Formeln ausgedrückt ist dies die Frage nach dem zu d gehörigen $t > 0$ mit

$$
\begin{aligned}
\alpha &= q(x^\star + td) = \tfrac{1}{2}(x^\star + td)^\mathsf{T} A (x^\star + td) + b^\mathsf{T}(x^\star + td) \\
&= \tfrac{1}{2}(x^\star)^\mathsf{T} A(x^\star) + td^\mathsf{T} A x^\star + \tfrac{1}{2}t^2 d^\mathsf{T} A d + b^\mathsf{T} x^\star + t b^\mathsf{T} d \\
&= \left(\tfrac{1}{2}(x^\star)^\mathsf{T} A(x^\star) + b^\mathsf{T} x^\star\right) + td^\mathsf{T} A(-A^{-1}b) + \tfrac{1}{2}t^2 d^\mathsf{T} A d + t b^\mathsf{T} d \\
&= -\tfrac{1}{2}b^\mathsf{T} A^{-1} b - t d^\mathsf{T} b + \tfrac{1}{2}t^2 d^\mathsf{T} A d + t b^\mathsf{T} d \\
&= \alpha_{\min} + \tfrac{1}{2}t^2 d^\mathsf{T} A d.
\end{aligned}
$$

Wählt man als Richtung d speziell einen auf Länge eins normierten Eigenvektor v der Matrix A, so folgt mit dem zugehörigen Eigenwert λ weiter

$$\alpha - \alpha_{\min} = \tfrac{1}{2}t^2 v^\mathsf{T} A v = \tfrac{1}{2}t^2 v^\mathsf{T}(\lambda v) = \tfrac{1}{2}\lambda t^2 \|v\|_2^2 = \tfrac{1}{2}\lambda t^2$$

und damit

$$t = \sqrt{\frac{2(\alpha - \alpha_{\min})}{\lambda}},$$

wobei wir benutzt haben, dass λ wegen der positiven Definitheit von A positiv ist. Die hergeleitete Formel für t besagt, dass es in Richtung eines Eigenvektors v von A (einer *Hauptachse* des Ellipsoids) von der Wurzel des Kehrwerts des zugehörigen Eigenwerts abhängt, wann die Menge $q_{=}^{\alpha}$ getroffen wird. Für Eigenwerte nahe bei null ist der Weg also sehr weit, während er für große Eigenwerte kurz ist. Die Länge eines solchen Wegs wird auch als Länge der durch v bestimmten *Halbachse* des zugehörigen Ellipsoids bezeichnet.

Dies erklärt letztendlich, dass einer großen Diskrepanz zwischen $\lambda_{\min}$ und $\lambda_{\max}$ eine große Diskrepanz zwischen längster und kürzester Halbachse jedes Ellipsoids entspricht, das eine Niveaumenge von q bildet, dass also die Niveaumengen von q geometrisch „sehr lang gezogen" sind.

2.2.27 Übung Berechnen Sie für eine Matrix $A = A^\top \succ 0$ die Längen der Halbachsen des Ellipsoids $\{x \in \mathbb{R}^n \mid x^\top A x = 1\}$.

2.2.28 Übung Zu einer Matrix $A = A^\top \succ 0$ mit maximalem und minimalem Eigenwert $\lambda_{\max}$ bzw. $\lambda_{\min}$ heißt $\kappa := \lambda_{\max}/\lambda_{\min}$ *Konditionszahl* von A. Bei einer Konditionszahl nahe bei eins spricht man von einer *gut konditionierten* Matrix. Drücken Sie den Linearitätsfaktor des Gradientenverfahrens aus Satz 2.2.25 mit Hilfe der Konditionszahl aus. Wie wirkt sich demnach die Güte der Kondition von A auf die Geschwindigkeit des Verfahrens aus?

2.2.4 Variable-Metrik-Verfahren

Satz 2.2.25 zur langsamen Konvergenz des Gradientenverfahrens und seine geometrische Interpretation (Abb. 2.6) legen die Idee nahe, die Abstiegsrichtung $d^k = -\nabla f(x^k)$ durch eine Richtung zu ersetzen, die *Krümmungs*information über f berücksichtigt. Dies lässt sich wie folgt bewerkstelligen.

Nach Satz 2.2.25 minimiert das Gradientenverfahren (mit exakten Schrittweiten) eine konvex-quadratische Funktion $q(x) = \frac{1}{2}x^\top A x + b^\top x$ in einem *einzigen* Schritt, wenn der kleinste und größte Eigenwert $\lambda_{\min}$ bzw. $\lambda_{\max}$ von A übereinstimmen. Dann stimmen natürlich auch *alle* Eigenwerte von A miteinander überein, so dass q sphärenförmige Niveaumengen besitzt.

Die geometrische Hauptidee der folgenden Verfahren ist es, bei der Minimierung einer (nicht notwendigerweise konvex-quadratischen) C^1-Funktion f an jeder Iterierten x^k ein jeweils *neues Koordinatensystem* so einzuführen, dass f um x^k in den neuen Koordinaten möglichst sphärenförmige Niveaumengen besitzt. In den neuen Koordinaten ist folglich ein Abstieg in die negative Gradientenrichtung sinnvoll. Wenn die Koordinatentransformation *linear* ist, werden wir eine einfache Darstellung dieser Suchrichtung in den originalen Koordinaten herleiten können, so dass der explizite Gebrauch der Koordinatentransformation danach nicht mehr nötig ist.

Abb. 2.7 verdeutlicht die Konstruktion zunächst am Beispiel einer konvex-quadratischen Funktion $q(x) = \frac{1}{2}x^\top A x + b^\top x$, wobei wir vernachlässigen, dass der Punkt, an dem die Suchrichtung berechnet werden soll, eine Iterierte ist, und ihn stattdessen mit $\bar{x}$ bezeichnen. Links sind ellipsenförmige Niveaulinien von q dargestellt, für die das Gradientenverfahren von $\bar{x}$ aus zu langsamer Konvergenz führen würde. Ein sowohl von der Orientierung als auch von der Skalierung her zu den Niveaulinien „passenderes" Koordinatensystem ist gestrichelt eingezeichnet, und die neuen Koordinaten sind mit y_1 und y_2 anstelle von x_1 und x_2 bezeichnet. (Man könnte zusätzlich als Ursprung des neuen Koordinatensystems den gemeinsamen Mittelpunkt der Ellipsen wählen, was sich aber als unnötig erweisen würde.)

Für dieses konkrete Koordinatensystem liest man aus der Abbildung als mögliche neue „Einheitsvektoren"

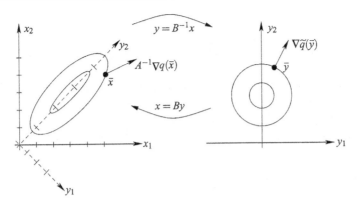

Abb. 2.7 Koordinatentransformation in der Variable-Metrik-Idee

$$b^1 = \begin{pmatrix} \frac{1}{2} \\ -\frac{1}{2} \end{pmatrix} \quad \text{und} \quad b^2 = \begin{pmatrix} 1 \\ 1 \end{pmatrix}$$

ab. In der Sprache der linearen Algebra sind b^1 und b^2 *Basisvektoren* des neuen Koordinatensystems. Mit ihrer Hilfe lassen sich zu jedem Punkt $x \in \mathbb{R}^2$ seine Koordinaten y_1 und y_2 bezüglich des neuen Koordinatensystems bestimmen, denn diese erfüllen das lineare Gleichungssystem

$$x = y_1 b^1 + y_2 b^2 = By$$

mit der Matrix $B := (b^1, b^2)$. Beispielsweise erfüllen die neuen Koordinaten y_1 und y_2 des Punkts $x = (1, 0)^\top$ das System

$$\begin{pmatrix} 1 \\ 0 \end{pmatrix} = \begin{pmatrix} \frac{1}{2} & 1 \\ -\frac{1}{2} & 1 \end{pmatrix} \begin{pmatrix} y_1 \\ y_2 \end{pmatrix},$$

woraus $y_1 = 1$ und $y_2 = \frac{1}{2}$ folgt. Tatsächlich muss man zur Bestimmung neuer Koordinaten nicht notwendigerweise Gleichungssysteme lösen. Da die Vektoren b^1 und b^2 eine Basis des $\mathbb{R}^2$ bilden, ist die Matrix B invertierbar, und die Vorschrift $y = B^{-1}x$ liefert zu jedem $x \in \mathbb{R}^2$ explizit die neuen Koordinaten y.

Die Abbildung $x \mapsto B^{-1}x$ ist die gesuchte lineare Koordinatentransformation. Sie transformiert die Geometrie der linken Seite aus Abb. 2.7 in die der rechten Seite.

Insbesondere wird durch die Transformation der Punkt $\bar{x}$, an dem wir eine dem negativen Gradienten von q überlegene Abstiegsrichtung suchen, auf den Punkt $\bar{y}$ abgebildet. In den neuen Koordinaten y sind die Höhenlinien von q kreisförmig, so dass von $\bar{y}$ aus die negative Gradientenrichtung zum Minimalpunkt zeigt. Entscheidend dabei ist, wie die „Funktion q in neuen Koordinaten" explizit lautet, von der hier die Höhenlinien betrachtet werden und deren Gradient berechnet werden soll. Wegen

$$q(x) \; = \; q(By) \; = \; (q \circ B)(y)$$

ist $\widetilde{q} := q \circ B$ diese gesuchte Darstellung von q in neuen Koordinaten, und $\nabla \widetilde{q}(\bar{y})$ ist die gesuchte Gradientenrichtung in $\bar{y}$.

In einem letzten Schritt möchten wir die in den neuen Koordinaten gefundene Richtung wieder in die originalen Koordinaten zurücktransformieren, wobei die Rücktransformation der Geometrie der rechten Seite aus Abb. 2.7 in die der linken Seite durch die Abbildung $y \mapsto By$ realisiert wird. Um den resultierenden Vektor $B\nabla \widetilde{q}(\bar{y})$ in originalen Koordinaten darzustellen, benutzen wir die Kettenregel und erhalten für jedes $y \in \mathbb{R}^2$

$$D\widetilde{q}(y) \; = \; D[q(B(y))] \; = \; Dq(By)B \; = \; Dq(x)B,$$

also insbesondere $\nabla \widetilde{q}(\bar{y}) = B^\mathsf{T} \nabla q(\bar{x})$ und

$$B\nabla \widetilde{q}(\bar{y}) \; = \; BB^\mathsf{T} \nabla q(\bar{x}) \; = \; \frac{1}{4} \begin{pmatrix} 5 & 3 \\ 3 & 5 \end{pmatrix} \nabla q(\bar{x}).$$

Für den allgemeinen Fall $n \geq 1$ und ohne grafische Veranschaulichung ist an dieser Stelle leider noch unklar, wie die Matrix B konstruiert werden soll. Auch im Allgemeinen existiert aber stets ein rechtwinkliges Koordinatensystem, das zur Lage der ellipsodialen Niveaumengen von q „passend ausgerichtet" ist. Seine Achsen entsprechen gerade den Hauptachsen dieser Ellipsoide, also den durch die Eigenvektoren $v^1, \dots, v^n$ von A gegebenen Richtungen (da A symmetrisch ist, existieren tatsächlich genau n verschiedene und paarweise senkrecht zueinander stehende Eigenvektoren von A). Wie in Abb. 2.7 verzichten wir allerdings darauf, den Mittelpunkt der Ellipsoide (also den Minimalpunkt von q) mit dem Koordinatenursprung des neuen Koordinatensystems zu identifizieren.

Wir benötigen ferner noch eine „passende Skalierung" der Achsen, um im neuen Koordinatensystem sphärenförmige Niveaumengen zu erhalten. Dazu wählen wir auf Länge eins normierte Eigenvektoren $v^1, \dots, v^n$ von A und suchen zu den einzelnen Vektoren passende (positive) Skalierungsfaktoren, d.h., das neue Koordinatensystem soll als „Einheitsvektoren" die Vektoren $b^i := c_i v^i$, $i = 1, \dots, n$, mit passend gewählten Faktoren $c_1, \dots, c_n > 0$ besitzen. Die neuen Koordinaten $y_1, \dots, y_n$ eines Punkts $x \in \mathbb{R}^n$ erfüllen dann jedenfalls das System

$$x \; = \; y_1 b^1 + \dots + y_n b^n \; = \; y_1 c_1 v^1 + \dots + y_n c_n v^n \; = \; V \begin{pmatrix} c_1 y_1 \\ \vdots \\ c_n y_n \end{pmatrix},$$

wobei wir die Matrix $V := (v^1, \dots, v^n)$ eingeführt haben. Mit der Diagonalmatrix

$$C := \begin{pmatrix} c_1 & & \\ & \ddots & \\ & & c_n \end{pmatrix}$$

lässt das System sich noch kompakter als $x = VCy$ schreiben, und man kann für die Matrix $B := (b^1, \ldots, b^n)$ die Darstellung $B = VC$ ablesen. In neuen Koordinaten lautet die Funktion q also $\tilde{q}(y) = q(By)$ mit $B = VC$.

Um die Skalierungsfaktoren $c_1, \ldots, c_n$ zu berechnen, mit denen $\tilde{q}$ sphärenförmige Niveaumengen besitzt, sorgen wir dafür, dass die Hesse-Matrix von $\tilde{q}$ identische Eigenwerte besitzt. Diese Matrix lesen wir aus

$$\tilde{q}(y) = q(By) = \tfrac{1}{2}(By)^{\mathsf{T}} A (By) + b^{\mathsf{T}}(By) = \tfrac{1}{2} y^{\mathsf{T}} B^{\mathsf{T}} A B y + b^{\mathsf{T}} B y$$

zu

$$D^2 \tilde{q}(y) = B^{\mathsf{T}} A B = C V^{\mathsf{T}} A V C$$

ab.

Im nächsten Schritt hilft uns der *Spektralsatz* weiter, nach dem die in $D^2 \tilde{q}(y)$ auftretende Matrix $V^{\mathsf{T}} A V$ mit der Diagonalmatrix

$$\Lambda = \begin{pmatrix} \lambda_1 & & \\ & \ddots & \\ & & \lambda_n \end{pmatrix}$$

der Eigenwerte von A übereinstimmt. Dies ist nicht schwer zu sehen, denn die Normiertheit und paarweise Orthogonalität der Eigenvektoren implizieren einerseits $(v^i)^{\mathsf{T}} v^i = \|v^i\|_2^2 = 1$ für alle $i = 1, \ldots, n$ sowie andererseits $(v^i)^{\mathsf{T}} v^j = 0$ für alle $i \neq j$. Daher gilt

$$V^{\mathsf{T}} A V = V^{\mathsf{T}} (A v^1, \ldots, A v^n) = \begin{pmatrix} (v^1)^{\mathsf{T}} \\ \vdots \\ (v^n)^{\mathsf{T}} \end{pmatrix} (\lambda_1 v^1, \ldots, \lambda_n v^n) = \Lambda$$

und damit

$$D^2 \tilde{q}(y) = C V^{\mathsf{T}} A V C = C \Lambda C = \begin{pmatrix} \lambda_1 c_1^2 & & \\ & \ddots & \\ & & \lambda_n c_n^2 \end{pmatrix},$$

weshalb $\tilde{q}$ etwa für die Wahlen $c_i := 1/\sqrt{\lambda_i}$, $i = 1, \ldots, n$, sphärenförmige Niveaumengen besitzt. Mit den Definitionen

$$\Lambda^{\frac{1}{2}} := \begin{pmatrix} \sqrt{\lambda_1} & & \\ & \ddots & \\ & & \sqrt{\lambda_n} \end{pmatrix}$$

und $\Lambda^{-\frac{1}{2}} := (\Lambda^{\frac{1}{2}})^{-1}$ lässt sich dieser Zusammenhang auch kurz als $C = \Lambda^{-\frac{1}{2}}$ schreiben, so dass die gesuchte Matrix

$$B = VC = V\Lambda^{-\frac{1}{2}}$$

lautet.

Als Rücktransformation des Gradientenvektors $\nabla\widetilde{q}(\bar{y})$ in originale Koordinaten erhalten wir wie oben den Vektor $BB^{\mathsf{T}}\nabla q(\bar{x})$, wobei die Matrix BB^{T} jetzt wie folgt geschrieben werden kann:

$$BB^{\mathsf{T}} = VC(VC)^{\mathsf{T}} = VC^2V^{\mathsf{T}} = V\Lambda^{-1}V^{\mathsf{T}}.$$

Um zu sehen, dass diese Matrix mit A^{-1} identisch ist, invertieren wir beide Seiten der nach dem Spektralsatz gültigen Gleichung $V^{\mathsf{T}}AV = \Lambda$ zu

$$V^{-1}A^{-1}V^{-\mathsf{T}} = \Lambda^{-1}.$$

Isolieren von A^{-1} aus dieser Gleichung liefert

$$A^{-1} = V\Lambda^{-1}V^{\mathsf{T}} = BB^{\mathsf{T}}.$$

Die gewünschte Suchrichtung an der Stelle $\bar{x}$ lautet demnach $-A^{-1}\nabla q(\bar{x})$.

Für eine *nicht* notwendigerweise konvex-quadratische Funktion $f \in C^1(\mathbb{R}^n, \mathbb{R})$ ist abschließend noch zu klären, wie man an einer Stelle $x \in \mathbb{R}^n$ ein Koordinatensystem einführen kann, in dem f möglichst sphärenförmige Niveaumengen besitzt. Beschränkt man sich darauf, approximativ eine Konstruktion wie bei konvex-quadratischen Funktionen zu benutzen, motiviert dies die folgende Definition.

2.2.29 Definition (Gradient bezüglich einer positiv definiten Matrix)
Für $f \in C^1(\mathbb{R}^n, \mathbb{R})$ und eine (n, n)-Matrix $A = A^{\mathsf{T}} \succ 0$ heißt

$$\nabla_A f(x) := A^{-1}\nabla f(x)$$

Gradient von f bezüglich A an x.

Die verschiedenen Variable-Metrik-Verfahren unterscheiden sich durch die Wahl der Matrix A, mit deren Hilfe die Suchrichtung $-\nabla_A f(x)$ gebildet wird. Für jedes $A = A^\mathsf{T} \succ 0$ ist diese Suchrichtung an einem nichtkritischen Punkt x jedenfalls eine Abstiegsrichtung erster Ordnung, denn da mit A auch A^{-1} positiv definit ist, gilt

$$\langle \nabla f(\bar{x}), -\nabla_A f(\bar{x}) \rangle \ = \ -\nabla f(\bar{x})^\mathsf{T} A^{-1} \nabla f(\bar{x}) \ < \ 0.$$

Um den Begriff „variable Metrik" zu motivieren, stellen wir zunächst fest, dass jede Matrix $A = A^\mathsf{T} \succ 0$ auch ein Skalarprodukt und eine Norm definiert.

2.2.30 Übung Zeigen Sie, dass für jedes $A = A^\mathsf{T} \succ 0$ die Funktion $\langle x, y \rangle_A := x^\mathsf{T} A y$ ein Skalarprodukt auf $\mathbb{R}^n$ ist.

2.2.31 Übung Zeigen Sie, dass für jedes $A = A^\mathsf{T} \succ 0$ und das von A induzierte Skalarprodukt $\langle \cdot, \cdot \rangle_A$ die Funktion

$$\|x\|_A \ := \ \sqrt{\langle x, x \rangle_A}$$

eine Norm auf $\mathbb{R}^n$ ist.

Das von A induzierte Skalarprodukt und die von A induzierte Norm erlauben es, weitere Einblicke zu gewinnen.

2.2.32 Übung Zeigen Sie, dass unter den Voraussetzungen von Satz 2.2.25 für alle $x \in \mathbb{R}^n$

$$\tfrac{1}{2}\|x - x^\star\|_A^2 \ = \ q(x) - q(x^\star)$$

gilt.

Wegen Übung 2.2.32 macht Satz 2.2.25 auch eine Aussage über die Konvergenzgeschwindigkeit der Iterierten (und nicht nur ihrer Funktionswerte) des Gradientenverfahrens, sofern man die passende Norm wählt.

2.2.33 Übung Zeigen Sie, dass unter den Voraussetzungen von Satz 2.2.25 für alle $k \in \mathbb{N}$

$$\|x^{k+1} - x^\star\|_A \ \leq \ \frac{\lambda_{\max} - \lambda_{\min}}{\lambda_{\max} + \lambda_{\min}} \, \|x^k - x^\star\|_A$$

gilt.

2.2.34 Übung Zeigen Sie unter den Voraussetzungen von Beispiel 2.2.22 für die exakte Schrittweite des Gradientenverfahrens die Formel

$$t_e = \frac{\|\nabla q(x)\|_2^2}{\|\nabla q(x)\|_A^2}.$$

2.2.35 Übung Zeigen Sie für das durch $A = A^\top \succ 0$ induzierte Skalarprodukt $\langle \cdot, \cdot \rangle_A$ und die induzierte Norm $\| \cdot \|_A$ die Cauchy-Schwarz-Ungleichung:

$$\forall\, x, y \in \mathbb{R}^n : \quad |\langle x, y \rangle_A| \;\leq\; \|x\|_A \cdot \|y\|_A\,,$$

und die Abschätzung ist scharf.

Da die Niveaumengen $\{x \in \mathbb{R}^n \mid \|x\|_A \leq c\}$ mit $c > 0$ Ellipsoide sind, werden die Abstände um $\bar{x}$ in der Norm $\|\cdot\|_A$ unterschiedlich gewichtet. Das folgende Lemma zeigt, dass bezüglich dieser neuen Abstände der Vektor $-\nabla_A f(x)$ eine „Richtung steilsten Abstiegs" ist.

2.2.36 Lemma
Es sei $\nabla f(x) \neq 0$. Dann löst der Vektor

$$d = -\nabla_A f(x) / \|\nabla_A f(x)\|_A$$

das Problem

$$\min\, \langle \nabla f(x), d \rangle \quad s.t. \quad \|d\|_A = 1,$$

und zwar mit optimalem Wert $-\|\nabla_A f(x)\|_A$.

Beweis Laut Übung 2.2.35 gilt auch für das Skalarprodukt $\langle \cdot, \cdot \rangle_A$ die Cauchy-Schwarz-Ungleichung, also für alle d mit $\|d\|_A = 1$

$$\langle \nabla f(x), d \rangle = \langle \nabla_A f(x), d \rangle_A \geq -\|\nabla_A f(x)\|_A \cdot \|d\|_A = -\|\nabla_A f(x)\|_A,$$

wobei diese Abschätzung scharf ist. Daraus folgen die Behauptungen. □

Bekanntlich lässt sich mit Hilfe jeder Norm $\|\cdot\|$ auf $\mathbb{R}^n$ auch eine *Metrik* auf $\mathbb{R}^n$ einführen, indem der Abstand zweier Punkte x und y zu $\|x - y\|$ definiert wird. Diese Metrik werden wir nicht explizit benutzen, sie erklärt aber die benutzte Terminologie: Verfahren, die in jeder Iteration eine neue Matrix $A^k = (A^k)^\top \succ 0$ wählen und damit die Suchrichtung $-\nabla_{A^k} f(x^k)$ definieren, heißen *Variable-Metrik-Verfahren*. Algorithmus 2.6 setzt diese Idee um.

Im Input von Algorithmus 2.6 wählt man häufig $A^0 = E$, also als erste Suchrichtung die Gradientenrichtung $d^0 = -\nabla f(x^0)$. In Zeile 3 wäre ein konsistenteres Abbruchkriterium eigentlich $\|\nabla_{A^k} f(x^k)\|_{A^k} \leq \varepsilon$, aber wegen

---

Algorithmus 2.6: Variable-Metrik-Verfahren

Input : C^1-Optimierungsproblem P, Startpunkt x^0, Startmatrix $A^0 = (A^0)^\mathsf{T} \succ 0$
und Abbruchtoleranz $\varepsilon > 0$

Output : Approximation $\bar{x}$ eines kritischen Punkts von f (falls das Verfahren terminiert; Satz 2.2.40)

1 **begin**
2   Setze $k = 0$.
3   **while** $\|\nabla f(x^k)\|_2 > \varepsilon$ **do**
4   Setze $d^k = -\nabla_{A^k} f(x^k)$.
5   Bestimme eine Schrittweite t^k.
6   Setze $x^{k+1} = x^k + t^k d^k$.
7   Wähle $A^{k+1} = (A^{k+1})^\mathsf{T} \succ 0$.
8   Ersetze k durch $k + 1$.
9   **end**
10   Setze $\bar{x} = x^k$.
11 **end**

$$\|\nabla_{A^k} f(x^k)\|_{A^k} = \sqrt{Df(x^k)(A^k)^{-1}\nabla f(x^k)} = \|\nabla f(x^k)\|_{(A^k)^{-1}}$$

und der Äquivalenz von $\|\cdot\|_{(A^k)^{-1}}$ und $\|\cdot\|_2$ (d.h., es gibt Konstanten $c_1, c_2 > 0$, so dass alle $x \in \mathbb{R}^n$ die Abschätzungen $c_1\|x\|_{(A^k)^{-1}} \leq \|x\|_2 \leq c_2\|x\|_{(A^k)^{-1}}$ erfüllen [18]) kann man ebensogut das angegebene und weniger aufwendigere Kriterium testen. In Zeile 4 berechnet man die Suchrichtung d^k numerisch nicht durch die eine Matrixinversion enthaltende Definition $-(A^k)^{-1}\nabla f(x^k)$, sondern weniger aufwendig als Lösung des linearen Gleichungssystems $A^k d = -\nabla f(x^k)$.

Möchte man die Konvergenz von Variable-Metrik-Verfahren im Sinne von Satz 2.2.9 garantieren, benötigt man neben der Effizienz der Schrittweiten auch die Gradientenbezogenheit der Suchrichtungen. Diese muss man noch fordern.

2.2.37 Definition (Gleichmäßig positiv definite und beschränkte Matrizen)
Eine Folge (A^k) symmetrischer (n, n)-Matrizen heißt *gleichmäßig positiv definit* und *beschränkt*, falls

$$\exists\, 0 < c_1 \leq c_2 \;\forall\, d \in B_=(0, 1),\, k \in \mathbb{N}: \quad c_1 \leq d^{\mathsf{T}} A^k d \leq c_2$$

gilt.

Beispielsweise bilden die Matrizen

$$A^k = \begin{pmatrix} k & 0 \\ 0 & \frac{1}{k} \end{pmatrix}, \quad k \in \mathbb{N},$$

eine Folge, die weder gleichmäßig positiv definit noch beschränkt ist.

2.2.38 Übung Die Folge (A^k) sei gleichmäßig positiv definit und beschränkt mit Konstanten c_1 und c_2. Zeigen Sie, dass dann die Folge $\left((A^k)^{-1}\right)$ gleichmäßig positiv definit und beschränkt mit Konstanten $1/c_2$ und $1/c_1$ ist. Zeigen Sie außerdem, dass die Folge $\left(\lambda_{\max}\left((A^k)^{-1}\right)\right)$ der größten Eigenwerte von $\left((A^k)^{-1}\right)$ durch $1/c_1$ nach oben beschränkt ist.

2.2.39 Satz
Die Folge (A^k) sei gleichmäßig positiv definit und beschränkt. Dann ist die Folge (d^k) mit $d^k = -(A^k)^{-1} \nabla f(x^k), k \in \mathbb{N}$, gradientenbezogen.

Beweis Es sei $k \in \mathbb{N}$. Im Fall $\nabla f(x^k) = 0$ ist nichts zu zeigen, daher sei im Folgenden $\nabla f(x^k) \neq 0$. Nach Übung 2.2.38 gilt zunächst

$$\langle \nabla f(x^k), d^k \rangle = -Df(x^k)(A^k)^{-1} \nabla f(x^k) \leq -\frac{1}{c_2} \|\nabla f(x^k)\|_2^2$$

sowie nach (2.10)

$$\|d^k\|_2 \leq \|(A^k)^{-1}\|_2 \cdot \|\nabla f(x^k)\|_2 \leq \frac{1}{c_1} \|\nabla f(x^k)\|_2,$$

wobei wir Übung 2.2.38 nun zur Abschätzung der Spektralnorm $\|A\|_2 = \lambda_{\max}(A)$ für eine symmetrische positiv definite Matrix A benutzt haben (Bemerkung 2.2.41). Da der Zähler des ersten Bruchs bei der folgenden Abschätzung negativ ist, folgt für alle $k \in \mathbb{N}$

$$\frac{\langle \nabla f(x^k), d^k \rangle}{\|d^k\|_2} \leq -\frac{c_1}{c_2} \frac{\|\nabla f(x^k)\|_2^2}{\|\nabla f(x^k)\|_2} = -c \cdot \|\nabla f(x^k)\|_2.$$

$\square$

2.2.40 Satz
Die Menge $f_{\leq}^{f(x^0)}$ sei beschränkt, die Funktion ∇f sei Lipschitz-stetig auf conv$(f_{\leq}^{f(x^0)})$, *die Folge* (A^k) *sei gleichmäßig positiv definit und beschränkt, und in Zeile 5 seien exakte Schrittweiten (t_e^k) oder Armijo-Schrittweiten (t_a^k) gewählt. Dann terminiert Algorithmus 2.6 nach endlich vielen Schritten.*

Beweis Die Behauptung folgt aus Korollar 2.2.10, Satz 2.2.39, Satz 2.2.16 sowie Satz 2.2.18. $\square$

2.2.41 Bemerkung (Spektralnorm und Eigenwerte) Da die in Abschn. 2.2.3 eingeführte Spektralnorm

$$\|A\|_2 := \max\{\|Ad\|_2 \mid \|d\|_2 = 1\}$$

einer Matrix A der Optimalwert eines restringierten nichtlinearen Optimierungsproblems ist, werden wir sie mit den Techniken aus Kap. 3 explizit zu

$$\|A\|_2 = \sqrt{\lambda_{\max}(A^\mathsf{T} A)}$$

berechnen können, wobei $\lambda_{\max}(A^\mathsf{T} A)$ den größten Eigenwert der positiv semidefiniten Matrix $A^\mathsf{T} A$ bezeichnet (Beispiel 3.2.46). Dass die Menge der Eigenwerte einer Matrix auch als *Spektrum* von A bezeichnet wird, erklärt die Terminologie für $\|A\|_2$.

Da im Fall $A = A^\mathsf{T}$ die Eigenwerte von $A^\mathsf{T} A = A^2$ gerade die quadrierten Eigenwerte von A sind, folgt dann

$$\|A\|_2 = \sqrt{\lambda_{\max}(A^\mathsf{T} A)} = \sqrt{(\lambda_{\max}(A))^2} = |\lambda_{\max}(A)|$$

und im Fall $A \succ 0$ auch das oben benutzte $\|A\|_2 = \lambda_{\max}(A)$.

Mit den in diesem Abschnitt erläuterten Techniken lässt sich die explizite Formel für $\|A\|_2$ bei Matrizen A von vollem Spaltenrang zumindest motivieren. Dann ist die Matrix $A^\mathsf{T} A$ nämlich sogar positiv definit, und wir können mit Hilfe der Matrix Λ der Eigenwerte von $A^{\mathsf{T}}A$ sowie der Matrix V der zugehörigen Eigenvektoren die Matrix

$$(A^{\mathsf{T}}A)^{-\frac{1}{2}} := V\Lambda^{-\frac{1}{2}}V^{\mathsf{T}}$$

definieren. Die Substitution $d = (A^{\mathsf{T}}A)^{-\frac{1}{2}}\eta$ mit $\eta \in \mathbb{R}^n$ führt dann zu

$$\|Ad\|_2^2 = d^{\mathsf{T}}A^{\mathsf{T}}Ad = \eta^{\mathsf{T}}(A^{\mathsf{T}}A)^{-\frac{1}{2}}(A^{\mathsf{T}}A)(A^{\mathsf{T}}A)^{-\frac{1}{2}}\eta = \|\eta\|_2^2.$$

Wegen

$$\|A\|_2 = \max\{\|Ad\|_2 \mid \|d\|_2 = 1\} = \max\{\|\eta\|_2 \mid \|(A^{\mathsf{T}}A)^{-\frac{1}{2}}\eta\|_2 = 1\}$$

entspricht die Spektralnorm von A also gerade der „maximalen Verzerrung" des Ellipsoids

$$\{\eta \in \mathbb{R}^n \mid \eta^{\mathsf{T}}(A^{\mathsf{T}}A)^{-\frac{1}{2}}(A^{\mathsf{T}}A)^{-\frac{1}{2}}\eta = 1\} = \{\eta \in \mathbb{R}^n \mid \eta^{\mathsf{T}}(A^{\mathsf{T}}A)^{-1}\eta = 1\}.$$

Wie in Bemerkung 2.2.26 und Übung 2.2.27 gesehen besitzt die längste *Halbachse* dieses Ellipsoids die Länge

$$\frac{1}{\sqrt{\lambda_{\min}((A^{\mathsf{T}}A)^{-1})}} = \sqrt{\lambda_{\max}(A^{\mathsf{T}}A)},$$

was dem behaupteten Wert von $\|A\|_2$ entspricht und wobei wir benutzt haben, dass die Eigenwerte der positiv definiten Matrix $(A^{\mathsf{T}}A)^{-1}$ genau die Kehrwerte der Eigenwerte von $A^{\mathsf{T}}A$ sind. Zumindest für $n=2$ und $n=3$ ist zwar geometrisch einsichtig, dass die größte Verzerrung eines Ellipsoids tatsächlich entlang der längsten Halbachse auftritt, dies ist allerdings noch kein Beweis, sondern nur eine Motivation. Der Beweis wird wie erwähnt in Beispiel 3.2.46 geführt.

2.2.5   Newton-Verfahren mit und ohne Dämpfung

Wählt man in Algorithmus 2.6 für $f \in C^2(\mathbb{R}^n, \mathbb{R})$ in jedem Schritt die Matrix $A^k = D^2 f(x^k)$, so erhält man das bereits zu Beginn von Abschn. 2.2.1 kurz erwähnte Newton-Verfahren, sofern die Matrizen $D^2 f(x^k)$ positiv definit sind. Allerdings werden die Newton-Schritte durch den Faktor t^k, der üblicherweise im Intervall $(0, 1)$ liegt, „gedämpft". Man spricht dann vom *gedämpften Newton-Verfahren*. Wir haben bereits angeführt, dass das Newton-Verfahren nur für x^0 hinreichend nahe bei einer Lösung $x^\star$ wohldefiniert und schnell ist. Etwas genauer gilt Folgendes.

Ist $x^\star$ nichtdegenerierter lokaler Minimalpunkt von f, dann gilt aus den bereits am Ende von Abschn. 2.1.5 aufgeführten Stetigkeitsgründen $D^2 f(x) \succ 0$ für alle x aus einer Umgebung von $x^\star$. Für x^0 aus dieser Umgebung kann man also $A^k = D^2 f(x^k)$ setzen und erhält ein wohldefiniertes Abstiegsverfahren. Ferner sind die Suchrichtungen $d^k = -(D^2 f(x^k))^{-1}\nabla f(x^k)$ gradientenbezogen, falls f um $x^\star$ gleichmäßig konvex ist, d. h. falls für eine Umgebung U von $x^\star$

$$\exists\, c > 0 \;\forall\, x \in U,\; d \in B_=(0,1): \quad c \;\leq\; d^\mathsf{T} D^2 f(x)d$$

gilt [33]. Die für diese Folgerung nach Satz 2.2.39 noch erforderliche Beschränktheit der Folge $(D^2 f(x^k))$ resultiert dabei aus der Stetigkeit von $D^2 f$. Die Nichtdegeneriertheit des lokalen Minimalpunkts $x^\star$ gilt bei gleichmäßig konvexem f automatisch.

Die Dämpfung des Newton-Verfahrens hat den Vorteil, dass der Konvergenzradius (also der mögliche Abstand von x^0 zu $x^\star$) etwas größer wird. Andererseits ist zunächst nicht klar, ob die Dämpfung nicht auch die lokale Konvergenz verlangsamt. Das *ungedämpfte* Newton-Verfahren konvergiert unter schwachen Voraussetzungen jedenfalls quadratisch.

> **2.2.42 Satz (Quadratische Konvergenz des Newton-Verfahrens)**
> *Die durch*
>
> $$x^{k+1} \;=\; x^k - (D^2 f(x^k))^{-1}\nabla f(x^k)$$
>
> *definierte Folge (x^k) konvergiere gegen einen nichtdegenerierten lokalen Minimalpunkt $x^\star$, und $D^2 f$ sei Lipschitz-stetig auf einer konvexen Umgebung von $x^\star$. Dann konvergiert die Folge (x^k) quadratisch gegen $x^\star$.*

Beweis Zunächst gilt per Definition des Newton-Verfahrens

$$\|x^{k+1} - x^\star\|_2 \;=\; \|x^k - (D^2 f(x^k))^{-1}\nabla f(x^k) - x^\star\|_2 . \tag{2.11}$$

Der Beweis der quadratischen Konvergenz basiert auf einer Taylor-Entwicklung erster Ordnung von $\nabla f(x^k)$ um $x^\star$ in (2.11) sowie der quadratischen Abschätzung des dabei entstehenden Fehlerterms mit Hilfe von Lemma 2.2.13. Da wir im Rahmen dieses Lehrbuchs bislang nur Taylor-Entwicklungen von reellwertigen (und nicht von vektorwertigen) Funktionen betrachtet haben, gehen wir wie folgt vor: Für jedes $i \in \{1,\dots,n\}$ erfüllt der Fehlerterm

$$w_i \;:=\; \partial_{x_i} f(x^k) - \partial_{x_i} f(x^\star) - \langle \nabla \partial_{x_i} f(x^\star), x^k - x^\star \rangle$$

nach Satz 2.1.30a

$$w_i \;=\; o(\|x^k - x^\star\|).$$

Außerdem ist die Funktion $\nabla \partial_{x_i} f$ Lipschitz-stetig mit Konstante $L > 0$ auf der konvexen Umgebung D von $x^\star$, auf der auch die Lipschitz-Stetigkeit von $D^2 f$ mit Konstante $L > 0$ vorausgesetzt ist, also ist die Bedingung

$$\forall\, x, y \in D: \quad \|D^2 f(x) - D^2 f(y)\|_2 \;\leq\; L \|x - y\|_2$$

erfüllt. In der Tat gilt wegen $\|A\|_2 = \max_{\|d\|_2 = 1} \|Ad\|_2$ und $\|e_i\|_2 = 1$ für alle $x, y \in D$

$$\|\nabla \partial_{x_i} f(x) - \nabla \partial_{x_i} f(y)\|_2 = \|(D^2 f(x) - D^2 f(y))e_i\|_2$$
$$\leq \|D^2 f(x) - D^2 f(y)\|_2 \leq L\|x - y\|_2.$$

Für alle hinreichend großen $k \in \mathbb{N}$ liegen die Iterierten x^k in D, so dass Lemma 2.2.13 für den Fehlerterm dann sogar

$$|w_i| \leq \frac{L}{2}\|x^k - x^\star\|_2^2$$

liefert. Mit dem Vektor aller Fehlerterme

$$w = \nabla f(x^k) - \nabla f(x^\star) - D^2 f(x^\star)(x^k - x^\star) = \nabla f(x^k) - D^2 f(x^\star)(x^k - x^\star)$$

können wir nun $\nabla f(x^k)$ in (2.11) ersetzen und abschätzen, wobei wir benutzen, dass $\|(D^2 f(x^k))^{-1}\|_2$ aus Stetigkeitsgründen auf einer Umgebung von $x^\star$ durch eine Konstante $c > 0$ beschränkt ist:

$$\|x^{k+1} - x^\star\|_2 = \|x^k - (D^2 f(x^k))^{-1} \nabla f(x^k) - x^\star\|_2$$
$$= \|x^k - x^\star - (D^2 f(x^k))^{-1} \left(D^2 f(x^\star)(x^k - x^\star) + w \right)\|_2$$
$$= \|(D^2 f(x^k))^{-1} \left((D^2 f(x^k) - D^2 f(x^\star))(x^k - x^\star) + w \right)\|_2$$
$$\leq \|(D^2 f(x^k))^{-1}\|_2 \left(\|(D^2 f(x^k) - D^2 f(x^\star))(x^k - x^\star)\|_2 + \|w\|_2 \right)$$
$$\leq c \left(\|D^2 f(x^k) - D^2 f(x^\star)\|_2 \|x^k - x^\star\|_2 + \|w\|_2 \right)$$
$$\leq c \left(L\|x^k - x^\star\|_2^2 + \frac{L\sqrt{n}}{2}\|x^k - x^\star\|_2^2 \right)$$
$$= c \left(L + \frac{L\sqrt{n}}{2} \right) \|x^k - x^\star\|_2^2.$$

Damit ist die Behauptung bewiesen.   □

2.2.43 Bemerkung Die Voraussetzungen von Satz 2.2.42 lassen sich noch erheblich abschwächen. Erstens gilt die Aussage für jeden nichtdegenerierten kritischen Punkt $x^\star$, also nicht nur für lokale Minimalpunkte. Zweitens werden wir in Satz 2.2.52 sehen, dass die Konvergenz der Folge (x^k) bereits impliziert, dass der Grenzpunkt $x^\star$ ein nichtdegenerierter kritischer Punkt ist.

Die Konvergenzgeschwindigkeit überträgt sich aus Satz 2.2.42 natürlich auf das gedämpfte Newton-Verfahren, falls man mit einem $k_0 \in \mathbb{N}$ für alle $k \geq k_0$ nur $t^k = 1$ wählt. Die folgende Übung gibt eine natürliche Bedingung dafür an.

2.2.44 Übung Für $f \in C^2(\mathbb{R}^n, \mathbb{R})$ liege x in einer genügend kleinen Umgebung eines nichtdegenerierten lokalen Minimalpunkts, und die Suchrichtung d werde mit dem gedämpften Newton-Verfahren per Armijo-Regel mit $t^0 = 1$ und $\sigma < \frac{1}{2}$ bestimmt. Zeigen Sie, dass dann $\langle \nabla f(x), d \rangle < 0$ gilt und dass die Armijo-Regel die Schrittweite $t_a = 1$ wählt.

2.2.45 Übung Zeigen Sie, dass das ungedämpfte Newton-Verfahren für die Funktion $q(x) = \frac{1}{2} x^{\mathsf{T}} A x + b^{\mathsf{T}} x$ mit $A = A^{\mathsf{T}} \succ 0$ und $b \in \mathbb{R}^n$ von jedem Startpunkt $x^0 \in \mathbb{R}^n$ aus nach einem Schritt den globalen Minimalpunkt von q liefert.

2.2.46 Übung Für $f \in C^2(\mathbb{R}^n, \mathbb{R})$ sei eine Iterierte x^k mit $D^2 f(x^k) \succ 0$ gegeben. Zeigen Sie, dass dann die vom Newton-Verfahren erzeugte Suchrichtung d^k der eindeutige globale Minimalpunkt der konvex-quadratischen Funktion

$$q^k(d) = f(x^k) + \langle \nabla f(x^k), d \rangle + \tfrac{1}{2} d^{\mathsf{T}} D^2 f(x^k) d$$

ist.

Die Grundidee des Newton-Verfahrens, die Nullstellensuche von ∇f iterativ durch die Bestimmung von Nullstellen *linearer* Approximationen an ∇f zu ersetzen, lässt sich laut Übung 2.2.46 also auch so interpretieren, dass das Newton-Verfahren zur Minimierung von f in jeder Iteration den Minimalpunkt einer *quadratischen* Approximation an f berechnet. Auf diese Interpretation werden wir bei der Betrachtung von CG-, Trust-Region- und SQP-Verfahren zurückkommen.

Wir erwähnen kurz eine wichtige Modifikation des Newton-Verfahrens für Zielfunktionen f mit der besonderen Struktur aus *Kleinste-Quadrate-Problemen* wie in Beispiel 1.1.4 und Übung 2.1.18, also $f(x) = \frac{1}{2} \|r(x)\|_2^2$ mit einer glatten Funktion $r : \mathbb{R}^n \to \mathbb{R}^m$. Falls r linear ist, spricht man von einem *linearen* Kleinste-Quadrate-Problem (z.B. [24, 25]). Da sich f dann leicht als konvex-quadratisch identifizieren lässt (Übung 2.1.44), ist dieser Fall numerisch sehr effizient behandelbar [25]. Für *nichtlineare* Kleinste-Quadrate-Probleme berechnet man per Ketten- und Produktregel die Hesse-Matrix

$$D^2 f(x) = \nabla r(x) \, Dr(x) + \sum_{j=1}^{m} r_j(x) \, D^2 r_j(x). \tag{2.12}$$

Grundidee des zentralen Verfahrens zur Lösung nichtlinearer Kleinste-Quadrate-Probleme, nämlich des *Gauß-Newton-Verfahrens*, ist es nun, in Algorithmus 2.6 nicht wie beim Newton-Verfahren $A^k = D^2 f(x^k)$ zu wählen, sondern $A^k = \nabla r(x^k) \, Dr(x^k)$. Dass die restlichen Summanden in der Darstellung von $D^2 f(x^k)$ eine untergeordnete Rolle spielen, kann zum einen daran liegen, dass für $m \leq n$ üblicherweise ein Punkt $x^{\star}$ mit $r(x^{\star}) = 0$ approximiert wird, so dass die Werte $r_j(x^k)$ fast verschwinden, oder zum anderen daran, dass die Krümmungen der Funktionen r_j an $x^{\star}$ vernachlässigbar sind, so dass sich die Matrizen $D^2 r_j(x^k)$ in der Nähe der Nullmatrix aufhalten.

Obwohl zum Aufstellen von A^k im Gauß-Newton-Verfahren also nur Ableitungsinformationen erster Ordnung (die Matrix $Dr(x^k)$) erforderlich sind, lässt sich unter bestimmten Zusatzvoraussetzungen sogar quadratische Konvergenz zeigen [25]. Zusätzlich sind die Suchrichtungen d^k im Gauß-Newton-Verfahren im Gegensatz zum allgemeinen Newton-

Verfahren garantiert Abstiegsrichtungen (erster Ordnung), so dass eine Schrittweitensteuerung etwa per Armijo-Regel möglich ist.

Sollte die Jacobi-Matrix $Dr(x^k)$ nicht den vollen Rang besitzen oder zumindest schlecht konditioniert sein, so lässt das Gauß-Newton-Verfahren sich durch die Wahl $A^k = \nabla r(x^k)\, Dr(x^k) + \sigma^k E$ mit gewissen $\sigma^k > 0$ und der Einheitsmatrix E passender Dimension stabilisieren, was auf das *Levenberg-Marquardt-Verfahren* führt (Übung 2.2.49). Es kann als Vorläufer der in Abschn. 2.2.10 vorgestellten Trust-Region-Verfahren aufgefasst werden (für Einzelheiten s. Beispiel 3.2.25 und [25]).

2.2.47 Übung Zeigen Sie für Kleinste-Quadrate-Probleme die Darstellung der Hesse-Matrix $D^2 f(x)$ aus (2.12).

2.2.48 Übung Es seien A eine symmetrische (n, n)-Matrix und E die (n, n)-Einheitsmatrix. Zeigen Sie, dass für alle hinreichend großen $\sigma \in \mathbb{R}$ die Matrix $A + \sigma E$ positiv definit ist.

2.2.49 Übung Für $f \in C^2(\mathbb{R}^n, \mathbb{R})$ und eine Iterierte x^k sei die Matrix A^k eine symmetrische, aber nicht zwingend positiv definite Approximation an die Hesse-Matrix $D^2 f(x^k)$ (was insbesondere den Fall $A^k = D^2 f(x^k) \not\succ 0$ einschließt). Der Levenberg-Marquardt-Ansatz besteht darin, ein nach Übung 2.2.48 existierendes $\sigma^k > 0$ mit $A^k + \sigma^k E \succ 0$ zu wählen und damit die Suchrichtung $d^k = -(A^k + \sigma^k E)^{-1} \nabla f(x^k)$ zu definieren. Zeigen Sie, dass d^k der eindeutige globale Minimalpunkt der konvex-quadratischen Funktion

$$q_{\sigma^k}^k(d) \;=\; f(x^k) + \langle \nabla f(x^k), d \rangle + \tfrac{1}{2} d^\mathsf{T} A^k d + \tfrac{\sigma^k}{2} \|d\|_2^2$$

ist.

Aus Sicht von Übung 2.2.49 bewirkt der Levenberg-Marquardt-Ansatz eine Regularisierung der nichtkonvexen quadratischen Funktion $q^k(d) = f(x^k) + \langle \nabla f(x^k), d \rangle + \tfrac{1}{2} d^\mathsf{T} A^k d$ durch den gleichmäßig konvexen Term $\|d\|_2^2/2$ mit Regularisierungsparameter σ^k. Diese Technik ist als *Tikhonov-Regularisierung* bekannt.

2.2.6 Superlineare Konvergenz

Falls im Newton-Verfahren x^0 zu weit von einem nichtdegenerierten Minimalpunkt entfernt liegt, ist $D^2 f(x^k)$ nicht notwendigerweise positiv definit und die Newton-Richtung $d^k = -(D^2 f(x^k))^{-1} \nabla f(x^k)$ entweder nicht definiert oder nicht notwendigerweise eine Abstiegsrichtung. Man versucht daher, das Newton-Verfahren zu *globalisieren*, d. h. Konvergenz im Sinne von Satz 2.2.9 gegen einen lokalen Minimalpunkt von *jedem* Startpunkt $x^0 \in \mathbb{R}^n$ aus zu erzwingen (was nicht zu verwechseln ist mit der Konvergenz gegen einen *globalen* Minimalpunkt; für solche Verfahren s. [33]).

Ein erster Ansatz dazu besteht darin, im Input von Algorithmus 2.6 $A^0 = E$ zu wählen sowie in Zeile 7 mit der Idee des Levenberg-Marquardt-Verfahrens

$$A^{k+1} = D^2 f(x^{k+1}) + \sigma^{k+1} \cdot E$$

mit einem so großen Skalar σ^{k+1}, dass A^{k+1} positiv definit ist (Übung 2.2.48, Übung 2.2.49).

Dann gilt $d^0 = -\nabla f(x^0)$, und bei Konvergenz gegen einen nichtdegenerierten lokalen Minimalpunkt kann man $\sigma^k = 0$ für alle hinreichend großen k wählen (d. h., das Verfahren startet als Gradientenverfahren und geht nach endlich vielen Schritten in das gedämpfte Newton-Verfahren über). Unter geeigneten Voraussetzungen kann man superlineare Konvergenz des Verfahrens zeigen (z. B. Satz 2.2.52). Ein Nachteil des Verfahrens besteht darin, dass die Bestimmung von σ^k sehr aufwendig sein kann: Man halbiert oder verdoppelt z. B. σ^k so lange, bis ein Test auf positive Definitheit von $D^2 f(x^k) + \sigma^k E$ erfolgreich ist. Das Verfahren wird in dieser Form daher in der Praxis nicht verwendet.

Im Folgenden werden wir Verfahren kennenlernen, die nicht nach *endlich* vielen Schritten, sondern nur *asymptotisch* in das gedämpfte Newton-Verfahren übergehen. Für diese lässt sich immerhin noch superlineare Konvergenz zeigen. Der entsprechende Konvergenzsatz erfordert einige Vorbereitungen.

Zunächst besitzt die Folge der Iterierten (x^k) nach Satz 2.2.9 einen Häufungspunkt, und jeder solche Häufungspunkt ist kritisch, sofern die Menge $f_{\leq}^{f(x^0)}$ beschränkt ist und gradientenbezogene Suchrichtungen sowie effiziente Schrittweiten benutzt werden. Die Gradientenbezogenheit der Suchrichtungen wird durch Satz 2.2.39 für gleichmäßig positiv definite und beschränkte (A^k) garantiert. Dass die Folge (x^k) tatsächlich *konvergiert*, können wir mit den Mitteln dieses Lehrbuchs nur in einfachen Fällen zeigen (z. B. falls f einen eindeutigen kritischen Punkt besitzt), werden es für die nachfolgenden Untersuchungen der Konvergenz*geschwindigkeit* aber voraussetzen.

Dazu setzen wir zur Abkürzung

$$H^k := t^k (A^k)^{-1},$$

d. h., in Zeile 6 von Algorithmus 2.6 wählt man die neue Iterierte als

$$x^{k+1} = x^k - H^k \nabla f(x^k). \tag{2.13}$$

Wir werden außerdem benutzen, dass die Definition der superlinearen Konvergenz einer gegen $x^\star$ konvergenten Folge (x^k) (Definition 2.2.23b) zu

$$\limsup_k \frac{\|x^{k+1} - x^\star\|}{\|x^k - x^\star\|} = 0$$

äquivalent ist.

2.2.50 Lemma

Die Folge (x^k) sei nach der Vorschrift (2.13) gebildet und gegen $x^\star$ konvergent. Ferner seien die Folgen $\left(\|H^k\|_2\right)$ und $\left(\|(H^k)^{-1}\|_2\right)$ beschränkt. Dann gilt:

a) $\nabla f(x^\star) = 0$

b) $\limsup_k \|x^{k+1} - x^\star\|_2 / \|x^k - x^\star\|_2 \leq \limsup_k \|E - H^k D^2 f(x^\star)\|_2$

Beweis Wegen

$$0 = x^\star - x^\star = \lim_k (x^k - x^{k+1}) = \lim_k H^k \nabla f(x^k)$$

und der Beschränktheit von $\left(\|(H^k)^{-1}\|_2\right)$ gilt

$$\|\nabla f(x^k)\|_2 = \|(H^k)^{-1} H^k \nabla f(x^k)\|_2 \leq \|(H^k)^{-1}\|_2 \cdot \|H^k \nabla f(x^k)\|_2 \to 0$$

und damit auch

$$\|\nabla f(x^\star)\|_2 = \lim_k \|\nabla f(x^k)\|_2 = 0,$$

also Aussage a.

Dies impliziert mit $z(s) = x^\star + s(x^k - x^\star)$

$$\|x^{k+1} - x^\star\|_2 = \|x^k - x^\star - H^k \nabla f(x^k)\|_2$$

$$= \left\| x^k - x^\star - H^k \int_0^1 D^2 f(z(s))(x^k - x^\star)\, ds \right\|_2$$

$$= \left\| x^k - x^\star - H^k \left(D^2 f(x^\star)(x^k - x^\star) + \int_0^1 \left(D^2 f(z(s)) - D^2 f(x^\star) \right)(x^k - x^\star)\, ds \right) \right\|_2$$

$$\leq \|E - H^k D^2 f(x^\star)\|_2 \cdot \|x^k - x^\star\|_2 + \|H^k\|_2 \cdot \left\| \int_0^1 \left(D^2 f(z(s)) - D^2 f(x^\star) \right)(x^k - x^\star)\, ds \right\|_2.$$

Es folgt

$$\frac{\|x^{k+1} - x^\star\|_2}{\|x^k - x^\star\|_2} \leq \|E - H^k D^2 f(x^\star)\|_2 + \|H^k\|_2 \cdot \left\| \int_0^1 \left(D^2 f(z(s)) - D^2 f(x^\star) \right) \frac{x^k - x^\star}{\|x^k - x^\star\|_2}\, ds \right\|_2.$$

Da die Folgen $\left(\|H^k\|_2\right)$ und $\left(x^k - x^\star / \|x^k - x^\star\|_2\right)$ beschränkt sind und

$$D^2 f(z(s)) - D^2 f(x^\star) = D^2 f(x^\star + s(x^k - x^\star)) - D^2 f(x^\star)$$

für jedes $s \in [0, 1]$ gegen die Nullmatrix konvergiert, resultiert Aussage b. $\qquad \square$

2.2.51 Lemma

Für zwei (n, n)-Matrizen A und B sei $L := \|E - AB\|_2 < 1$. Dann gilt:

a) *A und B sind nichtsingulär.*

b) *$\|A\|_2 \leq (1 + L) \cdot \|B^{-1}\|_2$.*

c) *$\|A^{-1}\|_2 \leq \|B\|_2/(1 - L)$.*

Beweis Wegen $\|E - AB\|_2 < 1$ sind die Eigenwerte von $E - AB$ betraglich echt kleiner als eins (Beispiel 3.2.46). Damit kann die Matrix AB nicht den Eigenwert null besitzen, ist also nichtsingulär. Folglich sind auch A und B nichtsingulär, und Aussage a ist gezeigt.

Aussage b folgt aus

$$\|A\|_2 = \|ABB^{-1}\|_2 \leq \|AB\|_2 \cdot \|B^{-1}\|_2 = \|E - (E - AB)\|_2 \cdot \|B^{-1}\|_2$$
$$\leq (\|E\|_2 + \|E - AB\|_2) \cdot \|B^{-1}\|_2 = (1 + L) \cdot \|B^{-1}\|_2.$$

Schließlich seien $C := AB$ und $z \in B = (0, 1)$ ein Vektor mit $\|C^{-1}z\|_2 = \|C^{-1}\|_2$. Dann gilt mit $u := C^{-1}z$ und $v := (E - C)u = u - z$

$$\|v\|_2 \leq \|E - C\|_2 \cdot \|u\|_2 = L \cdot \|C^{-1}\|_2$$

und daher

$$\|C^{-1}\|_2 = \|u\|_2 = \|v + z\|_2 \leq \|v\|_2 + \|z\|_2 \leq L \cdot \|C^{-1}\|_2 + 1.$$

Es folgt

$$\|B^{-1}A^{-1}\|_2 = \|C^{-1}\|_2 \leq \frac{1}{1 - L},$$

also

$$\|A^{-1}\|_2 = \|BB^{-1}A^{-1}\|_2 \leq \|B\|_2 \cdot |B^{-1}A^{-1}\|_2 \leq \frac{\|B\|_2}{1 - L}$$

und damit Aussage c. $\square$

2.2.52 Satz

Die Folge (x^k) sei nach der Vorschrift (2.13) gebildet und gegen $x^\star$ konvergent. Ferner sei $L := \limsup_k \|E - H^k D^2 f(x^\star)\|_2 < 1$. Dann gelten die folgenden Aussagen:

a) *$D^2 f(x^\star)$ ist nichtsingulär.*

b) *$\nabla f(x^\star) = 0$.*

c) *(x^k) konvergiert mindestens linear gegen $x^\star$.*

d) *Es gilt $L = 0$ genau im Fall von $\lim_k H^k = \left(D^2 f(x^\star)\right)^{-1}$, und in diesem Fall konvergiert (x^k) superlinear gegen $x^\star$.*

Beweis Wegen $\limsup_k \|E - H^k D^2 f(x^\star)\|_2 < 1$ existiert ein $k_0 \in \mathbb{N}$, so dass für alle $k \geq k_0$

$$\|E - H^k D^2 f(x^\star)\|_2 \; < \; 1$$

erfüllt ist. Nach Lemma 2.2.51a ist daher $D^2 f(x^\star)$ nichtsingulär, was Aussage a beweist, und außerdem ist für $k \geq k_0$ auch H^k nichtsingulär. Aus Lemma 2.2.51b und c folgt nun die Beschränktheit der Folgen $\left(\|H^k\|_2\right)$ und $\left(\|(H^k)^{-1}\|_2\right)$, so dass Lemma 2.2.50a Aussage b liefert. Nach Lemma 2.2.50b haben wir ferner

$$\limsup_k \frac{\|x^{k+1} - x^\star\|_2}{\|x^k - x^\star\|_2} \; \leq \; L,$$

womit auch Aussage c bewiesen ist. Für $L = 0$ folgt daraus offensichtlich superlineare Konvergenz. Den Rest von Aussage d zeigt man wie folgt. Mit $\bar{H} := (D^2 f(x^\star))^{-1}$ gilt

$$\|\bar{H} - H^k\|_2 \; = \; \|(E - H^k \bar{H}^{-1})\bar{H}\|_2 \; \leq \; |E - H^k \bar{H}^{-1}\|_2 \cdot \|\bar{H}\|_2$$

sowie

$$\|E - H^k D^2 f(x^\star)\|_2 \; = \; \|(\bar{H} - H^k)D^2 f(x^\star)\|_2 \; \leq \; \|\bar{H} - H^k\|_2 \cdot \|D^2 f(x^\star)\|_2.$$

Damit erhalten wir

$$\limsup_k \|E - H^k D^2 f(x^\star)\|_2 \; = \; 0$$

genau für

$$\lim_k H^k \; = \; \bar{H} = (D^2 f(x^\star))^{-1}.$$

$\square$

Nach Satz 2.2.52 sollte Algorithmus 2.6 also *asymptotisch* in das ungedämpfte Newton-Verfahren übergehen, um superlineare Konvergenz zu garantieren. Wegen

$$H^k \; = \; t^k \cdot (A^k)^{-1}$$

sind natürliche Bedingungen dafür $\lim_k t^k = 1$ und $\lim_k A^k = D^2 f(x^\star)$. Der zu Beginn dieses Kapitels vorgeschlagene Levenberg-Marquardt-Ansatz erreicht dies mit hohem Aufwand bereits nach endlich vielen Schritten, ist in diesem Sinne also nicht effizient.

2.2.7 Quasi-Newton-Verfahren

Woher nimmt man aber sonst die Matrizen A^k mit $\lim_k A^k = D^2 f(x^\star)$? Ein möglicher Ansatz dazu besteht darin, zunächst das *Sekantenverfahren* zur Nullstellensuche einer Funktion von $\mathbb{R}^1$ nach $\mathbb{R}^1$ zu betrachten. Im Hinblick auf Optimierungsverfahren sei dies die Funktion $\nabla f = f'$ für eine zu minimierende Funktion $f : \mathbb{R} \to \mathbb{R}$. Das Sekantenverfahren unterscheidet sich vom Newton-Verfahren dadurch, dass die linearen Approximationen an f', deren Nullstellen berechnet werden, nicht durch Tangenten an f', sondern durch Sekanten gegeben sind. In der Tat approximiert man die Tangente an f' in einem Iterationspunkt x^{k+1} mit der Sekante an den Funktionsgraphen durch die beiden Punkte $(x^k, f'(x^k))$ und $(x^{k+1}, f'(x^{k+1}))$ (Abb. 2.8).

Die dabei entstehende Gerade besitzt offenbar die Steigung

$$a^{k+1} \;=\; \frac{f'(x^{k+1}) - f'(x^k)}{x^{k+1} - x^k},$$

und die Folge dieser Sekantensteigungen scheint die für die superlineare Konvergenz gewünschte Eigenschaft zu besitzen, die Tangentensteigung im Lösungspunkt $x^\star$ zu approximieren, also die Eigenschaft $a^k \to f''(x^\star)$. In Analogie dazu bezeichnet man für $n \geq 1$ die Gleichung

$$\nabla f(x^{k+1}) - \nabla f(x^k) \;=\; A^{k+1} \cdot (x^{k+1} - x^k) \tag{2.14}$$

als *Sekantengleichung* oder *Quasi-Newton-Bedingung* an die (n,n)-Matrix A^{k+1}. Man zählt leicht nach, dass (2.14) n Gleichungen für die n^2 Einträge von A^{k+1} liefert. Selbst wenn man A^{k+1} als symmetrisch voraussetzt, sind noch immer $n(n+1)/2$ Einträge zu bestimmen, was für $n > 1$ mit n Gleichungen nicht eindeutig möglich ist. Aus diesem Grunde existieren viele Möglichkeiten, verschiedene Quasi-Newton-Verfahren anzugeben.

Die Grundidee der folgenden Verfahren besteht darin, die Matrix A^{k+1} nicht in jedem Iterationsschritt komplett neu zu berechnen, sondern sie als möglichst einfaches Update der Matrix A^k aus dem vorherigen Schritt aufzufassen. Als erfolgreicher Ansatz hat sich dabei erwiesen, mit $A^0 \succ 0$ zu starten und in Zeile 7 von Algorithmus 2.6 die Matrix A^{k+1} aus A^k durch Addition einer symmetrischen Matrix vom Rang eins oder zwei zu gewinnen:

$$A^{k+1} \;=\; A^k + \alpha_k (u^k)(u^k)^\mathsf{T} + \beta_k (v^k)(v^k)^\mathsf{T}$$

mit Skalaren $\alpha_k, \beta_k \in \mathbb{R}$ und Vektoren $u^k, v^k \in \mathbb{R}^n$, die so gewählt sind, dass A^{k+1} die Sekantengleichung (2.14) erfüllt.

Abb. 2.8 Grundidee des Sekantenverfahrens

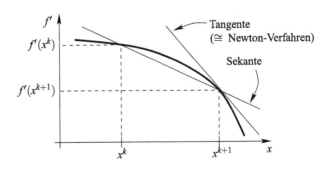

Die auftretenden Matrizen sind dabei von der Bauart ab^T mit zwei Spaltenvektoren a und b. Eine solche Matrix besitzt stets höchstens den Rang eins und heißt *dyadisches Produkt* der Vektoren a und b. In unserer Anwendung gilt zusätzlich $b = a$, so dass das dyadische Produkt auch eine symmetrische Matrix ist.

Wir werden sehen, dass ein reiner Rang-1-Update nicht zwingend die positive Definitheit der Matrix A^k auf A^{k+1} vererbt, während sich Rang-2-Updates so einrichten lassen.

Mit den Abkürzungen

$$s^k := x^{k+1} - x^k \quad \text{und} \quad y^k := \nabla f(x^{k+1}) - \nabla f(x^k)$$

lautet die Sekantengleichung (2.14) für die so definierte Matrix A^{k+1}

$$y^k = \left(A^k + \alpha_k (u^k)(u^k)^\mathsf{T} + \beta_k (v^k)(v^k)^\mathsf{T} \right) \cdot s^k.$$

Im Folgenden sei $k \in \mathbb{N}$ fest und unterschlagen. Dann folgt

$$y - As = (\alpha \cdot u^\mathsf{T} s) \cdot u + (\beta \cdot v^\mathsf{T} s) \cdot v.$$

Durch Abgleich der beiden Summanden in der linken und rechten Seite dieser Gleichung kann man auf die naheliegende Wahl $u := y$ und $v := As$ verfallen. Die passenden Koeffizienten auf der rechten Seite erhält man dann für die Wahlen

$$\alpha := \frac{1}{y^\mathsf{T} s} \quad \text{und} \quad \beta := -\frac{1}{s^\mathsf{T} As},$$

sofern die auftretenden Nenner nicht verschwinden. Die entstehende Update-Formel

$$A^+ = A + \frac{yy^\mathsf{T}}{y^\mathsf{T} s} - \frac{As\, s^\mathsf{T} A}{s^\mathsf{T} As} \tag{2.15}$$

(wobei A^+ für A^{k+1} steht) heißt *BFGS-Update* (nach Broyden, Fletcher, Goldfarb und Shanno, die die Formel unabhängig voneinander im Jahre 1970 fanden [5, 9, 14, 29]).

Da man in Zeile 4 von Algorithmus 2.6 die Suchrichtung

$$d^k = -(A^k)^{-1} \nabla f(x^k)$$

wählt, wäre es günstig, die Matrix $\left(A^k \right)^{-1}$ explizit angeben zu können. Wegen der einfachen Struktur des Rang-2-Updates ist dies hier tatsächlich möglich, und zwar mit Hilfe der *Sherman-Morrison-Woodbury-Formel*.

2.2.53 Übung (Sherman-Morrison-Woodbury-Formel)

a) Zeigen Sie für eine nichtsinguläre (n, n)-Matrix A und Vektoren $b, c \in \mathbb{R}^n$, dass $A + b\, c^\mathsf{T}$ genau dann nichtsingulär ist, wenn $1 + c^\mathsf{T} A^{-1} b$ nicht verschwindet.

b) Beweisen Sie die *Sherman-Morrison-Woodbury-Formel* für eine (n, n)-Matrix A und Vektoren $b, c \in \mathbb{R}^n$, wobei A und $A + b\,c^\mathsf{T}$ nichtsingulär seien:

$$(A + b\,c^\mathsf{T})^{-1} = A^{-1} - \frac{A^{-1}b\,c^\mathsf{T}A^{-1}}{1 + c^\mathsf{T}A^{-1}b}.$$

Übung 2.2.53 liefert eine Update-Formel für die *inversen* Matrizen

$$B := A^{-1} \quad \text{und} \quad B^+ := \left(A^+\right)^{-1},$$

nämlich

$$B_{\mathrm{BFGS}}^+ = B + \frac{ss^\mathsf{T}}{s^\mathsf{T}y} - \frac{By\,y^\mathsf{T}B}{y^\mathsf{T}By} + rr^\mathsf{T} \tag{2.16}$$

mit

$$r := \sqrt{y^\mathsf{T}By} \cdot \left(\frac{s}{s^\mathsf{T}y} - \frac{By}{y^\mathsf{T}By}\right).$$

Durch diese Kenntnis der inversen Matrizen muss man in Algorithmus 2.6 zur Bestimmung der Suchrichtung in Zeile 4 lediglich Matrix-Vektor-Produkte berechnen, anstatt lineare Gleichungssysteme zu lösen. Im Input wählt man daher eine Matrix $B^0 \succ 0$ anstelle von A^0. In Zeile 4 setzt man

$$d^k = -B^k \cdot \nabla f(x^k),$$

und in Zeile 7 wählt man $B^{k+1} = B_{\mathrm{BFGS}}^{k+1}$.

Nach dieser Umstellung des Verfahrens von Matrizen A auf deren Inverse B kann man sich fragen, warum man die Herleitung eines Rang-2-Updates nicht direkt für die Inversen vorgenommen hat. Die Sekantengleichung $y = As$ ist ja offenbar äquivalent zu $s = By$. Führt man dieselbe Konstruktion eines Updates wie oben für A analog für B aus, erhält man natürlich dieselbe Formel wie in (2.15), nur mit vertauschten Vektoren s und y:

$$B_{\mathrm{DFP}}^+ = B + \frac{ss^\mathsf{T}}{s^\mathsf{T}y} - \frac{By\,y^\mathsf{T}B}{y^\mathsf{T}By}.$$

Dieses *DFP-Update* (nach Davidon und Fletcher/Powell [6, 10]) unterscheidet sich vom BFGS-Update lediglich durch den Term rr^T. Die Einführung eines zusätzlichen Parameters $\theta \in \mathbb{R}$ liefert die Updates der *Broyden-Familie*

$$B_\theta^+ = B_{\mathrm{DFP}}^+ + \theta \cdot rr^\mathsf{T}.$$

Offenbar gilt $B_0^+ = B_{\mathrm{DFP}}^+$ und $B_1^+ = B_{\mathrm{BFGS}}^+$. Für die Wahl

$$\theta = \frac{s^\mathsf{T} y}{s^\mathsf{T} y - y^\mathsf{T} B y}$$

berechnet man

$$B_{\mathrm{SR1}}^{+} := B_\theta^{+} = B + \frac{(s - By)(s - By)^\mathsf{T}}{(s - By)^\mathsf{T} y},$$

so dass die Update-Matrix nur den Rang 1 besitzt. Man spricht dann vom *SR1-Update (SR1 = symmetric rank 1)*.

Zur Division durch die Zahlen $s^\mathsf{T} y$ und $y^\mathsf{T} B y$ in den Update-Formeln lässt sich Folgendes anmerken. In Lemma 2.2.55 werden wir zeigen, dass für $\theta \geq 0$ mit B^0 auch alle iterierten Matrizen B^k positiv definit sind, sofern $(s^k)^\mathsf{T} y^k$ positiv ist. Insbesondere gilt dann $y^k \neq 0$ und $(y^k)^\mathsf{T} B^k y^k > 0$.

Die entscheidende Frage ist also, ob $(s^k)^\mathsf{T} y^k$ stets positiv ist. Zumindest für konvexquadratische Funktionen $q(x) = \frac{1}{2} x^\mathsf{T} A x + b^\mathsf{T} x$ mit $A = A^\mathsf{T} \succ 0$ haben wir

$$y^k = \nabla q(x^{k+1}) - \nabla q(x^k) = (Ax^{k+1} + b) - (Ax^k + b) = A(x^{k+1} - x^k) = As^k$$

(d. h., A erfüllt in jeder Iteration die Sekantengleichung), woraus

$$(s^k)^\mathsf{T} y^k = (s^k)^\mathsf{T} A s^k > 0$$

folgt. Mit etwas größerem Aufwand kann man dieses Resultat auch für lokal gleichmäßig konvexe Funktionen f zeigen. Unabhängig davon ist $(s^k)^\mathsf{T} y^k$ auch dann positiv, wenn man exakte Schrittweiten t_e^k wählt.

2.2.54 Übung In der k-ten Iteration eines Quasi-Newton-Verfahrens seien $B^k \succ 0$ und

$$d^k = -B^k \nabla f(x^k),$$
$$x^{k+1} = x^k + t^k d^k,$$
$$y^k = \nabla f(x^{k+1}) - \nabla f(x^k)$$
$$\text{sowie} \quad s^k = x^{k+1} - x^k.$$

Zeigen Sie, dass bei Wahl von exakten Schrittweiten $t^k = t_e^k$ die Ungleichung

$$(y^k)^\mathsf{T} s^k > 0$$

gilt.

Die Anwendung der Armijo-Regel mit Backtracking Line Search garantiert ebenfalls die Positivität von $(s^k)^\mathsf{T} y^k$ [25].

Offenbar „erben" die Matrizen B_θ^+ für alle $\theta \in \mathbb{R}$ die Symmetrie von B. Mit einer symmetrischen Matrix B^0 sind also alle iterierten Matrizen B^k ebenfalls symmetrisch. Für die Vererbung von positiver Definitheit gilt folgendes Ergebnis.

2.2.55 Lemma

Es sei $\theta \geq 0$ beliebig. Dann gilt unter den Bedingungen $B \succ 0$ und $s^\mathsf{T} y > 0$ auch $B_\theta^+ \succ 0$.

Beweis Für alle $w \neq 0$ gilt

$$w^\mathsf{T} B_\theta^+ w = w^\mathsf{T} B w + \frac{(w^\mathsf{T} s)^2}{s^\mathsf{T} y} - \frac{(w^\mathsf{T} B y)^2}{y^\mathsf{T} B y} + \theta \cdot (w^\mathsf{T} r)^2.$$

Da

$$w^\mathsf{T} B w - \frac{(w^\mathsf{T} B y)^2}{y^\mathsf{T} B y} = \|w\|_B^2 - \frac{\langle w, y \rangle_B^2}{\|y\|_B^2}$$

nach der Cauchy-Schwarz-Ungleichung nichtnegativ ist und dasselbe für die anderen beiden Summanden gilt, ist $w^\mathsf{T} B^+ w$ nichtnegativ.

Wir müssen nun noch zeigen, dass $w^\mathsf{T} B^+ w$ tatsächlich positiv ist. Dies ist im Fall

$$\|w\|_B^2 - \frac{\langle w, y \rangle_B^2}{\|y\|_B^2} > 0$$

gewährleistet. Falls dieser Ausdruck andererseits verschwindet, so existiert nach der Cauchy-Schwarz-Ungleichung wegen $w \neq 0$ ein $\lambda \neq 0$ mit $w = \lambda y$. In diesem Fall erhalten wir

$$\frac{(w^\mathsf{T} s)^2}{s^\mathsf{T} y} = \lambda^2 s^\mathsf{T} y > 0,$$

also ebenfalls die Behauptung. □

Angemerkt sei, dass die Voraussetzung $\theta \geq 0$ aus Lemma 2.2.55 zwar für den SR1-Update nicht garantiert ist, er in der Praxis aber dennoch häufig gute Ergebnisse liefert.

Wählt man exakte Schrittweiten $t^k = t_e^k$, $k \in \mathbb{N}$, so berechnet man für beliebiges $\theta \in \mathbb{R}$ leicht die Suchrichtung

$$d^{k+1} = -B_\theta^{k+1} \nabla f(x^{k+1}) = \left(\frac{(y^k)^\mathsf{T} d^k}{\sqrt{(y^k)^\mathsf{T} B^k y^k}} - \theta (r^k)^\mathsf{T} \nabla f(x^{k+1}) \right) \cdot r^k.$$

Da nur der *Koeffizient* des Vektors r^k von θ abhängt, ist die Such*richtung* für jedes $\theta \in \mathbb{R}$ identisch. Weil man aber entlang dieser Richtung exakt eindimensional minimiert, *liefern alle Verfahren der Broyden-Familie identische Lösungsfolgen* (x^k).

Dieses überraschende Ergebnis wird dadurch relativiert, dass man in der Praxis meist *nicht* exakt, sondern inexakt eindimensional minimiert, etwa per Armijo-Schrittweitensteuerung mit Backtracking Line Search. Bei inexakter Schrittweitenwahl können sich die Lösungsfolgen tatsächlich ganz erheblich unterscheiden. Während zum Beispiel das DFP-Update dazu tendiert, schlecht konditionierte Matrizen B^k zu erzeugen, verhält sich das BFGS-Update für Probleme mittlerer Größe numerisch oft sehr robust. Hierbei bedeutet „mittlere Größe", dass der Platzbedarf zur Speicherung der Matrizen B^k nicht zu hoch wird (etwa in Bezug auf die Größe des Arbeitsspeichers).

Leider lässt sich nicht zeigen, dass die Matrizen B^k stets gegen $(D^2 f(x^\star))^{-1}$ streben, wie es zur Anwendung von Satz 2.2.52 zur superlinearen Konvergenz wünschenswert wäre. Mit einer recht technischen Verallgemeinerung von Satz 2.2.52 lässt sich für $\lim_k t^k = 1$ trotzdem die superlineare Konvergenz der BFGS- und DFP-Verfahren nachweisen, falls $(B^k)^{-1}$ und $D^2 f(x^\star)$ wenigstens *entlang der Suchrichtungen* d^k asymptotisch gleich sind (für Einzelheiten s. [25])

2.2.8 Konjugierte Richtungen

Für viele Anwendungsprobleme ist die Anzahl der Variablen so hoch, dass sich zwar Vektoren der Länge n wie x^k und d^k noch gut abspeichern lassen, die Speicherung der $n(n+1)/2$ Einträge von Matrizen wie B^k aber zu einem Platzproblem führt. Um auch für solch hochdimensionale Probleme effizientere Verfahren als das Gradientenverfahren herzuleiten, befassen wir uns in diesem Abschnitt mit der besonderen Rolle, die Orthogonalität bezüglich eines Skalarprodukts $\langle \cdot, \cdot \rangle_A$ spielt.

2.2.56 Definition (Konjugiertheit bezüglich einer positiv definiten Matrix)
Es sei A eine (n, n)-Matrix mit $A = A^\mathsf{T} \succ 0$. Zwei Vektoren $v, w \in \mathbb{R}^n$ heißen *konjugiert bezüglich A*, falls $\langle v, w \rangle_A = 0$ gilt.

Im Folgenden betrachten wir das allgemeine Abstiegsverfahren

$$x^{k+1} = x^k + t_e^k d^k$$

mit exakten Schrittweiten t_e^k und Abstiegsrichtungen erster Ordnung d^k für die konvexquadratische Funktion

$$q(x) = \tfrac{1}{2} x^\mathsf{T} A x + b^\mathsf{T} x$$

mit $A = A^\mathsf{T} \succ 0$ und $b \in \mathbb{R}^n$. Als erstes Ergebnis wird sich herausstellen, dass bezüglich A konjugierte Suchrichtungen viel schneller zur Identifikation eines globalen Minimalpunkts führen als etwa die negativen Gradientenrichtungen von q.

2.2.57 Übung Für $k \in \mathbb{N}$ seien $d^0, \dots, d^k$ paarweise konjugiert bezüglich A und sämtlich ungleich null. Zeigen Sie:

a) Die Vektoren $d^0, \dots, d^k$ sind linear unabhängig. Insbesondere gilt $k < n$.
b) Für $k = n - 1$ gilt

$$A^{-1} = \sum_{\ell=0}^{n-1} \frac{(d^\ell)(d^\ell)^\mathsf{T}}{(d^\ell)^\mathsf{T} A (d^\ell)}.$$

2.2.58 Lemma
Für $k \in \mathbb{N}$ seien $d^0, \dots, d^k$ paarweise konjugiert bezüglich A. Dann gilt

$$\forall\, 0 \le \ell \le k: \quad \langle \nabla q(x^{k+1}), d^\ell \rangle = 0.$$

Beweis Für $\ell = k$ resultiert die Behauptung aus (2.8), denn die exakte Schrittweite t_e^k erfüllt

$$0 = \varphi_{d^k}'(t_e^k) = \langle \nabla q(x^k + t_e^k d^k), d^k \rangle = \langle \nabla q(x^{k+1}), d^k \rangle.$$

Für alle $0 \le \ell \le k - 1$ gilt

$$x^{k+1} = x^k + t_e^k d^k = x^{\ell+1} + \sum_{j=\ell+1}^{k} t_e^j \, d^j,$$

also

$$\nabla q(x^{k+1}) - \nabla q(x^{\ell+1}) = (Ax^{k+1} + b) - (Ax^{\ell+1} + b) = \sum_{j=\ell+1}^{k} t_e^j A d^j$$

und somit wegen $0 = \varphi_{d^\ell}'(t_e^\ell) = \langle \nabla q(x^{\ell+1}), d^\ell \rangle$ und der Konjugiertheit der Vektoren $d^{\ell+1}, \dots, d^k$ zu d^ℓ

$$\langle \nabla q(x^{k+1}), d^\ell \rangle \;=\; \langle \nabla q(x^{k+1}) - \nabla q(x^{\ell+1}), d^\ell \rangle \;=\; \sum_{j=\ell+1}^{k} t_e^j (d^j)^\mathsf{T} A d^\ell \;=\; 0.$$

$\square$

2.2.59 Satz

Die Vektoren $d^0, \ldots, d^{n-1}$ seien paarweise konjugiert bezüglich A und sämtlich ungleich null. Dann ist x^n der globale Minimalpunkt von q.

Beweis Nach Übung 2.2.57 sind die Vektoren d^ℓ, $0 \le \ell \le n - 1$, linear unabhängig, und nach Lemma 2.2.58 gilt

$$\forall\, 0 \le \ell \le n - 1: \quad \langle \nabla q(x^n), d^\ell \rangle \;=\; 0.$$

Demnach verschwindet der Vektor $\nabla q(x^n)$, und x^n ist der eindeutige globale Minimalpunkt von q (Übung 2.1.43). $\square$

Satz 2.2.59 besagt, dass ein Abstiegsverfahren für die konvex-quadratische Funktion q bei exakter Schrittweitensteuerung und paarweise konjugierten Suchrichtungen nach höchstens n Schritten den globalen Minimalpunkt von q findet („höchstens", weil ein x^k mit $k < n$ zufällig schon ein Minimalpunkt sein kann). Da für ein Abstiegsverfahren wegen $f(x^{k+1}) < f(x^k)$ stets $t_e^k \cdot d^k = x^{k+1} - x^k \neq 0$ gilt, kann insbesondere keiner der Vektoren d^k verschwinden.

Im nächsten Schritt suchen wir nach Möglichkeiten, konjugierte Suchrichtungen explizit zu erzeugen. Der folgende Satz besagt, dass man konjugierte Richtungen zum Beispiel aus den Quasi-Newton-Verfahren der Broyden-Familie erhält.

2.2.60 Satz

Für $\theta \ge 0$ werde Algorithmus 2.6 mit $t^k = t_e^k$ und $B^{k+1} = B_\theta^{k+1}$ auf $q(x) = \frac{1}{2} x^\mathsf{T} A x + b^\mathsf{T} x$ mit $A = A^\mathsf{T} \succ 0$ angewendet, und für ein $k \in \mathbb{N}$ seien die Iterierten $x^0, \ldots, x^k$ paarweise verschieden. Dann sind die Richtungen $d^0, \ldots, d^{k-1}$ paarweise konjugiert bezüglich A und sämtlich von null verschieden.

Beweis Wir halten zunächst folgende Beziehungen fest: Per Definition gilt für alle $k \in \mathbb{N}$

$$d^k = -B^k \nabla q(x^k), \tag{2.17}$$

$$x^{k+1} = x^k + t_e^k d^k \tag{2.18}$$

und damit

$$s^k := x^{k+1} - x^k = t_e^k d^k, \tag{2.19}$$

$$y^k := \nabla q(x^{k+1}) - \nabla q(x^k) = As^k. \tag{2.20}$$

Die Sekantengleichung (2.14) ist außerdem äquivalent zu

$$B^{k+1} y^k = s^k, \tag{2.21}$$

und die Exaktheit der Schrittweite liefert

$$\langle \nabla q(x^{k+1}), d^k \rangle = \varphi'_{d^k}(t_e^k) = 0. \tag{2.22}$$

Die Verfahren der Broyden-Familie mit $\theta \geq 0$ sind nach Lemma 2.2.55 Abstiegsverfahren. Solange ein solches Verfahren nicht abbricht, erzeugt es paarweise verschiedene Iterierte, so dass die Voraussetzung des Satzes für den Beginn jeder vom Verfahren generierten Folge (x^k) erfüllt ist. Wegen (2.18) sind daher alle Richtungen $d^0, \ldots, d^{k-1}$ von null verschieden.

Wir zeigen nun die folgende dreiteilige Hilfsbehauptung, deren erster Teil mit der zu zeigenden Hauptbehauptung übereinstimmt:

$$\forall\, 0 \leq \ell \leq k - 1: \quad (d^k)^{\mathsf{T}} A d^\ell = 0, \tag{2.23}$$

$$\langle \nabla q(x^k), d^\ell \rangle = 0, \tag{2.24}$$

$$B^k y^\ell = s^\ell. \tag{2.25}$$

Für $\ell = k - 1$ sieht man diese Behauptung folgendermaßen: Wegen $x^k \neq x^{k-1}$ und (2.18) kann t_e^{k-1} nicht verschwinden. Damit gilt

$$(d^k)^{\mathsf{T}} A d^{k-1} \overset{(2.19)}{=} (d^k)^{\mathsf{T}} A \frac{s^{k-1}}{t_e^{k-1}} \overset{(2.17),\,(2.20)}{=} -\frac{1}{t_e^{k-1}} \langle \nabla q(x^k), B^k y^{k-1} \rangle$$

$$\overset{(2.21)}{=} -\frac{1}{t_e^{k-1}} \langle \nabla q(x^k), s^{k-1} \rangle \overset{(2.19)}{=} -\langle \nabla q(x^k), d^{k-1} \rangle \overset{(2.22)}{=} 0.$$

Hieraus folgen (2.23) und (2.24). Die Gl. (2.25) stimmt für $\ell = k - 1$ gerade mit der Sekantengleichung (2.21) überein.

Die verbleibenden Fälle behandeln wir per vollständiger Induktion über k. Für $k = 1$ ist die Hilfsbehauptung nur für $\ell = 0$ zu zeigen, was wegen $\ell = k - 1$ aber gerade geschehen ist. Die Hilfsbehauptung gelte nun für ein $k \in \mathbb{N}$ und soll für $k + 1$ bewiesen werden. Wir müssen also die Eigenschaften (2.23) bis (2.25) mit $k + 1$ anstelle von k für alle $0 \leq \ell \leq k$ zeigen. Um die zu zeigenden Eigenschaften von denen aus der Induktionsvoraussetzung unterscheiden zu können, werden wir sie ab jetzt mit $(2.23)_{k+1}$ bis $(2.25)_{k+1}$ bzw. $(2.23)_k$ bis $(2.25)_k$ adressieren.

Der Fall $\ell = k$ ist durch die obige Überlegung bereits bewiesen. Es sei also $0 \leq \ell \leq k - 1$. Es gilt

$$(y^k)^{\mathsf{T}} B^k y^\ell \overset{(2.25)_k}{=} (y^k)^{\mathsf{T}} s^\ell \overset{(2.20)}{=} (s^k)^{\mathsf{T}} A s^\ell \overset{(2.19)}{=} t_e^k t_e^\ell (d^k)^{\mathsf{T}} A d^\ell \overset{(2.23)_k}{=} 0$$

sowie analog

$$(s^k)^\mathsf{T} y^\ell \;=\; (s^k)^\mathsf{T} A s^\ell \;=\; 0.$$

Daraus folgt

$$B^{k+1} y^\ell \;=\; B^{k+1}_\theta y^\ell \;=\; B^k y^\ell + \underbrace{\frac{s^k (s^k)^\mathsf{T} y^\ell}{(s^k)^\mathsf{T} y^k}}_{=\,0} - \underbrace{\frac{B^k y^k (y^k)^\mathsf{T} B^k y^\ell}{(y^k)^\mathsf{T} B^k y^k}}_{=\,0} + \theta r^k \underbrace{(r^k)^\mathsf{T} y^\ell}_{=\,0} \overset{(2.25)_k}{=} s^\ell$$

und damit $(2.25)_{k+1}$. Ferner gilt

$$(d^{k+1})^\mathsf{T} A d^\ell \;=\; \frac{1}{t_e^\ell}(d^{k+1})^\mathsf{T} A s^\ell \;=\; -\frac{1}{t_e^\ell}\langle \nabla q(x^{k+1}), \underbrace{B^{k+1} y^\ell}_{=\,s^\ell}\rangle \;=\; -\langle \nabla q(x^{k+1}), d^\ell \rangle,$$

so dass auch $(2.23)_{k+1}$ bewiesen ist, sobald wir $(2.24)_{k+1}$ gezeigt haben. Wegen

$$\langle \nabla q(x^{k+1}), d^\ell \rangle \;=\; \langle A(x^k + t_e^k d^k) + b, d^\ell \rangle \;=\; \langle \nabla q(x^k), d^\ell \rangle + t_e^k (d^k)^\mathsf{T} A d^\ell$$

folgt Letzteres aber aus den Induktionsvoraussetzungen $(2.23)_k$ und $(2.24)_k$.

□

Bei Wahl exakter Schrittweiten minimieren die Quasi-Newton-Verfahren der Broyden-Familie konvex-quadratische Funktionen also in höchstens n Schritten. Für eine beliebige C^2-Funktion f lässt sich das dahingehend interpretieren, dass sie die lokale quadratische Approximation an f in n Schritten minimieren, im Hinblick auf Übung 2.2.46 also einen Schritt des Newton-Verfahrens simulieren. Unter geeigneten Voraussetzungen und mit Neustarts nach jeweils n Schritten konvergieren sie daher „n-Schritt-quadratisch" (für Details s. [25]).

2.2.9 Konjugierte-Gradienten-Verfahren

Wie bereits angemerkt möchte man bei hochdimensionalen Problemen vermeiden, Matrizen wie die B^k in den Quasi-Newton-Verfahren abzuspeichern. Man sucht daher nach *matrixfreien* Möglichkeiten, konjugierte Richtungen zu erzeugen. Verfahren, die iterativ konjugierte Richtungen erzeugen, nennt man *Konjugierte-Gradienten-Verfahren* oder kurz *CG-Verfahren* (*CG = conjugate gradients*).

Wir betrachten weiterhin die konvex-quadratische Funktion

$$q(x) \;=\; \tfrac{1}{2}\, x^\mathsf{T} A x + b^\mathsf{T} x$$

mit $A = A^\mathsf{T} \succ 0$ sowie $b \in \mathbb{R}^n$ und bilden die Folge (x^k) mit exakten Schrittweiten. Gesucht sind Möglichkeiten, konjugierte Suchrichtungen (d^k) zu erzeugen.

Nachdem wir bereits die Iterierten x^k grundsätzlich rekursiv aus früheren Iterierten sowie bei Quasi-Newton-Verfahren die Matrizen B^k rekursiv aus früheren Matrizen konstruiert haben, wird die Grundidee dazu im Folgenden sein, auch die Suchrichtungen d^k rekursiv zu wählen, nämlich als Kombination des aktuellen negativen Gradienten $-\nabla q(x^k)$ und der letzten Suchrichtung d^{k-1} mit Hilfe eines noch zu bestimmenden „Gewichts" $\alpha_k \in \mathbb{R}$ zu

$$d^k = -\nabla q(x^k) + \alpha_k \cdot d^{k-1}, \quad k = 1, 2, \dots$$

Zu Beginn dieser Rekursion setzen wir

$$d^0 = -\nabla q(x^0).$$

Das folgende Lemma wird zur Bestimmung der Werte α_k wesentlich sein.

2.2.61 Lemma
Es seien $d^0, \dots, d^{k-1}$ paarweise konjugiert bezüglich A und $x^1, \dots, x^k$ schon generiert mit $x^\ell \neq x^{\ell-1}$ für $1 \leq \ell \leq k$. Dann ist d^k genau dann konjugiert zu einem d^ℓ mit $0 \leq \ell \leq k-1$, wenn

$$\langle \nabla q(x^{\ell+1}) - \nabla q(x^\ell), d^k \rangle = 0$$

erfüllt ist.

Beweis Aus

$$\langle \nabla q(x^{\ell+1}) - \nabla q(x^\ell), d^k \rangle = t_e^\ell (d^\ell)^\mathsf{T} A d^k$$

folgt wegen $t_e^\ell \neq 0$ die Behauptung. □

2.2.62 Satz
Unter den Voraussetzungen von Lemma 2.2.61 ist die Richtung $d^k = -\nabla q(x^k) + \alpha_k \cdot d^{k-1}$ genau für

$$\alpha_k = \frac{\|\nabla q(x^k)\|_2^2}{\|\nabla q(x^{k-1})\|_2^2}$$

konjugiert zu den Vektoren $d^0, \dots, d^{k-1}$.

Beweis Wir beweisen die Behauptung per vollständiger Induktion über k. Im Fall $k = 1$ ist d^1 nach Lemma 2.2.61 genau dann konjugiert zu d^0, wenn

$$0 = \langle \nabla q(x^1) - \nabla q(x^0), d^1 \rangle = \langle \nabla q(x^1) + d^0, -\nabla q(x^1) + \alpha_1 d^0 \rangle$$
$$= -\|\nabla q(x^1)\|_2^2 + \alpha_1 \|\nabla q(x^0)\|_2^2$$

gilt, wobei die letzte Gleichheit aus zweifacher Anwendung von (2.8) folgt.

Für $k > 1$ zeigen wir nur die Konjugiertheit von d^k und d^{k-1} und überlassen dem Leser die restlichen Fälle als Übung. Nach Lemma 2.2.61 ist d^k genau dann konjugiert zu d^{k-1}, wenn

$$0 = \langle \nabla q(x^k) - \nabla q(x^{k-1}), d^k \rangle = \langle \nabla q(x^k) - \nabla q(x^{k-1}), -\nabla q(x^k) + \alpha_k d^{k-1} \rangle$$
$$= -\|\nabla q(x^k)\|_2^2 + \underbrace{\langle \nabla q(x^{k-1}), \nabla q(x^k) \rangle}_{=: T_1} - \alpha_k \underbrace{\langle q(x^{k-1}), d^{k-1} \rangle}_{=: T_2}$$

gilt. Aus

$$T_1 = \langle \nabla q(x^k), \alpha_{k-1} d^{k-2} - d^{k-1} \rangle = \alpha_{k-1} \langle \nabla q(x^{k-1}) + t_e^{k-1} A d^{k-1}, d^{k-2} \rangle \overset{\text{Ind.vor.}}{=} 0$$

und $\quad T_2 = \langle \nabla q(x^{k-1}), -\nabla q(x^{k-1}) + \alpha_{k-1} d^{k-2} \rangle = -\|\nabla q(x^{k-1})\|_2^2$

folgt die Behauptung.   □

Algorithmus 2.7: CG-Verfahren von Fletcher-Reeves

Input : C^1-Optimierungsproblem P, Startpunkt x^0 und Abbruchtoleranz $\varepsilon > 0$
Output : Approximation $\bar{x}$ eines kritischen Punkts von f (falls das Verfahren terminiert [25, Th. 5.7])

1 **begin**
2   Setze $d^0 = -\nabla f(x^0)$ und $k = 0$.
3   **while** $\|\nabla f(x^k)\| > \varepsilon$ **do**
4   Setze $x^{k+1} = x^k + t_e^k d^k$.
5   Setze $d^{k+1} = -\nabla f(x^{k+1}) + \left(\|\nabla f(x^{k+1})\|_2^2 / \|\nabla f(x^k)\|_2^2 \right) \cdot d^k$.
6   Ersetze k durch $k + 1$.
7   **end**
8   Setze $\bar{x} = x^k$.
9 **end**

Satz 2.2.62 motiviert den Algorithmus 2.7, da er für $f(x) = q(x) = \frac{1}{2} x^\mathsf{T} A x + b^\mathsf{T} x$ mit $A = A^\mathsf{T} \succ 0$ nach höchstens n Schritten den globalen Minimalpunkt liefert. Man benutzt dieses Verfahren zum Beispiel zur Lösung hochdimensionaler linearer Gleichungssysteme

$Ax = b$ durch den Kleinste-Quadrate-Ansatz, also per Minimierung von $\|r(x)\|_2^2$ mit dem Residuum $r(x) = Ax - b$.

Wegen Rundungsfehlern (vor allem aufgrund der Division durch $\|\nabla f(x^k)\|_2^2$) bricht das Verfahren aber selten tatsächlich nach n Schritten ab, so dass auch seine Konvergenzgeschwindigkeit untersucht wurde. Es stellt sich heraus, dass sie von der Wurzel der Konditionszahl (also dem Quotienten aus größtem und kleinstem Eigenwert) der Matrix $A^\mathsf{T}A$ abhängt. Es bietet sich daher an, das Gleichungssystem $Ax = b$ zunächst so äquivalent umzuformen, dass diese Konditionszahl sinkt. Diese Technik ist als *Präkonditionierung* bekannt. Für eine kurze Einführung dazu sei auf [16] verwiesen.

2.2.63 Bemerkung Der Kleinste-Quadrate-Ansatz per CG-Verfahren zur Lösung linearer Gleichungssysteme Ax = b lässt sich auch auf überbestimmte Gleichungssysteme anwenden, die keine Lösung besitzen. Man gibt sich dann mit dem x zufrieden, das $\|r(x)\|_2^2$ minimiert, auch wenn der Optimalwert nicht null lautet.

Für unterbestimmte Gleichungssysteme besteht andererseits die Möglichkeit, unter allen Lösungen von Ax = b eine spezielle auszuwählen. Oft wählt man dazu das „kleinste" x in dem Sinne, dass $\|x\|_2$ über dem Lösungsraum minimiert wird. Dies führt allerdings auf ein restringiertes Optimierungsproblem (Kap. 3).

Entscheidend für die Einsetzbarkeit von Algorithmus 2.7 ist, dass für $f = q$ nirgends explizit die Matrix A eingeht, aber trotzdem bezüglich A konjugierte Suchrichtungen erzeugt werden. Man kann das Verfahren also auch für beliebige C^1-Funktionen formulieren, wobei in Zeile 4 die exakte Schrittweite t_e^k im Allgemeinen durch eine inexakte wie die Armijo-Schrittweite t_a^k ersetzt werden muss. Unter geeigneten Voraussetzungen erhält man wieder, dass n CG-Schritte einen Newton-Schritt simulieren, also „n-Schritt-quadratische Konvergenz". Dazu empfiehlt sich nach je n Schritten ein „Neustart", indem man $d^{k \cdot n} = -\nabla f(x^{k \cdot n})$ für $k \in \mathbb{N}$ setzt.

Schließlich rechnet man im Fall $f = q$ leicht die Beziehungen

$$\frac{\|\nabla f(x^{k+1})\|_2^2}{\|\nabla f(x^k)\|_2^2} = \frac{\langle \nabla f(x^{k+1}), \nabla f(x^{k+1}) - \nabla f(x^k)\rangle}{\langle d^k, \nabla f(x^{k+1}) - \nabla f(x^k)\rangle} = \frac{\langle \nabla f(x^{k+1}), \nabla f(x^{k+1}) - \nabla f(x^k)\rangle}{\|\nabla f(x^k)\|_2^2}$$

nach. Für $f \neq q$ sind diese Gleichheiten hingegen nicht notwendigerweise gültig, so dass man in Algorithmus 2.7 beim Ersetzen von $\|\nabla f(x^{k+1})\|_2^2 / \|\nabla f(x^k)\|_2^2$ durch diese Ausdrücke andere Verfahren erhält, nämlich die CG-Verfahren von Hestenes-Stiefel bzw. von Polak-Ribière (für Details s. [25]).

Zum Ende dieses Abschnitts diskutieren wir als Alternative zu CG-Verfahren kurz das *Limited-Memory-BFGS-Verfahren* (*L-BFGS*). Es approximiert BFGS-Updates (Abschn. 2.2.7) mit Hilfe von

Vektoren der Länge n, ohne dabei Matrizen abzuspeichern. Die bereits als Approximationen der inversen Hesse-Matrizen $D^2 f(x^k)$ genutzten Matrizen B^k werden also nochmals approximiert.

Zur Darstellung der Grundidee dieses Ansatzes stellen wir zunächst fest, dass sich der BFGS-Update aus (2.16) alternativ als

$$B_{\text{BFGS}}^{k+1} = \left(E - \frac{(s^k)(y^k)^\mathsf{T}}{(s^k)^\mathsf{T}(y^k)}\right) B^k \left(E - \frac{(s^k)(y^k)^\mathsf{T}}{(s^k)^\mathsf{T}(y^k)}\right) + \frac{(s^k)(s^k)^\mathsf{T}}{(s^k)^\mathsf{T}(y^k)}$$

schreiben lässt, also mit einer sehr einfachen Abhängigkeit von der aktuellen Matrix B^k. Ersetzen wir in dieser Formel die Matrix B^k durch ihre eigene Definition als Update aus der vorherigen Iteration, erhalten wir

$$\begin{aligned}
B_{\text{BFGS}}^{k+1} &= \left(E - \frac{(s^k)(y^k)^\mathsf{T}}{(s^k)^\mathsf{T}(y^k)}\right)\left(E - \frac{(s^{k-1})(y^{k-1})^\mathsf{T}}{(s^{k-1})^\mathsf{T}(y^{k-1})}\right) B^{k-1} \left(E - \frac{(s^{k-1})(y^{k-1})^\mathsf{T}}{(s^{k-1})^\mathsf{T}(y^{k-1})}\right)\left(E - \frac{(s^k)(y^k)^\mathsf{T}}{(s^k)^\mathsf{T}(y^k)}\right) \\
&\quad + \left(E - \frac{(s^k)(y^k)^\mathsf{T}}{(s^k)^\mathsf{T}(y^k)}\right)\frac{(s^{k-1})(s^{k-1})^\mathsf{T}}{(s^{k-1})^\mathsf{T}(y^{k-1})}\left(E - \frac{(s^k)(y^k)^\mathsf{T}}{(s^k)^\mathsf{T}(y^k)}\right) + \frac{(s^k)(s^k)^\mathsf{T}}{(s^k)^\mathsf{T}(y^k)}.
\end{aligned}$$

Die gewünschte Approximation dieses Updates mit Hilfe von Vektoren entsteht durch Ersetzen der üblicherweise vollbesetzten (und daher speicheraufwendigen) Matrix B^{k-1} durch eine dünnbesetzte Matrix wie E oder die skalierte Einheitsmatrix $((s^k)^\mathsf{T}(y^k)/(y^k)^\mathsf{T}(y^k))E$. Letzteres führt auf den L-BFGS-Update der „Gedächtnislänge zwei", also auf

$$\begin{aligned}
B_{\text{L-BFGS},2}^{k+1} &= \frac{(s^k)^\mathsf{T}(y^k)}{(y^k)^\mathsf{T}(y^k)}\left(E - \frac{(s^k)(y^k)^\mathsf{T}}{(s^k)^\mathsf{T}(y^k)}\right)\left(E - \frac{(s^{k-1})(y^{k-1})^\mathsf{T}}{(s^{k-1})^\mathsf{T}(y^{k-1})}\right) \\
&\quad \cdot \left(E - \frac{(s^{k-1})(y^{k-1})^\mathsf{T}}{(s^{k-1})^\mathsf{T}(y^{k-1})}\right)\left(E - \frac{(s^k)(y^k)^\mathsf{T}}{(s^k)^\mathsf{T}(y^k)}\right) \\
&\quad + \left(E - \frac{(s^k)(y^k)^\mathsf{T}}{(s^k)^\mathsf{T}(y^k)}\right)\frac{(s^{k-1})(s^{k-1})^\mathsf{T}}{(s^{k-1})^\mathsf{T}(y^{k-1})}\left(E - \frac{(s^k)(y^k)^\mathsf{T}}{(s^k)^\mathsf{T}(y^k)}\right) + \frac{(s^k)(s^k)^\mathsf{T}}{(s^k)^\mathsf{T}(y^k)}.
\end{aligned}$$

Die rekursive Fortsetzung dieses Ansatzes erlaubt L-BFGS-Updates $B_{\text{L-BFGS},m}^{k+1}$ mit beliebigen Gedächtnislängen m, wobei sich Längen von etwa $m = 10$ bewährt haben.

Da die Matrix $B_{\text{L-BFGS},m}^{k+1}$ selbst algorithmisch nicht benötigt wird, sondern nur ihr Produkt mit dem aktuellen Gradienten der Zielfunktion $d^{k+1} = -B_{\text{L-BFGS},m}^{k+1} \nabla f(x^{k+1})$, existiert außerdem ein einfaches rekursives Verfahren zur Suchrichtungsbestimmung. Für Einzelheiten sei auf [25] verwiesen. Dort wird als überraschender Zusammenhang auch diskutiert, dass der „gedächtnislose" Update $B_{\text{L-BFGS},1}^{k+1}$ in Verbindung mit exakten Schrittweiten gerade auf die CG-Verfahren von Hestenes-Stiefel und Polak-Ribière führt.

2.2.10 Trust-Region-Verfahren

Im Gegensatz zu klassischen Suchrichtungsverfahren wählen Trust-Region-Verfahren *erst* den Suchradius t und *dann* die Suchrichtung d (formal gilt also $d = d(t)$ anstatt $t = t(d)$). Dazu benutzt man in Iteration k des allgemeinen Abstiegsverfahrens aus Algorithmus 2.3 wie folgt ein *quadratisches Modell* für f:

Nach dem Satz von Taylor (Satz 2.1.30b) gilt für $f \in C^2(\mathbb{R}^n, \mathbb{R})$

$$f(x^k + d) \approx f(x^k) + \langle \nabla f(x^k), d \rangle + \tfrac{1}{2} d^\mathsf{T} D^2 f(x^k) d.$$

Mit $c^k := f(x^k)$, $b^k = \nabla f(x^k)$ und einer symmetrischen Matrix A^k (zum Beispiel, aber nicht notwendigerweise, $A^k = D^2 f(x^k)$) nennt man die Funktion

$$m^k(d) := c^k + \langle b^k, d \rangle + \tfrac{1}{2} d^\mathsf{T} A^k d$$

ein *lokales quadratisches Modell* für f um x^k. Diese Bezeichnung motiviert sich aus den Gleichheiten $m^k(0) = f(x^k)$ und $\nabla m^k(0) = \nabla f(x^k)$ sowie aus der Tatsache, dass m^k die Funktion f im Allgemeinen nur für d aus einer hinreichend kleinen Umgebung des Nullpunkts „gut" beschreibt.

Man betrachtet daher m^k nur für $\|d\|_2 \leq t^k$ mit einem hinreichend kleinen Suchradius t^k. Falls das Verhalten von m^k auf $B_\leq(0, t^k)$ „gut" ist, nennt man $B_\leq(0, t^k)$ eine „vertrauenswürdige Umgebung", also eine *Trust Region*. Um hierbei den Begriff „gut" zu quantifizieren, bestimmt man einen optimalen Punkt d^k des *Trust-Region-Hilfsproblems*

$$TR^k : \quad \min_{d \in \mathbb{R}^n} m^k(d) \quad \text{s.t.} \quad \|d\|_2 \leq t^k.$$

Der Quotient

$$r^k := \frac{f(x^k) - f(x^k + d^k)}{m^k(0) - m^k(d^k)}$$

aus tatsächlichem und erwartetem Abstieg im Zielfunktionswert gibt dann ein Maß für die Güte des lokalen Modells an. Zu beachten ist dabei, dass die Differenz $m^k(0) - m^k(d^k)$ stets positiv ist, und zwar selbst dann, wenn die Matrix A^k nicht positiv definit ist. Tatsächlich würde die Ungleichung $m^k(0) - m^k(d^k) \leq 0$ wegen der Zulässigkeit von $d=0$ für TR^k die Identität von $m^k(0)$ und $m^k(d^k)$ implizieren, so dass neben d^k auch $d=0$ Minimalpunkt von TR^k wäre. Da die Restriktion von TR^k an $d=0$ nicht aktiv ist, würde daraus $0 = \nabla m^k(0) = \nabla f(x^k)$ folgen, im Widerspruch dazu, dass das allgemeine Abstiegsverfahren (Algorithmus 2.3) in diesem Fall bereits terminiert hätte.

Ein Wert $r^k < 0$ impliziert daher $f(x^k + d^k) > f(x^k)$, d.h., $x^{k+1} = x^k + d^k$ würde einen Anstieg im Zielfunktionswert liefern. Folglich ist die Trust Region zu groß, und ihr Radius t^k muss verkleinert werden.

Liegt andererseits r^k nahe bei eins, dann beschreibt das lokale Modell die Funktion f sehr gut; man setzt $x^{k+1} = x^k + d^k$ und vergrößert in der nächsten Iteration probeweise den Trust-Region-Radius t^k.

Details zu diesem Vorgehen, vor allem zur Annahme von Schritten und zur Veränderung von t^k bei anderen Werten von r^k, gibt Algorithmus 2.8. Insbesondere für $r^k \geq 1/4$ wird t^k dort nicht verkleinert, und der Schritt wird angenommen, für $r^k < 0$ wird t^k verkleinert, und der Schritt wird abgelehnt, und für $r^k \in [0, 1/4)$ wird t^k verkleinert, und der Schritt wird dann abgelehnt, wenn $r^k \leq \eta$ gilt.

Abb. 2.9 zeigt eine mögliche neue Iterierte x_{TR}^{k+1} eines Trust-Region-Verfahrens im Vergleich zu einer neuen Iterierten eines Suchrichtungsverfahrens x_{SR}^{k+1} mit gleicher Schrittweite. Zumindest in diesem Beispiel führt der Trust-Region-Schritt näher an den Minimalpunkt von f als der Suchrichtungsschritt.

Je nach Wahl der Matrizen A^{k+1} in Zeile 19 von Algorithmus 2.8 spricht man von Trust-Region-Newton-Verfahren, Trust-Region-BFGS-Verfahren usw. Ein entscheidender Vorteil von Trust-Region-Verfahren gegenüber Variable-Metrik-Verfahren besteht allerdings darin, dass die Matrizen A^k *nicht positiv definit* zu sein brauchen.

Insbesondere für $A^k \equiv 0$ erhält man ein „Trust-Region-Gradientenverfahren" mit dem Hilfsproblem

$$T R^k : \quad \min_{d \in \mathbb{R}^n} m^k(d) = f(x^k) + \langle \nabla f(x^k), d \rangle \quad \text{s.t.} \quad \|d\|_2 \leq t^k.$$

Analog zu den Überlegungen in Abschn. 2.1.3 folgt für dessen Minimalpunkt allerdings sofort

$$d^k = -\frac{t^k}{\|\nabla f(x^k)\|_2} \nabla f(x^k),$$

so dass hier lediglich ein übliches Gradientenverfahren mit einer speziellen Schrittweitensteuerung entsteht. Von einem solchen Verfahren ist wegen Satz 2.2.25 keine schnelle Konvergenz zu erwarten.

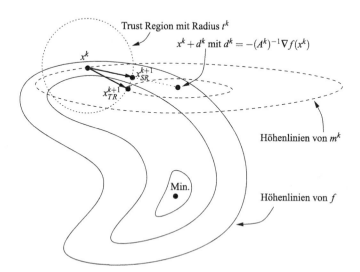

Abb. 2.9 Schritte von Suchrichtungs- und Trust-Region-Verfahren

Wir betrachten daher wieder den Fall einer symmetrischen Matrix $A^k \neq 0$. Das Problem TR^k zu lösen, kann schwer sein, insbesondere für eine indefinite Matrix A^k. Analog zur inexakten eindimensionalen Minimierung bei Suchrichtungsverfahren genügt allerdings auch hier eine *inexakte* Lösung von TR^k, um globale Konvergenz zu gewährleisten.

Algorithmus 2.8: Trust-Region-Verfahren

Input : C^1-Optimierungsproblem P, Startpunkt x^0, Startmatrix $A^0 = (A^0)^\mathsf{T}$,
Maximalradius $\check{t} > 0$, Startradius $t^0 \in (0, \check{t})$, Parameter $\eta \in [0, 1/4)$
und Abbruchtoleranz $\varepsilon > 0$

Output : Approximation $\bar{x}$ eines kritischen Punkts von f (falls das Verfahren terminiert; Satz 2.2.67)

1 **begin**
2   Setze $k = 0$.
3   **while** $\|\nabla f(x^k)\|_2 > \varepsilon$ **do**
4   Berechne einen (inexakten) Optimalpunkt d^k von TR^k und setze

$$r^k = \frac{f(x^k) - f(x^k + d^k)}{m^k(0) - m^k(d^k)}.$$

5   **if** $r^k < \frac{1}{4}$ **then**
6   Setze $t^{k+1} = \frac{1}{4}\|d^k\|_2$.
7   **else**
8   **if** $r^k > \frac{3}{4}$ **and** $\|d^k\|_2 = t^k$ **then**
9   Setze $t^{k+1} = \min\{2t^k, \check{t}\}$.
10   **else**
11   Setze $t^{k+1} = t^k$.
12   **end**
13   **end**
14   **if** $r^k > \eta$ **then**
15   Setze $x^{k+1} = x^k + d^k$.
16   **else**
17   Setze $x^{k+1} = x^k$.
18   **end**
19   Wähle $A^{k+1} = (A^{k+1})^\mathsf{T}$.
20   Ersetze k durch $k + 1$.
21   **end**
22   Setze $\bar{x} = x^k$.
23 **end**

Eine Möglichkeit dafür besteht darin, die zulässige Menge von TR^k stark zu verkleinern und beispielsweise nur nichtnegative Vielfache der beim „Trust-Region-Gradientenverfahren" gefundenen Suchrichtung zuzulassen:

$$TR_C^k: \quad \min_{d,s} m^k(d) \quad \text{s.t.} \quad \|d\|_2 \leq t^k, \quad d = s \cdot \left(-\frac{t^k}{\|\nabla f(x^k)\|_2} \cdot \nabla f(x^k)\right)$$

$$s \geq 0.$$

Dieses Problem (bei dem der Index C daher rührt, dass das Gradientenverfahren auch als *Cauchy-Verfahren* bezeichnet wird) ist offenbar äquivalent zu

$$\min_{s \in \mathbb{R}} m^k\left(-\frac{s \cdot t^k}{\|\nabla f(x^k)\|_2} \cdot \nabla f(x^k)\right) \quad \text{s.t.} \quad 0 \leq s \leq 1,$$

also zu

$$\min_{s \in \mathbb{R}} \widetilde{m}^k(s) \quad \text{s.t.} \quad 0 \leq s \leq 1$$

mit

$$\widetilde{m}^k(s) := m^k\left(-\frac{s \cdot t^k}{\|\nabla f(x^k)\|_2} \cdot \nabla f(x^k)\right)$$

$$= f(x^k) - s \cdot t^k \|\nabla f(x^k)\|_2 + s^2 \cdot \frac{(t^k)^2}{2\|\nabla f(x^k)\|_2^2} Df(x^k) A^k \nabla f(x^k).$$

Zur Lösung dieses eindimensionalen Optimierungsproblems sind zwei Fälle zu unterscheiden.

Fall 1: $Df(x^k) A^k \nabla f(x^k) \leq 0$
Dann gilt für alle $s \in [0,1]$

$$\frac{d}{ds} \widetilde{m}^k(s) = \underbrace{-t^k \|\nabla f(x^k)\|_2}_{< 0} + \underbrace{s \frac{(t^k)^2}{\|\nabla f(x^k)\|_2^2} Df(x^k) A^k \nabla f(x^k)}_{\leq 0},$$

so dass die Funktion $\widetilde{m}^k$ auf $s \in [0,1]$ streng monoton fällt, ihren Minimalpunkt also in $s^\star = 1$ besitzt.

Fall 2: $Df(x^k) A^k \nabla f(x^k) > 0$
In diesem Fall ist die Funktion $\widetilde{m}^k$ konvex-quadratisch, und Minimalpunkt ist entweder ihr Scheitelpunkt

$$s^\star = \frac{\|\nabla f(x^k)\|_2^3}{t^k Df(x^k) A^k \nabla f(x^k)}$$

oder $s^\star = 1$, je nachdem, welcher Wert kleiner ist.

Insgesamt löst also der Punkt

$$d_C^k := -\frac{s^k\, t^k}{\|\nabla f(x^k)\|_2} \nabla f(x^k)$$

mit

$$s^k := \begin{cases} 1, & \text{falls } Df(x^k)A^k\nabla f(x^k) \leq 0 \\ \min\left\{\frac{\|\nabla f(x^k)\|_2^3}{t^k Df(x^k)A^k\nabla f(x^k)}, 1\right\}, & \text{sonst} \end{cases}$$

das Problem TR_C^k.

2.2.64 Definition (Cauchy-Punkt)
Der Punkt $x_C^{k+1} = x^k + d_C^k$ heißt *Cauchy-Punkt* zu x^k und t^k.

2.2.65 Übung Zeigen Sie, dass der Vektor $d^k = d_C^k$ die Ungleichung

$$m^k(0) - m^k(d^k) \geq c \cdot \|\nabla f(x^k)\|_2 \cdot \min\left\{t^k, \frac{\|\nabla f(x^k)\|_2}{\|A^k\|_2}\right\} \tag{2.26}$$

mit $c = 1/2$ erfüllt.

2.2.66 Bemerkung Die *exakte* Lösung d_e^k von TR^k erfüllt wegen der Zulässigkeit von d_C^k für TR^k die Ungleichung $m^k(d_e^k) \leq m^k(d_C^k)$ und damit nach Übung 2.2.65 ebenfalls (2.26) mit $c = 1/2$.

Wir können nun einen Satz zur globalen Konvergenz formulieren [25, Th. 4.5 und 4.6].

2.2.67 Satz
Die Menge $f_\leq^{f(x^0)}$ sei beschränkt, die Funktion ∇f sei Lipschitz-stetig auf conv$(f_\leq^{f(x^0)})$*, die Folge $(\|A^k\|_2)$ sei beschränkt, und die Folge (d^k) der inexakten Lösungen von TR^k erfülle (2.26) mit $c > 0$. Dann gilt in Algorithmus 2.8:*

a) *Für $\eta = 0$ ist $\liminf_k \|\nabla f(x^k)\|_2 = 0$ (d.h., (x^k) besitzt einen Häufungspunkt $x^\star$ mit $\nabla f(x^\star) = 0$).*

b) *Für $\eta \in (0, 1/4)$ ist $\lim_k \nabla f(x^k) = 0$ (d.h., alle Häufungspunkte von (x^k) sind kritisch).*

Nach Übung 2.2.65, Bemerkung 2.2.66 und Satz 2.2.67 liefern sowohl die inexakten Lösungen d_C^k als auch die exakten Lösungen d_e^k von TR^k globale Konvergenz. Während die exakte Lösung d_e^k wie erwähnt schwer berechenbar sein kann, ist das Ausweichen auf die inexakte Lösung d_C^k selten ratsam, da die Matrix A^k lediglich die Länge von d_C^k beeinflusst und man so im Wesentlichen nach wie vor das Gradientenverfahren erhält.

Wir betrachten daher noch zwei in der Praxis gebräuchliche inexakte Approximationen für einen Optimalpunkt d^k von TR^k, für die ebenfalls $m^k(d^k) \leq m^k(d_C^k)$ und damit (2.26) mit $c = 1/2$ gilt (für Details zu Konvergenzaussagen s. [25]). Die erste Möglichkeit besitzt die positive Definitheit der Matrizen A^k als einschränkende Voraussetzung, die zweite Möglichkeit hingegen nicht.

Dogleg-Methode

Im Folgenden seien wieder $k \in \mathbb{N}$ fest und unterschlagen sowie A positiv definit. Wir fragen zunächst danach, wie die exakten Lösungen $d_e(t)$ von TR sich bei variierendem $t \geq 0$ verhalten. Per Definition löst $d_e(t)$ das Problem

$$TR: \quad \min_{d \in \mathbb{R}^n} c + b^\mathsf{T} d + \tfrac{1}{2} d^\mathsf{T} A d \quad \text{s.t.} \quad \|d\|_2 \leq t$$

mit $c = f(x)$ und $b = \nabla f(x)$. Für t nahe bei null ist der Term $d^\mathsf{T} A d$ gegenüber $b^\mathsf{T} d$ vernachlässigbar, so dass $d_e(t)$ dann ungefähr mit der Lösung von

$$\min_{d \in \mathbb{R}^n} c + b^\mathsf{T} d \quad \text{s.t.} \quad \|d\|_2 \leq t,$$

also mit $-t \nabla f(x)/\|\nabla f(x)\|_2$, übereinstimmt. Ist t andererseits hinreichend groß, so erfüllt der *unrestringierte* Minimalpunkt von $c + b^\mathsf{T} d + \tfrac{1}{2} d^\mathsf{T} A d$, nämlich

$$d_A := -A^{-1} \nabla f(x),$$

die Nebenbedingung $\|d\|_2 \leq t$ von TR. Für wachsende $t \geq 0$ beschreiben die Punkte $x + d_e(t)$ also typischerweise eine Kurve von x nach $x + d_A$, wie sie in Abb. 2.10 dargestellt ist.

Die Dogleg-Methode approximiert diese Kurve durch einen Polygonzug von x nach $x + d_A$ mit zwei Segmenten, wobei als Zwischenpunkt $x + d_G$ mit dem exakten Minimalpunkt d_G von m entlang $-\nabla f(x)$ gewählt wird, den man zu

$$d_G = -\frac{\|\nabla f(x)\|_2^2}{Df(x) A \nabla f(x)} \nabla f(x)$$

berechnet. Formal lautet der Polygonzug damit $\{ x + \tilde{d}(s) \mid s \in [0, 2] \}$ mit

$$\tilde{d}(s) = \begin{cases} s \cdot d_G, & 0 \leq s \leq 1 \\ d_G + (s-1)(d_A - d_G), & 1 \leq s \leq 2. \end{cases}$$

Abb. 2.10 Approximation der Kurve $\{x + d_e(t) \mid t \geq 0\}$ per Dogleg

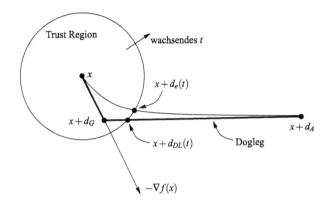

2.2.68 Übung Zeigen Sie für $A = A^\mathsf{T} \succ 0$:

a) $\|\tilde{d}(s)\|_2$ ist monoton wachsend in s.
b) $m(\tilde{d}(s))$ ist monoton fallend in s.

Nach Übung 2.2.68a schneidet der Polygonzug im Fall $\|d_A\|_2 < t$ den Rand der Trust Region gar nicht und sonst in genau einem Punkt. Dieser ist aus

$$\|s \cdot d_G\|_2 = t, \qquad\qquad \text{falls } t < \|d_G\|_2$$

$$\|d_G + (s-1)(d_A - d_G)\|_2 = t, \text{ sonst}$$

leicht berechenbar. Aus Übung 2.2.68b folgt ferner, dass die Lösung des auf den Polygonzug eingeschränkten Problems TR im Fall $\|d_A\|_2 < t$ gerade d_A ist und im Fall $\|d_A\|_2 \geq t$ der obige Schnittpunkt des Polygonzugs mit dem Rand der Trust Region. Die jeweilige Lösung ist die von der Dogleg-Methode gewählte inexakte Lösung $d_{DL}(t)$ für TR, mit der die neue Iterierte $x + d_{DL}(t)$ generiert wird.

Minimierung auf einem zweidimensionalen Teilraum

Die inexakte Lösung von TR durch die Dogleg-Methode kann verbessert werden, indem man TR nicht auf den *ein*dimensionalen Polygonzug einschränkt, sondern auf den *zwei*dimensionalen Teilraum, der von d_G und d_A aufgespannt wird. In diesem Raum liegen insbesondere alle Punkte des Polygonzugs. Man erhält das Hilfsproblem

$$\min_{d \in \mathbb{R}^n} m(d) \quad \text{s.t.} \quad \|d\|_2 \leq t, \quad d \in \text{bild}(\nabla f(x), A^{-1}\nabla f(x)),$$

also ein Problem in zwei Variablen, das wieder explizit lösbar ist.
Ein Hauptvorteil dieses Ansatzes besteht darin, dass er sich im Gegensatz zur Dogleg-Methode sinnvoll auf indefinite Matrizen A erweitern lässt. Für Details sei auf [25] verwiesen.

Restringierte Optimierung

3

Inhaltsverzeichnis

Schon die Beispiele in Abschn. 1.1, die Berechnung von Spektralnormen (Bemerkung 2.2.41), die Bestimmung normminimaler Lösungen linearer Gleichungssysteme (Bemerkung 2.2.63) sowie das Trust-Region-Hilfsproblem (Abschn. 2.2.10) zeigen, dass bei der Optimierung einer Zielfunktion häufig Nebenbedingungen zu beachten sind. Wir unterscheiden dabei Ungleichungs- und Gleichungsrestriktionen und betrachten in diesem Kapitel in allgemeiner Form das restringierte Problem

© Der/die Autor(en), exklusiv lizenziert durch Springer-Verlag GmbH, DE, ein Teil von   115
Springer Nature 2021
O. Stein, *Grundzüge der Nichtlinearen Optimierung*,
https://doi.org/10.1007/978-3-662-62532-3_3

$$P : \quad \min_{x \in \mathbb{R}^n} f(x) \quad \text{s.t.} \quad g_i(x) \leq 0, \ i \in I, \quad h_j(x) = 0, \ j \in J,$$

mit mindestens stetigen Funktionen $f, g_i, h_j : \mathbb{R}^n \to \mathbb{R}$ für $i \in I$ und $j \in J$. Die Indexmengen I und J seien endlich und eventuell leer, und wir setzen

$$I = \{1, \ldots, p\} \quad \text{und} \quad J = \{1, \ldots, q\}$$

mit $p, q \in \mathbb{N} \cup \{0\}$. Ferner gelte $q < n$, denn unter der für Gleichungsrestriktionen typischerweise erfüllten Lineare-Unabhängigkeits-Bedingung (Definition 3.2.43) definieren q Gleichungen in $\mathbb{R}^n$ eine $(n - q)$-dimensionale Mannigfaltigkeit. Für $q = n$ oder $q > n$ würden die Gleichungsrestriktionen also zumeist eine diskrete bzw. leere zulässige Menge definieren, während Theorie und Algorithmen der kontinuierlichen Optimierung von einer mindestens eindimensionalen zulässigen Menge ausgehen. Eine Oberschranke an die Anzahl p der Ungleichungsrestriktionen muss hingegen nicht vorausgesetzt werden. In der semi-infiniten Optimierung (Beispiel 1.1.5) lässt man sogar *unendlich* viele Ungleichungen zu.

Obwohl als Definitionsbereich der Zielfunktion f im Problem P der Einfachheit halber der gesamte Raum $\mathbb{R}^n$ angegeben ist, kann man ihn in vielen der nachfolgenden Überlegungen auf die zulässige Menge M einschränken. Differenzierbarkeitsforderungen wie $f \in C^1(M, \mathbb{R})$ erfordern dann allerdings, dass f zumindest auf einer offenen Obermenge von M definiert (und entsprechend stetig differenzierbar) ist.

Abschn. 3.1 stellt einige zur Herleitung von Optimalitätsbedingungen benötigte Eigenschaften der zulässigen Menge bereit, bevor Abschn. 3.2 darauf basierend verschiedene Optimalitätsbedingungen erster und zweiter Ordnung angibt. Danach behandelt Abschn. 3.3 wichtige Lösungsverfahren für restringierte nichtlineare Optimierungsprobleme.

3.1   Eigenschaften der zulässigen Menge

Mit den vektorwertigen Funktionen

$$g(x) := \begin{pmatrix} g_1(x) \\ \vdots \\ g_p(x) \end{pmatrix} \quad \text{und} \quad h(x) := \begin{pmatrix} h_1(x) \\ \vdots \\ h_q(x) \end{pmatrix}$$

lässt sich die Menge M der für P *zulässigen Punkte* bei Bedarf als

$$M = \{x \in \mathbb{R}^n \,|\, g(x) \leq 0, \ h(x) = 0\}$$

schreiben, wobei die Ungleichung zwischen den p-dimensionalen Vektoren $g(x)$ und 0 wie üblich komponentenweise zu verstehen ist. Hiervon werden wir im Folgenden gelegentlich Gebrauch machen.

Zum Verständnis der in Abschn. 3.2 diskutierten Optimalitätsbedingungen wird es wichtig sein, grundlegende Eigenschaften der zulässigen Menge M zu kennen. Dazu zählen zum einen die in Abschn. 3.1.1 besprochenen *topologischen* Eigenschaften, die an die *Stetigkeit* der die Menge M definierenden Funktionen g und h gekoppelt sind, und zum anderen die in Abschn. 3.1.2 behandelten Möglichkeiten, *Approximationen erster Ordnung* an M zu definieren, die unter anderem mit Differenzierbarkeitseigenschaften erster Ordnung von g und h zusammenhängen. Diese Approximationen werden in Abschn. 3.2 bei der Formulierung einer passenden Stationaritätsbedingung eine zentrale Rolle spielen.

3.1.1 Topologische Eigenschaften

Wir halten zunächst einige wichtige topologische Eigenschaften der Menge M und Schlussfolgerungen daraus fest. In Übung 1.2.11 haben wir bereits gesehen, dass M unter der Stetigkeitsvoraussetzung an die Funktionen g und h eine *abgeschlossene* Menge ist.

Im Folgenden untersuchen wir genauer die bereits in Beispiel 1.1.1 erwähnte *Aktivität* von Ungleichungsrestriktionen. Dabei heißt eine Ungleichungsfunktion g_i in einem zulässigen Punkt $\bar{x}$ *aktiv*, wenn sie dort mit Gleichheit erfüllt ist, d. h. für $g_i(\bar{x}) = 0$. Falls die strikte Ungleichheit $g_i(\bar{x}) < 0$ gilt, wird g_i hingegen *inaktiv* in $\bar{x}$ genannt. *Gleichungs*restriktionen sind in diesem Sinne an zulässigen Punkten natürlich immer aktiv.

3.1.1 Definition (Aktive-Index-Menge)
Zu $\bar{x} \in M$ heißt

$$I_0(\bar{x}) = \{i \in I \mid g_i(\bar{x}) = 0\}$$

Menge der aktiven Indizes oder auch *Aktive-Index-Menge*.

Etwas genauer (aber sperriger) wäre die Bezeichnung von $I_0(\bar{x})$ als „Menge der Indizes der an $\bar{x}$ aktiven Ungleichungsfunktionen".

3.1.2 Beispiel

Im Problem aus Beispiel 1.1.1 gelte (z. B. aus Marketinggründen) die zusätzliche Restriktion $r \geq 1$. Dann ist im optimalen Radius $\bar{r}$ die neue Ungleichung

- für $\sqrt{A/(6\pi)} \leq 1 \leq \sqrt{A/(2\pi)}$ aktiv, denn es gilt $\bar{r} = 1$, und
- für $1 < \sqrt{A/(6\pi)}$ inaktiv, denn es gilt $\bar{r} = \sqrt{A/(6\pi)} > 1$.

◀

Abb. 3.1 illustriert, dass zur lokalen Beschreibung der Menge M um einen Punkt $\bar{x} \in M$ die aktiven Restriktionen genügen sollten, also im allgemeinen Fall die g_i mit $i \in I_0(\bar{x})$ und die $h_j, j \in J$. Tatsächlich gilt folgendes Ergebnis.

3.1.3 Satz

Für jedes $\bar{x} \in M$ existiert eine Umgebung U von $\bar{x}$ mit

$$U \cap M = U \cap \{x \in \mathbb{R}^n \mid g_i(x) \leq 0, \ i \in I_0(\bar{x}), \ h_j(x) = 0, \ j \in J\}.$$

Beweis Die Inklusion $\subseteq$ ist für jede Umgebung U von $\bar{x}$ klar. Um die umgekehrte Inklusion $\supseteq$ zu sehen, nehmen wir an, es gäbe keine Umgebung U von $\bar{x}$ mit

$$U \cap M \supseteq U \cap \{x \in \mathbb{R}^n \mid g_i(x) \leq 0, \ i \in I_0(\bar{x}), \ h_j(x) = 0, \ j \in J\}.$$

Dann existiert für jede Umgebung U von $\bar{x}$ ein $x_U \in U$ mit

$$g_i(x_U) \leq 0, \ i \in I_0(\bar{x}), \ h_j(x_U) = 0, \ j \in J,$$

aber $x_U \notin M$. Insbesondere existiert für jedes $k \in \mathbb{N}$ und für die Umgebung $U_k := B_{\leq}(\bar{x}, 1/k)$ ein $x^k \in U_k$ mit

$$g_i(x^k) \leq 0, \ i \in I_0(\bar{x}), \ h_j(x^k) = 0, \ j \in J$$

und $x^k \notin M$. Aus der speziellen Wahl der Umgebungen folgt sofort $\lim_k x^k = \bar{x}$.

Zu gegebenem $k \in \mathbb{N}$ kann nur dann $x^k \notin M$ gelten, wenn ein $i_k \in I \setminus I_0(\bar{x})$ mit $g_{i_k}(x^k) > 0$ existiert. Um für diese Ausdrücke einen Grenzübergang $k \to \infty$ zu vollziehen, ist die Abhängigkeit des Index i von k störend. Wir lösen uns davon durch folgende Überlegung.

Angenommen, jeder Index in $I \setminus I_0(\bar{x})$ werde von der Folge (i_k) nur endlich oft „getroffen". Da $I \setminus I_0(\bar{x})$ nur endlich viele Elemente enthält, müsste dann die Folge (i_k) und damit auch (x^k) nach endlich vielen Gliedern abbrechen. Da dies aber nicht der Fall ist, tritt mindestens

Abb. 3.1 Lokale Beschreibung von M durch aktive Restriktionen

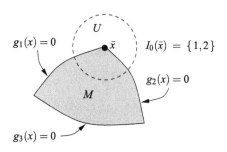

ein Index $i_0 \in I \setminus I_0(\bar{x})$ in der Folge (i_k) unendlich oft auf. Wir gehen nun (wieder ohne Teilfolgennotation) direkt zur Teilfolge der (x^k) mit $i_k = i_0$ über und erhalten damit

$$\exists\, i_0 \in I \setminus I_0(\bar{x}) \quad \forall\, k \in \mathbb{N}: \quad g_{i_0}(x^k) > 0.$$

Wegen der Stetigkeit von g_{i_0} folgt jetzt im Grenzübergang $k \to \infty$ die Ungleichung $g_{i_0}(\bar{x}) \geq 0$. Andererseits impliziert $\bar{x} \in M$ auch $g_{i_0}(\bar{x}) \leq 0$, also insgesamt $g_{i_0}(\bar{x}) = 0$ und damit $i_0 \in I_0(\bar{x})$. Dies steht aber im Widerspruch zur Wahl $i_0 \in I \setminus I_0(\bar{x})$. $\quad\square$

Wir werden in Abschn. 3.2 ganz analog zur Herleitung der Fermat'schen Regel (Satz 2.1.13) eine Optimalitätsbedingung erster Ordnung für restringierte Optimierungsprobleme entwickeln, die darauf basiert, dass in einem lokalen Minimalpunkt keine Abstiegsrichtung für die Zielfunktion f existieren kann. Im restringierten Fall kommt allerdings noch hinzu, dass man nur solche Richtungen ausschließen darf, entlang derer die zulässige Menge M nicht verlassen wird. Dies führt zu folgender Definition.

> **3.1.4 Definition (Zulässige Abstiegsrichtung)**
> Gegeben sei das Problem
>
> $$P: \quad \min\, f(x) \quad \text{s.t.} \quad x \in M$$
>
> mit (nicht notwendigerweise in funktionaler Beschreibung vorliegender) zulässiger Menge $M \subseteq \mathbb{R}^n$. Dann heißt ein Vektor $d \in \mathbb{R}^n$ *zulässige Abstiegsrichtung* für P in $\bar{x} \in M$, falls
>
> $$\exists\, \check{t} > 0 \quad \forall\, t \in (0, \check{t}): \quad f(\bar{x} + td) < f(\bar{x}), \quad \bar{x} + td \in M$$
>
> gilt.

3.1.5 Übung Für das Problem P aus Definition 3.1.4 sei $\bar{x}$ ein lokaler Minimalpunkt. Zeigen Sie, dass dann keine zulässige Abstiegsrichtung für P in $\bar{x}$ existiert.

Wenn wir zusätzlich wieder annehmen, dass M durch Ungleichungs- und Gleichungsrestriktionen als

$$M = \{x \in \mathbb{R}^n \mid g_i(x) \leq 0,\, i \in I,\, h_j(x) = 0,\, j \in J\}$$

beschrieben ist, dann lässt sich mit Hilfe von Satz 3.1.3 die nächste Aussage beweisen, nach der für die Eigenschaft eines Vektors d, zulässige Abstiegsrichtung für P in $\bar{x}$ zu sein, lediglich die an $\bar{x}$ *aktiven* Restriktionen überprüft werden müssen.

3.1.6 Übung Gegeben sei das Problem

$$P: \quad \min f(x) \quad \text{s.t.} \quad g_i(x) \leq 0, \ i \in I, \ h_j(x) = 0, \ j \in J.$$

Zeigen Sie, dass ein Vektor $d \in \mathbb{R}^n$ genau dann zulässige Abstiegsrichtung für P in $\bar{x} \in M$ ist, wenn

$$\exists \check{t} > 0 \quad \forall t \in (0, \check{t}):$$
$$f(\bar{x} + td) < f(\bar{x}), \quad g_i(\bar{x} + td) \leq 0, \ i \in I_0(\bar{x}), \quad h_j(\bar{x} + td) = 0, \ j \in J,$$

gilt.

3.1.2 Approximationen erster Ordnung

Zur Herleitung einer notwendigen Optimalitätsbedingung erster Ordnung werden wir in Abschn. 3.2 wie im unrestringierten Fall ausnutzen, dass in einem lokalen Minimalpunkt insbesondere eine Stationaritätsbedingung gilt, dass also die Existenz zulässiger Abstiegs-richtungen ausgeschlossen ist, die aus Informationen *erster Ordnung* herrühren. Da die Linearisierung der Zielfunktion f schon ausführlich in Abschn. 2.1 behandelt wurde, kon-zentriert sich der vorliegende Abschnitt auf Approximationen erster Ordnung der zulässigen Menge M.

Die explizite Behandlung von Gleichungsrestriktionen wäre im Folgenden sehr tech-nisch, so dass wir zunächst nur Optimierungsprobleme mit $J = \emptyset$ (also rein ungleichungs-restringierte Probleme) betrachten. Die Funktionen f und g_i, $i \in I$, setzen wir ab jetzt als mindestens differenzierbar am jeweils betrachteten Punkt $\bar{x} \in \mathbb{R}^n$ voraus.

Gradienten der beteiligten Funktionen treten in natürlicher Weise durch deren Lineari-sierungen um einen gegebenen Punkt $\bar{x}$ auf. Zum Beispiel liefert Satz 2.1.30a durch die Unterschlagung des Fehlerterms die Approximation erster Ordnung $f(\bar{x}) + \langle \nabla f(\bar{x}), x - \bar{x} \rangle$ von f lokal um $\bar{x}$ sowie für jedes $i \in I$ die Linearisierung $g_i(\bar{x}) + \langle \nabla g_i(\bar{x}), x - \bar{x} \rangle$ von g_i um $\bar{x}$. Es liegt also nahe, die folgende Linearisierung des restringierten Optimierungsproblems P um einen Punkt $\bar{x}$ zu betrachten:

$$P_{\text{lin}}(\bar{x}): \quad \min_{x \in \mathbb{R}^n} \ f(\bar{x}) + \langle \nabla f(\bar{x}), x - \bar{x} \rangle \quad \text{s.t.} \quad g_i(\bar{x}) + \langle \nabla g_i(\bar{x}), x - \bar{x} \rangle \leq 0, \ i \in I_0(\bar{x}),$$

wobei wegen Satz 3.1.3 anstelle der kompletten Indexmenge I nur $I_0(\bar{x})$ benutzt wird. Wegen $g_i(\bar{x}) = 0$, $i \in I_0(\bar{x})$, und weil nach Übung 1.3.1 die Konstante $f(\bar{x})$ für die Bestimmung von Optimalpunkten von $P_{\text{lin}}(\bar{x})$ irrelevant ist, vereinfacht sich dieses Problem mit der Substitution $d := x - \bar{x}$ zu

$$P_{\text{lin}}(\bar{x}): \quad \min_{d \in \mathbb{R}^n} \ \langle \nabla f(\bar{x}), d \rangle \quad \text{s.t.} \quad \langle \nabla g_i(\bar{x}), d \rangle \leq 0, \ i \in I_0(\bar{x}).$$

Dies motiviert die folgende Definition.

3.1.7 Definition (Äußerer Linearisierungskegel)

Für $\bar{x} \in \mathbb{R}^n$ heißt

$$L_{\leq}(\bar{x}, M) = \{d \in \mathbb{R}^n \mid \langle \nabla g_i(\bar{x}), d \rangle \leq 0, \ i \in I_0(\bar{x})\}$$

äußerer Linearisierungskegel an M in $\bar{x}$.

Die Terminologie erklärt sich dadurch, dass wir in Definition 3.1.11 außerdem einen *inneren* Linearisierungskegel einführen werden. Es sei daran erinnert, dass eine Menge $A \subseteq \mathbb{R}^n$ als *Kegel* bezeichnet wird, wenn

$$\forall a \in A, \ \lambda > 0 : \quad \lambda \cdot a \in A$$

gilt. Dass Mengen von Richtungsvektoren diese Eigenschaft besitzen, ist inhaltlich nicht überraschend, weil das Skalieren mit positiven Zahlen die Richtung nicht ändert, in die ein Vektor zeigt.

3.1.8 Übung Am Punkt $\bar{x} \in M$ seien die Funktionen g_i, $i \in I_0(\bar{x})$, differenzierbar. Zeigen Sie, dass $L_{\leq}(\bar{x}, M)$ ein konvexer Kegel ist.

3.1.9 Beispiel

Für $n = p = 2$ ist die durch die Ungleichungen

$$g_1(x) = x_1^2 + x_2^2 - 1 \leq 0,$$
$$g_2(x) = -x_2 \leq 0$$

definierte Menge M_1 in Abb. 3.2 dargestellt. Im Punkt $\bar{x}^1 = (1, 0)^\mathsf{T}$ sind beide Ungleichungen aktiv. Die Auswertung ihrer Gradienten $\nabla g_1(x) = 2x$ und $\nabla g_2(x) = (0, -1)^\mathsf{T}$ in $\bar{x}^1$ liefert $\nabla g_1(\bar{x}^1) = (2, 0)^\mathsf{T}$ bzw. $\nabla g_2(\bar{x}^1) = (0, -1)^\mathsf{T}$, so dass der äußere Linearisierungskegel

$$L_{\leq}(\bar{x}^1, M_1) = \{d \in \mathbb{R}^2 \mid (2, 0)\, d \leq 0, \ (0, -1)\, d \leq 0\} = \{d \in \mathbb{R}^2 \mid d_1 \leq 0, \ d_2 \geq 0\}$$

lautet. Aufgrund des allgemeinen Zusammenhangs $d = x - \bar{x}$ ist zur besseren geometrischen Anschaulichkeit in Abb. 3.2 die Menge $\bar{x}^1 + L_{\leq}(\bar{x}^1, M_1)$ dargestellt, aber der Einfachheit halber mit $L_{\leq}(\bar{x}^1, M_1)$ bezeichnet.

Abb. 3.2 Zwei äußere
Linearisierungskegel in
Beispiel 3.1.9

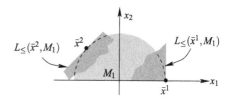

Im Punkt $\bar{x}^2 = 1/\sqrt{2}(-1, 1)^\mathsf{T}$ ist nur die Restriktion g_1 aktiv, und man erhält

$$L_\leq(\bar{x}^2, M_1) \ = \ \{d \in \mathbb{R}^2 | \ \sqrt{2}(-1, 1) d \leq 0\} \ = \ \{d \in \mathbb{R}^2 | \ d_2 \leq d_1\}.$$

◄

In Beispiel 3.1.9 geben die äußeren Linearisierungskegel sowohl an $\bar{x}^1$ als auch an $\bar{x}^2$ die lokale Struktur der Menge „nach erster Ordnung" offenbar gut wieder. Insbesondere besitzen mit einer Zielfunktion wie $f(x) = x_2 - x_1$ sowohl das nichtlineare Problem P als auch seine Linearisierung $P_{\mathrm{lin}}(\bar{x}^1)$ an $\bar{x}^1$ einen Minimalpunkt. Dies ist leider *nicht* immer so, wie das nächste Beispiel zeigt.

3.1.10 Beispiel

In Beispiel 3.1.9 sei die Funktion $g_2(x) = -x_2$ durch $\widetilde{g}_2(x) = -x_2^3$ ersetzt. Man macht sich leicht klar, dass die Menge

$$\widetilde{M}_1 \ = \ \{x \in \mathbb{R}^2 | \ g_1(x) \leq 0, \ \widetilde{g}_2(x) \leq 0\}$$

geometrisch mit der Menge M_1 aus Beispiel 3.1.9 übereinstimmt. Dies gilt allerdings *nicht* für den äußeren Linearisierungskegel $L_\leq(\bar{x}^1, \widetilde{M}_1)$: Wegen $\nabla \widetilde{g}_2(x) = (0, -3x_2^2)^\mathsf{T}$ und $\nabla \widetilde{g}_2(\bar{x}^1) = (0, 0)^\mathsf{T}$ lautet er

$$L_\leq(\bar{x}^1, \widetilde{M}_1) \ = \ \{d \in \mathbb{R}^2 | \ (2, 0) d \leq 0, \ (0, 0) d \leq 0\} \ = \ \{d \in \mathbb{R}^2 | \ d_1 \leq 0\}$$

(Abb. 3.3). ◄

Abb. 3.3 Äußerer
Linearisierungskegel in
Beispiel 3.1.10

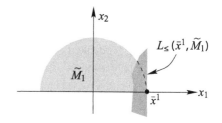

Beispiel 3.1.10 zeigt, dass die *funktionale Beschreibung* einer zulässigen Menge so unge-schickt sein kann, dass ein äußerer Linearisierungskegel die lokale Struktur der Menge nicht notwendigerweise gut wiedergibt. Insbesondere liefert dann auch das Problem $P_{\text{lin}}(\bar{x})$ keine gute lokale Beschreibung des Problems P um $\bar{x}$. Störend zur Herleitung von Optimalitätsbe-dingungen erster Ordnung ist dabei vor allem, dass eine Zielfunktion wie $f(x) = x_2 - x_1$ in Beispiel 3.1.10 zwar den Minimalpunkt $\bar{x}^1$ im nichtlinearen Problem $\widetilde{P}$ besitzt (das mit Hilfe von $\widetilde{g}_2$ anstelle von g_2 definiert ist), aber der Punkt $\bar{x}^1$ *kein* Minimalpunkt der Linearisierung $P_{\text{lin}}(\bar{x}^1)$ ist.

Ob die funktionale Beschreibung „gut" oder „schlecht" ist, lässt sich durch den Vergleich des äußeren mit einem inneren Linearisierungskegel feststellen, der wie folgt definiert ist.

3.1.11 Definition (Innerer Linearisierungskegel)
Für $\bar{x} \in \mathbb{R}^n$ heißt

$$L_<(\bar{x}, M) = \{d \in \mathbb{R}^n | \langle \nabla g_i(\bar{x}), d \rangle < 0, \ i \in I_0(\bar{x})\}$$

innerer Linearisierungskegel an M in $\bar{x}$.

Während $L_\le(\bar{x}, M)$ ein abgeschlossener konvexer Kegel ist, der den Nullpunkt enthält, han-delt es sich bei $L_<(\bar{x}, M)$ um einen offenen konvexen Kegel, der den Nullpunkt nicht enthält. Obwohl die beiden Kegel also voneinander verschieden sind, scheinen sie sich „kaum" zu unterscheiden. Um dies genauer zu fassen, bezeichne im Folgenden cl$A$ den (topologischen) *Abschluss* einer Menge A (d. h. die Menge der Grenzpunkte aller konvergenten Folgen $(x^k) \subseteq A$; $cl = closure$). Wegen $L_<(\bar{x}, M) \subseteq L_\le(\bar{x}, M)$ und der Abgeschlossenheit von $L_\le(\bar{x}, M)$ ist die Inklusion cl$L_<(\bar{x}, M) \subseteq L_\le(\bar{x}, M)$ klar.

3.1.12 Definition (Nichtdegenerierte funktionale Beschreibung einer Menge)
Die funktionale Beschreibung von M heißt an $\bar{x}$ *nichtdegeneriert*, wenn cl$L_<(\bar{x}, M) = L_\le(\bar{x}, M)$ gilt. Ansonsten heißt sie *degeneriert*.

Die Gleichheit cl$L_<(\bar{x}, M) = L_\le(\bar{x}, M)$ ist auch als *Cottle-Bedingung (Cottle constraint qualification)* bekannt.

3.1.13 Beispiel

In Beispiel 3.1.9 gilt

$$L_<(\bar{x}^1, M_1) = \{d \in \mathbb{R}^2 | d_1 < 0, \ d_2 > 0\},$$
$$L_<(\bar{x}^2, M_1) = \{d \in \mathbb{R}^2 | d_2 < d_1\}$$

und damit

$$\mathrm{cl}L_<(\bar{x}^1, M_1) = \{d \in \mathbb{R}^2 | \, d_1 \leq 0, \, d_2 \geq 0\} = L_\leq(\bar{x}^1, M_1)$$

sowie

$$\mathrm{cl}L_<(\bar{x}^2, M_1) = \{d \in \mathbb{R}^2 | \, d_2 \leq d_1\} = L_\leq(\bar{x}^2, M_1).$$

Die funktionale Beschreibung von M_1 ist also sowohl an $\bar{x}^1$ als auch an $\bar{x}^2$ nichtdegeneriert. ◄

3.1.14 Beispiel

In Beispiel 3.1.10 gilt

$$L_<(\bar{x}^1, \widetilde{M}_1) = \{d \in \mathbb{R}^2 | \, (2, 0)\, d < 0, \, (0, 0)\, d < 0\} = \emptyset,$$
$$L_<(\bar{x}^2, \widetilde{M}_1) = \{d \in \mathbb{R}^2 | \, d_2 < d_1\}$$

und damit

$$\mathrm{cl}L_<(\bar{x}^1, \widetilde{M}_1) = \emptyset \subsetneq \{d \in \mathbb{R}^2 | \, d_1 \leq 0\} = L_\leq(\bar{x}^1, M_1)$$

sowie

$$\mathrm{cl}L_<(\bar{x}^2, \widetilde{M}_1) = \{d \in \mathbb{R}^2 | \, d_2 \leq d_1\} = L_\leq(\bar{x}^2, \widetilde{M}_1).$$

Die funktionale Beschreibung von $\widetilde{M}_1$ ist also an $\bar{x}^1$ degeneriert und an $\bar{x}^2$ nichtdegeneriert. ◄

Dass der innere Linearisierungskegel im Fall einer degenerierten funktionalen Beschreibung wie in Beispiel 3.1.14 zur leeren Menge wird, ist kein Zufall, wie der nächste Satz zeigt. Er erlaubt es, die topologische und daher algorithmisch schwer zu verifizierende Cottle-Bedingung $\mathrm{cl}L_<(\bar{x}, M) = L_\leq(\bar{x}, M)$ durch eine rein algebraische und daher algorithmisch leichter zu überprüfende Bedingung zu ersetzen.

3.1.15 Satz

Die funktionale Beschreibung von M ist an $\bar{x}$ genau dann nichtdegeneriert, wenn $L_<(\bar{x}, M) \neq \emptyset$ gilt.

Beweis Zunächst gelte $L_<(\bar{x}, M) = \emptyset$. Daraus folgt $\mathrm{cl}L_<(\bar{x}, M) = \emptyset$, während $L_\leq(\bar{x}, M)$ mindestens den Punkt $d = 0$ enthält. Die funktionale Beschreibung von M an $\bar{x}$ ist also degeneriert.

Andererseits sei $L_<(\bar{x}, M) \neq \emptyset$. Zu zeigen ist die Gleichheit $\mathrm{cl}L_<(\bar{x}, M) = L_\leq(\bar{x}, M)$, von der die Inklusion $\mathrm{cl}L_<(\bar{x}, M) \subseteq L_\leq(\bar{x}, M)$ wie schon erwähnt stets gilt. Zum Beweis der umgekehrten Inklusion sei $\bar{d} \in L_\leq(\bar{x}, M)$. Wir wählen ein $\varepsilon > 0$ sowie ein $d^0 \in L_<(\bar{x}, M)$, dessen Existenz laut Voraussetzung garantiert ist. Für jedes $i \in I_0(\bar{x})$ gilt dann

$$\langle \nabla g_i(\bar{x}), \bar{d} + \varepsilon d^0 \rangle = \underbrace{\langle \nabla g_i(\bar{x}), \bar{d} \rangle}_{\leq 0} + \varepsilon \underbrace{\langle \nabla g_i(\bar{x}), d^0 \rangle}_{< 0} < 0.$$

Folglich liegt $\bar{d} + \varepsilon d^0$ in $L_<(\bar{x}, M)$. Durch den Grenzübergang $\varepsilon \to 0$ folgt $\bar{d} \in \mathrm{cl}L_<(\bar{x}, M)$. □

Es gibt zudem Fälle, in denen schon die *Geometrie* der zulässigen Menge so ungünstig ist, dass *keine* funktionale Beschreibung die gewünschte „gute" Approximation erster Ordnung liefert.

3.1.16 Beispiel

Für $n = p = 2$ ist die durch die Ungleichungen

$$g_1(x) = (x_1 - 1)^3 + x_2 \leq 0,$$
$$g_2(x) = -x_2 \leq 0$$

definierte Menge M_2 in Abb. 3.4 dargestellt. Im Punkt $\bar{x}^1 = (1, 0)^\mathsf{T}$ sind beide Ungleichungen aktiv. Die Auswertung ihrer Gradienten $\nabla g_1(x) = (3(x_1 - 1)^2, 1)^\mathsf{T}$ und $\nabla g_2(x) = (0, -1)^\mathsf{T}$ in $\bar{x}^1$ liefert $\nabla g_1(\bar{x}^1) = (0, 1)^\mathsf{T}$ bzw. $\nabla g_2(\bar{x}^1) = (0, -1)^\mathsf{T}$, so dass der äußere Linearisierungskegel

$$L_\leq(\bar{x}^1, M_2) = \{d \in \mathbb{R}^2 | \, (0, 1)\, d \leq 0, \; (0, -1)\, d \leq 0\} = \{d \in \mathbb{R}^2 | \, d_2 = 0\}$$

und der innere Linearisierungskegel $L_<(\bar{x}^1, M_2) = \emptyset$ lauten. Die funktionale Beschreibung von M_2 an $\bar{x}^1$ ist also degeneriert. ◄

In Korollar 3.1.26 werden wir sehen, dass in Beispiel 3.1.16 *jede* funktionale Beschreibung von M_2 an $\bar{x}^1$ degeneriert sein muss. Dazu führen wir alternativ zu den Linearisierungskegeln weitere lokale Approximationen erster Ordnung von M ein, die *nur* von der Geometrie der Menge M abhängen und nicht von ihrer funktionalen Beschreibung.

Abb. 3.4 Äußerer Linearisierungskegel in Beispiel 3.1.16

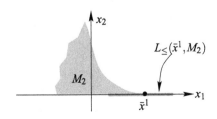

3.1.17 Definition (Innerer und äußerer Tangentialkegel)

Es seien $\bar{x} \in \mathbb{R}^n$ und $M \subseteq \mathbb{R}^n$. Eine Richtung $\bar{d} \in \mathbb{R}^n$ liegt im

a) *inneren Tangentialkegel* $\Gamma(\bar{x}, M)$ an M in $\bar{x}$, falls ein $\check{t} > 0$ und eine Umgebung D von $\bar{d}$ existieren mit

$$\forall\, t \in (0, \check{t}),\ d \in D : \bar{x} + td \in M,$$

b) *äußeren Tangentialkegel* $C(\bar{x}, M)$ an M in $\bar{x}$, falls Folgen (t^k) und (d^k) existieren mit

$$t^k \searrow 0,\ d^k \to \bar{d},\ \forall\, k \in \mathbb{N} : \bar{x} + t^k d^k \in M.$$

Abb. 3.5 zeigt Beispiele für innere und äußere Tangentialkegel sowie Vektoren $\bar{d}^1 \notin \Gamma(\bar{x}^1, M)$ und $\bar{d}^2 \in C(\bar{x}^2, M)$. Würde man in Definition 3.1.17 keine variablen Richtungen zulassen, so resultierte dies hingegen in $\bar{d}^1 \in \Gamma(\bar{x}^1, M)$ und $\bar{d}^2 \notin C(\bar{x}^2, M)$.

Dies möchten wir vermeiden, damit der innere und der äußere Tangentialkegel die folgenden ähnlichen Eigenschaften wie die entsprechenden Linearisierungskegel besitzen.

3.1.18 Lemma

Es seien $\bar{x} \in \mathbb{R}^n$ und $M \subseteq \mathbb{R}^n$. Dann gilt:

a) $\Gamma(\bar{x}, M) \subseteq C(\bar{x}, M)$.
b) $\Gamma(\bar{x}, M)^c = C(\bar{x}, M^c)$.
c) $\Gamma(\bar{x}, M)$ *ist ein offener und* $C(\bar{x}, M)$ *ein abgeschlossener Kegel.*

Beweis Es sei $\bar{d}$ ein beliebiges Element der Menge $\Gamma(\bar{x}, M)$ mit zugehörigem $\check{t} > 0$ und einer Umgebung D von $\bar{d}$. Mit einem $k_0 \in \mathbb{N}$ gilt dann für alle $k \geq k_0$

Abb. 3.5 Innerer und äußerer Tangentialkegel

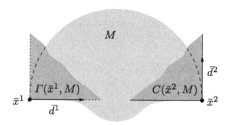

$$t^k := \frac{1}{k} \in (0, \check{t}), \qquad d^k := \bar{d} \in D$$

und damit $\bar{x} + t^k d^k \in M$. Aus $t^k \searrow 0$ und $d^k \to \bar{d}$ folgt $\bar{d} \in C(\bar{x}, M)$, also Aussage a.

Um die Inklusion $\subseteq$ in Aussage b zu sehen, stellen wir fest, dass ein Vektor $\bar{d}$ genau dann nicht in $\Gamma(\bar{x}, M)$ liegt, wenn für alle $\check{t} > 0$ und alle Umgebungen D von $\bar{d}$ ein $t \in (0, \check{t})$ und ein $d \in D$ mit $\bar{x} + td \in M^c$ existieren. Insbesondere gibt es dann zu $t^{*k} = 1/k$ und $D_k = B_{\leq}(\bar{d}, 1/k)$ ein $t^k \in (0, t^{*k})$ sowie ein $d^k \in D_k$ mit $\bar{x} + t^k d^k \in M^c$. Wegen $t^k \searrow 0$ und $d^k \to \bar{d}$ folgt daraus $\bar{d} \in C(\bar{x}, M^c)$. Der Beweis der Inklusion $\supseteq$ in Aussage b ist dem Leser als Übung überlassen.

Um in Aussage c zu zeigen, dass $\Gamma(\bar{x}, M)$ offen ist, wählen wir $\bar{d} \in \Gamma(\bar{x}, M)$ mit zugehörigem $\check{t} > 0$ und einer offenen Umgebung D von $\bar{d}$. Für alle $\tilde{d} \in D$ existiert eine Umgebung $\tilde{D}$ von $\tilde{d}$ mit $\tilde{D} \subseteq D$. Damit liegt $\bar{x} + td$ für alle $t \in (0, \check{t})$ und $d \in \tilde{D}$ in M. Dies bedeutet $\tilde{d} \in \Gamma(\bar{x}, M)$ und schließlich $D \subseteq \Gamma(\bar{x}, M)$.

Die Abgeschlossenheit von $C(\bar{x}, M)$ folgt aus der Offenheit von $\Gamma(\bar{x}, M)$ und Aussage b, und die Kegeleigenschaft von $\Gamma(\bar{x}, M)$ sowie $C(\bar{x}, M)$ ist dem Leser wiederum als Übung überlassen. $\square$

Wegen $\Gamma(\bar{x}, M) \subseteq C(\bar{x}, M)$ und der Abgeschlossenheit von $C(\bar{x}, M)$ ist wie bei den Linearisierungskegeln die Inklusion $\mathrm{cl}\,\Gamma(\bar{x}, M) \subseteq C(\bar{x}, M)$ klar.

3.1.19 Definition (Nichtdegenerierte Geometrie einer Menge)
Die Geometrie von M heißt an $\bar{x}$ *nichtdegeneriert*, wenn $\mathrm{cl}\,\Gamma(\bar{x}, M) = C(\bar{x}, M)$ gilt. Ansonsten heißt sie *degeneriert*.

3.1.20 Beispiel

In Beispiel 3.1.9 gilt $\Gamma(\bar{x}^1, M_1) = L_<(\bar{x}^1, M_1), C(\bar{x}^1, M_1) = L_{\leq}(\bar{x}^1, M_1), \Gamma(\bar{x}^2, M_1) = L_<(\bar{x}^2, M_1)$ sowie $C(\bar{x}^2, M_1) = L_{\leq}(\bar{x}^2, M_1)$. Aus den Überlegungen in Beispiel 3.1.13 folgt sofort, dass die Geometrie von M_1 dann sowohl an $\bar{x}^1$ als auch an $\bar{x}^2$ nichtdegeneriert ist. ◄

3.1.21 Beispiel

In Beispiel 3.1.10 unterscheidet sich zwar die funktionale Beschreibung für $\widetilde{M}_1$ von der für M_1, es gilt aber $\widetilde{M}_1 = M_1$, so dass die Geometrie beider Mengen identisch ist. Da die Tangentialkegel nur von der Geometrie abhängen, liefert Beispiel 3.1.20 die Nichtdegeneriertheit der Geometrie von $\widetilde{M}_1$ sowohl an $\bar{x}^1$ als auch an $\bar{x}^2$.

Zu beachten ist, dass laut Beispiel 3.1.14 die *funktionale Beschreibung* von $\widetilde{M}_1$ an $\bar{x}^1$ hingegen degeneriert ist. An $\bar{x}^1$ stimmen übrigens weder der innere Linearisierungskegel mit dem inneren Tangentialkegel noch der äußere Linearisierungskegel mit dem äußeren Tangentialkegel überein. ◄

3.1.22 Beispiel

In Beispiel 3.1.16 gilt $L_<(\bar{x}^1, M_2) = \Gamma(\bar{x}^1, M_2) = \emptyset$ und

$$C(\bar{x}^1, M_2) = \{d \in \mathbb{R}^2 \mid d_1 \leq 0,\ d_2 = 0\} \neq \{d \in \mathbb{R}^2 \mid d_2 = 0\} = L_\leq(\bar{x}^1, M_2).$$

Insbesondere ist die Geometrie von M_2 an $\bar{x}^1$ degeneriert. ◄

Eine degenerierte Geometrie schlägt sich allerdings nicht immer wie in Beispiel 3.1.22 in einem *leeren* inneren Tangentialkegel nieder (Übung 3.1.23), das Analogon zu Satz 3.1.15 für degenerierte funktionale Beschreibungen gilt also *nicht*. Da für $\bar{x} \in M$ der äußere Tangentialkegel $C(\bar{x}, M)$ allerdings den Punkt $d = 0$ enthält, folgt zumindest aus $\Gamma(\bar{x}, M) = \emptyset$ die geometrische Degeneriertheit.

3.1.23 Übung   Es seien $M = \{x \in \mathbb{R}^2 \mid x_1 x_2^2 \leq 0\}$ und $\bar{x} = 0$. Zeigen Sie

$$\emptyset \neq \{d \in \mathbb{R}^2 \mid d_1 \leq 0\} = \mathrm{cl}\,\Gamma(\bar{x}, M) \neq C(\bar{x}, M) = \{d \in \mathbb{R}^2 \mid d_1 \leq 0\} \cup \{d \in \mathbb{R}^2 \mid d_2 = 0\}.$$

Die Menge M ist also an $\bar{x} = 0$ geometrisch degeneriert, ohne dass $\Gamma(\bar{x}, M)$ zur leeren Menge wird. Dieses Beispiel zeigt übrigens auch, dass der äußere Tangentialkegel im Gegensatz zum äußeren Linearisierungskegel *nicht notwendigerweise konvex* ist.

Um einen Zusammenhang zwischen der Degeneriertheit der Geometrie und der der funktionalen Beschreibung herzustellen, untersuchen wir als Nächstes die Zusammenhänge zwischen den vier approximierenden Kegeln genauer.

3.1.24 Satz
Für alle $\bar{x} \in M$ gilt die Inklusionskette

$$L_<(\bar{x}, M) \subseteq \Gamma(\bar{x}, M) \subseteq C(\bar{x}, M) \subseteq L_\leq(\bar{x}, M).$$

Beweis Dank Lemma 3.1.18b genügt es, zum Beweis der ersten Inklusion alternativ $C(\bar{x}, M^c) \subseteq (L_<(\bar{x}, M))^c$ zu zeigen. Dazu sei $\bar{d} \in C(\bar{x}, M^c)$, d.h., es existieren Folgen $t^k \searrow 0$ und $d^k \to \bar{d}$ mit $\bar{x} + t^k d^k \notin M$ für alle $k \in \mathbb{N}$.

Für alle $k \in \mathbb{N}$ existiert also ein $i_k \in I$ mit $g_{i_k}(\bar{x} + t^k d^k) > 0$. Wegen der Endlichkeit von I tritt mindestens ein Index i_0 in der Folge (i_k) unendlich oft auf. Nach Übergang zur entsprechenden Teilfolge erhalten wir $g_{i_0}(\bar{x} + t^k d^k) > 0$ für alle $k \in \mathbb{N}$ und im Grenzübergang $g_{i_0}(\bar{x}) \geq 0$. Wegen $\bar{x} \in M$ gilt auch $g_{i_0}(\bar{x}) \leq 0$, insgesamt also $i_0 \in I_0(\bar{x})$.

Dies impliziert nach dem Satz von Taylor (Satz 2.1.30a) für alle $k \in \mathbb{N}$

$$0 < \frac{g_{i_0}(\bar{x} + t^k d^k) - g_{i_0}(\bar{x})}{t^k} = \frac{\langle \nabla g_{i_0}(\bar{x}), t^k d^k \rangle + o(\|t^k d^k\|)}{t^k}$$

$$= \langle \nabla g_{i_0}(\bar{x}), d^k \rangle + \omega(\bar{x} + t^k d^k)\|d^k\|,$$

was wegen der Eigenschaften der Funktion ω im Grenzübergang $k \to \infty$

$$0 \leq \langle \nabla g_{i_0}(\bar{x}), \bar{d} \rangle + \omega(\bar{x})\|\bar{d}\| = \langle \nabla g_{i_0}(\bar{x}), \bar{d} \rangle$$

nach sich zieht. Also kann $\bar{d}$ nicht in $L_<(\bar{x}, M)$ liegen, was zu zeigen war.

Die zweite behauptete Inklusion wurde bereits in Lemma 3.1.18a gezeigt, und der Beweis der dritten Inklusion ist dem Leser als Übung überlassen. $\quad\square$

3.1.25 Bemerkung Der im Beweis von Satz 3.1.24 aufgetretene Ausdruck

$$\lim_k \frac{g_{i_0}(\bar{x} + t^k d^k) - g_{i_0}(\bar{x})}{t^k}$$

erinnert an die einseitige Richtungsableitung von g_{i_0} an $\bar{x}$ in Richtung $\bar{d}$ aus Definition 2.1.4, also an

$$g_{i_0}'(\bar{x}, \bar{d}) = \lim_{t \searrow 0} \frac{g_{i_0}(\bar{x} + t\bar{d}) - g_{i_0}(\bar{x})}{t}.$$

Dort wird die Richtung $\bar{d} \in \mathbb{R}^n$ beim Grenzübergang allerdings *festgehalten*, während wir im obigen Beweis einen Grenzübergang der Form

$$\lim_{t \searrow 0,\, d \to \bar{d}} \frac{g_{i_0}(\bar{x} + td) - g_{i_0}(\bar{x})}{t}$$

ausgeführt haben. Falls ein solcher Ausdruck für alle Wahlen $t^k \searrow 0$ und $d^k \to \bar{d}$ existiert und identisch ist, spricht man von einer (einseitigen) *Richtungsableitung im Sinne von Hadamard*, während die Richtungsableitung aus Definition 2.1.4 auch (einseitige) *Richtungsableitung im Sinne von Dini* genannt wird.

Im Beweis zu Satz 3.1.24 haben wir also unter anderem gezeigt, dass differenzierbare Funktionen nicht nur einseitig richtungsdifferenzierbar im Sinne von Dini, sondern auch im Sinne von Hadamard sind.

3.1.26 Korollar

Die funktionale Beschreibung der Menge M sei an $\bar{x}$ nichtdegeneriert. Dann ist auch die Geometrie von M an $\bar{x}$ nichtdegeneriert.

Beweis Wegen Satz 3.1.24 und der Abgeschlossenheit von $C(\bar{x}, M)$ impliziert die Nichtdegeneriertheit der funktionalen Beschreibung von M an $\bar{x}$

$$L_\leq(\bar{x}, M) \subseteq \mathrm{cl}L_<(\bar{x}, M) \subseteq \mathrm{cl}\Gamma(\bar{x}, M) \subseteq C(\bar{x}, M) \subseteq L_\leq(\bar{x}, M).$$

Alle Inklusionen dieser Kette müssen also Identitäten sein, und insbesondere gilt $\mathrm{cl}\,\Gamma(\bar{x}, M) = C(\bar{x}, M)$, was zu zeigen war.   □

3.1.27 Beispiel

Da in Beispiel 3.1.16 die Menge M_2 am Punkt $\bar{x}^1$ geometrisch degeneriert ist, kann M_2 laut Korollar 3.1.26 keine an $\bar{x}^1$ nichtdegenerierte funktionale Beschreibung besitzen. Dasselbe gilt für die Menge M aus Übung 3.1.23 am Punkt $\bar{x} = 0$. ◄

3.2   Optimalitätsbedingungen

In diesem Abschnitt leiten wir die Verallgemeinerungen von Optimalitätsbedingungen erster und zweiter Ordnung aus dem unrestringierten auf den restringierten Fall her. Als Verallgemeinerung der zentralen Bedingung erster Ordnung $\nabla f(x) = 0$ aus dem unrestringierten Fall werden wir dabei im Wesentlichen die Karush-Kuhn-Tucker-Bedingungen erhalten. Die Einschränkung „im Wesentlichen" bezieht sich darauf, dass die zulässige Menge M dafür gewisse Regularitätsbedingungen erfüllen muss, nämlich Constraint Qualifications. Um deren Sinn transparent und verständlich zu machen, werden wir die Karush-Kuhn-Tucker-Bedingungen sehr ausführlich herleiten.

Dazu liefert Abschn. 3.2.1 zunächst eine Verallgemeinerung des Stationaritätsbegriffs aus dem unrestringierten auf den restringierten Fall. Da dieses Konzept nur von der Geometrie der zulässigen Menge abhängt (und nicht von ihrer funktionalen Beschreibung), liegt sie in einer abstrakten Form vor. Um sie mit Hilfe der funktionalen Beschreibung der zulässigen Menge konkretisieren zu können, sind die in Abschn. 3.2.2 behandelten Constraint Qualifications erforderlich.

Diese Konkretisierung der Stationaritätsbedingung liefert die Unlösbarkeit gewisser Ungleichungssysteme. Um wiederum letztere algorithmisch auszunutzen zu können, charakterisieren wir die Unlösbarkeit in Abschn. 3.2.3 mit Hilfe sogenannter Alternativsätze. Den für ihren Beweis erforderlichen Trennungssatz liefern wir im separaten Abschn. 3.2.5 nach, um die Argumentationskette nicht zu unterbrechen. Auf den Alternativsätzen basierend gibt Abschn. 3.2.4 stattdessen zunächst als notwendige Optimalitätsbedingungen erster Ordnung die Karush-Kuhn-Tucker- sowie die Fritz-John-Bedingungen an. Nach dem Beweis des Trennungssatzes in Abschn. 3.2.5 diskutiert Abschn. 3.2.6 noch einen wichtigen allgemeinen Zusammenhang zwischen Stationaritätsbedingungen und dem Konzept des Normalenkegels.

Da Gleichungsrestriktionen in unserer Herleitung bis zu dieser Stelle ignoriert worden sind, vervollständigt Abschn. 3.2.7 die Optimalitätsbedingungen um deren Anwesenheit. Abschn. 3.2.8 diskutiert einige wichtige Interpretationen der Karush-Kuhn-Tucker-Bedingungen und zeigt an einem Beispiel, dass sie (analog zur Kritische-Punkt-Bedingung im unrestringierten Fall) auch an manchen Punkten erfüllt sein können, die nicht lokal minimal sind. Dies motiviert die Betrachtung von Optimalitätsbedingungen zweiter Ordnung in Abschn. 3.2.9. Abschließend zeigt Abschn. 3.2.10 (wieder analog zum unrestringierten

Fall), dass die Karush-Kuhn-Tucker-Bedingungen bei *konvexen* Optimierungsproblemen auch *hinreichend* für Optimalität sind.

3.2.1 Stationarität

Im unrestringierten Fall haben wir gesehen, dass an einem lokalen Minimalpunkt keine Abstiegsrichtung im Sinne von Definition 2.1.1 existieren kann (Übung 2.1.2), also insbesondere auch keine Abstiegsrichtung erster Ordnung im Sinne von Definition 2.1.7 (Lemma 2.1.6). Diese notwendige Optimalitätsbedingung, also das Fehlen einer Abstiegsrichtung erster Ordnung, haben wir in Definition 2.1.8 als Stationarität bezeichnet.

Für den restringierten Fall werden wir in diesem Abschnitt analog vorgehen. Da lokale Minimalität eines Punkts nur von der *Geometrie* der zulässigen Menge M abhängt, benutzen wir zunächst keine funktionale Beschreibung von M. Wir wissen aus Übung 3.1.5 bereits, dass an einem lokalen Minimalpunkt von

$$P: \quad \min \ f(x) \quad \text{s.t.} \quad x \in M$$

keine *zulässige* Abstiegsrichtung im Sinne von Definition 3.1.4 existieren kann. Um dies insbesondere wieder für „zulässige Abstiegsrichtungen erster Ordnung" ausnutzen zu können, genügt es nicht, nur eine lineare Approximation der Zielfunktion zu betrachten, sondern wir approximieren auch die zulässige Menge nach erster Ordnung mit den Mitteln aus Abschn. 3.1.2. Da wir dabei nur die Geometrie von M benutzen wollen, definieren wir Stationarität mit Hilfe einer *geometrischen* Approximation erster Ordnung, nämlich des äußeren Tangentialkegels.

> **3.2.1 Definition (Stationärer Punkt – restringierter Fall)**
> Die Funktion $f : \mathbb{R}^n \to \mathbb{R}$ sei an $\bar{x} \in M$ differenzierbar. Dann heißt $\bar{x}$ *stationärer Punkt* von P, falls $\langle \nabla f(\bar{x}), d \rangle \geq 0$ für jede Richtung $d \in C(\bar{x}, M)$ gilt.

Stationarität bedeutet im restringierten Fall also (etwas sperrig formuliert), dass es in einem lokalen Minimalpunkt keine „geometrisch nach erster Ordnung zulässige Abstiegsrichtung erster Ordnung" geben kann. Das folgende Resultat ist das Analogon zu Lemma 2.1.6 aus dem unrestringierten Fall.

> **3.2.2 Satz**
> *Die Funktion $f : \mathbb{R}^n \to \mathbb{R}$ sei an einem lokalen Minimalpunkt $\bar{x}$ von P differenzierbar. Dann ist $\bar{x}$ stationärer Punkt im Sinne von Definition 3.2.1.*

Beweis Es sei $\bar{d} \in C(\bar{x}, M)$, es gebe also Folgen $t^k \searrow 0$ und $d^k \to \bar{d}$ mit $\bar{x} + t^k d^k \in M$ für alle $k \in \mathbb{N}$. Da $\bar{x}$ lokaler Minimalpunkt ist, gilt mit einem $k_0 \in \mathbb{N}$ für alle $k \geq k_0$ die Ungleichung $f(\bar{x} + t^k d^k) \geq f(\bar{x})$. Aus der Positivität von t^k folgt ferner

$$\frac{f(\bar{x} + t^k d^k) - f(\bar{x})}{t^k} \geq 0$$

und

$$\langle \nabla f(\bar{x}), \bar{d} \rangle = \lim_k \frac{f(\bar{x} + t^k d^k) - f(\bar{x})}{t^k} \geq 0$$

(wobei wir für die an $\bar{x}$ differenzierbare Funktion f wieder ihre einseitige Richtungsdifferenzierbarkeit im Sinne von Hadamard ausgenutzt haben; Bemerkung 3.1.25). $\qquad\square$

3.2.2 Constraint Qualifications

Um die abstrakt beschriebene Stationaritätsbedingung aus Satz 3.2.2 zu konkretisieren, setzen wir wieder eine funktionale Beschreibung von M voraus und fragen nach einer funktionalen Beschreibung von $C(\bar{x}, M)$. Auf den ersten Blick bietet sich dafür der äußere Linearisierungskegel $L_\leq(\bar{x}, M)$ an. Satz 3.1.24 liefert allerdings nur, dass $L_\leq(\bar{x}, M)$ eine *Ober*menge von $C(\bar{x}, M)$ ist, und die Beispiele 3.1.21 und 3.1.22 (sowie Übung 3.1.23) illustrieren, dass die Gleichheit beider Kegel nicht notwendigerweise gilt. Dann darf man die Stationaritätsbedingung aber nicht durch die Bedingung $\langle \nabla f(\bar{x}), d \rangle \geq 0$ für alle $d \in L_\leq(\bar{x}, M)$ ersetzen, denn an lokalen Minimalpunkten kann es Richtungen $d \in L_\leq(\bar{x}, M) \setminus C(\bar{x}, M)$ mit $\langle \nabla f(\bar{x}), d \rangle < 0$ geben (etwa in Beispiel 3.1.10 an $\bar{x}^1$ für $f(x) = x_2 - x_1$).

Ein möglicher Ausweg besteht darin, auf die funktionale Beschreibung einer *Teil*menge von $C(\bar{x}, M)$ auszuweichen. Dafür bietet sich nach Satz 3.1.24 der *innere* Linearisierungskegel $L_<(\bar{x}, M)$ an. An einem stationären Punkt und damit auch an jedem lokalen Minimalpunkt von P gilt demnach notwendigerweise $\langle \nabla f(\bar{x}), d \rangle \geq 0$ für alle $d \in L_<(\bar{x}, M)$.

Die Beispiele 3.1.14 und 3.1.16 (sowie Übung 3.1.23) zeigen allerdings, dass der innere Linearisierungskegel leer sein kann, so dass die gerade formulierte notwendige Optimalitätsbedingung dann *trivialerweise* erfüllt ist und damit keine „echte Bedingung" liefert.

Diese Beobachtungen führen zur Definition von zwei Regularitätsbedingungen (*constraint qualifications*).

3.2.3 Definition (Abadie- und Mangasarian-Fromowitz-Bedingung für $J = \emptyset$)

An $\bar{x} \in M$ gilt

a) die *Abadie-Bedingung (AB)* für $J = \emptyset$, falls

$$C(\bar{x}, M) = L_{\leq}(\bar{x}, M)$$

erfüllt ist,

b) die *Mangasarian-Fromowitz-Bedingung (MFB)* für $J = \emptyset$, falls

$$L_{<}(\bar{x}, M) \neq \emptyset$$

gilt.

Nach Definition des inneren Linearisierungskegels ist die MFB an einem Punkt $\bar{x} \in M$ genau dann erfüllt, wenn eine Richtung $d \in \mathbb{R}^n$ mit

$$\langle \nabla g_i(\bar{x}), d \rangle < 0, \quad i \in I_0(\bar{x}),$$

existiert. Beispiel 3.1.14 zeigt, dass die MFB an einem Punkt bloß deshalb verletzt sein kann, weil die dort geometrisch nichtdegenerierte zulässige Menge degeneriert funktional beschrieben ist. Nach Satz 3.1.15 und Korollar 3.1.26 ist die MFB andererseits an jedem Punkt verletzt, an dem die zulässige Menge geometrisch degeneriert ist.

Angemerkt sei, dass Satz 3.1.15 mit der gerade eingeführten Terminologie eine Charakterisierung der nichtdegenerierten funktionalen Beschreibung per MFB liefert (bzw. die Äquivalenz der topologisch formulierten Cottle-Bedingung mit der algebraisch formulierten MFB).

Wir fassen zunächst zusammen, welche Schlüsse sich aus der in Satz 3.2.2 als notwendige Optimalitätsbedingung erkannten Stationaritätsbedingung ziehen lassen, wenn wir den abstrakt beschriebenen äußeren Tangentialkegel durch einen der beiden funktional beschriebenen Linearisierungskegel ersetzen.

3.2.4 Korollar

An einem lokalen Minimalpunkt $\bar{x}$ von P seien f und die Funktionen g_i, $i \in I_0(\bar{x})$, differenzierbar.

a) *Dann ist das System*

$$\langle \nabla f(\bar{x}), d \rangle < 0, \quad \langle \nabla g_i(\bar{x}), d \rangle < 0, \quad i \in I_0(\bar{x}), \tag{3.1}$$

mit keinem $d \in \mathbb{R}^n$ lösbar.

b) *Falls an $\bar{x}$ die AB gilt, dann ist sogar das System*

$$\langle \nabla f(\bar{x}), d \rangle < 0, \quad \langle \nabla g_i(\bar{x}), d \rangle \leq 0, \quad i \in I_0(\bar{x}), \tag{3.2}$$

mit keinem $d \in \mathbb{R}^n$ lösbar.

Beweis Der Beweis folgt sofort aus Satz 3.1.24 und Satz 3.2.2 sowie den Definitionen der inneren und äußeren Linearisierungskegel. $\square$

3.2.5 Übung Zeigen Sie, dass zu $\bar{x} \in M$ jede Richtung d mit (3.1) eine zulässige Abstiegsrichtung in $\bar{x}$ im Sinne von Definition 3.1.4 ist, und zwar sowohl für P als auch für das linearisierte Problem $P_{\mathrm{lin}}(\bar{x})$.

3.2.6 Übung Zeigen Sie, dass zu $\bar{x} \in M$ jede Richtung d mit (3.2) eine zulässige Abstiegsrichtung für $P_{\mathrm{lin}}(\bar{x})$ in $\bar{x}$ im Sinne von Definition 3.1.4 ist.

3.2.7 Übung Geben Sie ein Problem P und einen Punkt $\bar{x} \in M$ an, an dem die AB gilt, aber *nicht* jede Richtung d mit (3.2) eine zulässige Abstiegsrichtung für P in $\bar{x}$ im Sinne von Definition 3.1.4 ist.

Übung 3.2.7 zeigt, dass Stationarität sogar die Existenz gewisser *unzulässiger* Abstiegsrichtungen ausschließt.

Da die notwendige Bedingung aus Korollar 3.2.4a bei verletzter MFB trivialerweise erfüllt sein kann, werden wir im Folgenden versuchen, die Bedingung aus Korollar 3.2.4b algorithmisch zu verwerten. Dazu ist es zunächst erforderlich, an einem Punkt $\bar{x} \in M$ algorithmisch nachprüfbare hinreichende Bedingungen für die Gültigkeit der abstrakt formulierten AB zu kennen.

Der folgende Satz zeigt, dass beispielsweise die MFB eine solche hinreichende Bedingung für die AB ist.

3.2.8 Satz
An jedem $\bar{x} \in M$ impliziert die MFB die AB.

Beweis An $\bar{x} \in M$ gelte die MFB. Nach Satz 3.1.15 ist M dann an $\bar{x}$ nichtdegeneriert funktional beschrieben. Der restliche Beweis erfolgt wörtlich wie der von Korollar 3.1.26, bis auf die Ausnutzung der Mengenidentität $C(\bar{x}, M) = L_{\leq}(\bar{x}, M)$ im letzten Schritt. $\square$

3.2.9 Übung Die Funktion $f : \mathbb{R}^n \to \mathbb{R}$ sei an $\bar{x}$ differenzierbar mit $\nabla f(\bar{x}) \neq 0$, und

$$f_{\leq}^{f(\bar{x})} = \{x \in \mathbb{R}^n | f(x) \leq f(\bar{x})\}$$

sei die unterere Niveaumenge von f zum Niveau $f(\bar{x})$. Zeigen Sie die in Abschn. 2.1.3 behauptete Aussage

$$C\left(\bar{x}, f_{\leq}^{f(\bar{x})}\right) = \{d \in \mathbb{R}^n | \langle \nabla f(\bar{x}), d \rangle \leq 0\}.$$

Neben Satz 3.2.8 motiviert sich eine andere wichtige hinreichende Bedingung für die Gültigkeit der AB aus der Tatsache, dass die AB eine Linearisierungseigenschaft der zulässigen Menge fordert, die dann erfüllt sein sollte, wenn die Menge ohnehin schon durch endlich viele lineare Ungleichungen beschrieben ist. In diesem Fall nennt man M *polyedrisch*.

3.2.10 Beispiel

Für alle $1 \leq i \leq p$ sei

$$g_i(x) = a_i^\mathsf{T} x + b_i$$

mit $a_i \in \mathbb{R}^n$, $b_i \in \mathbb{R}$. In Matrix-Vektor-Schreibweise ist $g(x) \leq 0$ dann gleichbedeutend mit der aus der linearen Optimierung bekannten Restriktion $Ax + b \leq 0$, wobei

$$A := \begin{pmatrix} a_1^\mathsf{T} \\ \vdots \\ a_p^\mathsf{T} \end{pmatrix} \quad \text{und} \quad b := \begin{pmatrix} b_1 \\ \vdots \\ b_p \end{pmatrix}$$

gesetzt wird. Wir zeigen, dass in diesem Fall überall in M die AB erfüllt ist.

Dazu sei $\bar{x} \in M$ beliebig. Wegen Satz 3.1.24 brauchen wir nur $L_{\leq}(\bar{x}, M) \subseteq C(\bar{x}, M)$ zu zeigen. Dazu sei $\bar{d} \in L_{\leq}(\bar{x}, M)$, d. h., für alle $i \in I_0(\bar{x})$ gelte

$$0 \geq \langle \nabla g_i(\bar{x}), \bar{d} \rangle = a_i^\mathsf{T} \bar{d}.$$

Zu zeigen ist die Existenz von Folgen $t^k \searrow 0$ und $d^k \to \bar{d}$, so dass $\bar{x} + t^k d^k \in M$ für alle $k \in \mathbb{N}$ erfüllt ist. Dies erreichen wir bereits mit der einfachen Wahl $t^k = 1/k$ und $d^k \equiv \bar{d}$, denn es gilt

$$\forall i \in I_0(\bar{x}), \ k \in \mathbb{N} : \quad g_i(\bar{x} + t^k d^k) = a_i^\mathsf{T}(\bar{x} + t^k d^k) + b_i = \underbrace{a_i^\mathsf{T} \bar{x} + b_i}_{= 0} + \frac{1}{k} \underbrace{a_i^\mathsf{T} \bar{d}}_{\leq 0} \leq 0$$

und

$$\forall i \in I \setminus I_0(\bar{x}), \ k \geq k_i : \quad g_i(\bar{x} + t^k d^k) < 0$$

mit einem $k_i \in \mathbb{N}$, das aufgrund der Stetigkeit von g_i und $g_i(\bar{x}) < 0$ existiert. Mit $k_0 := \max_{i \in I \setminus I_0(\bar{x})} k_i$ erhalten wir schließlich

$$\forall \, i \in I, \, k \geq k_0 : \quad g_i(\bar{x} + t^k d^k) \leq 0$$

und damit $\bar{x} + t^k d^k \in M$ für alle $k \geq k_0$.

Falls also $\bar{x} \in M$ ein lokaler Minimalpunkt einer dort differenzierbaren Funktion f über einer so definierten Menge M ist, dann lässt sich laut Korollar 3.2.4b das System

$$\langle \nabla f(\bar{x}), d \rangle < 0, \quad \langle a_i, d \rangle \leq 0, \quad i \in I_0(\bar{x}),$$

mit keinem $d \in \mathbb{R}^n$ lösen. ◀

3.2.11 Übung Konstruieren Sie eine durch zwei Ungleichungen beschriebene zulässige Menge $M \subseteq \mathbb{R}^2$, die nirgends die MFB, aber überall die AB erfüllt.

3.2.12 Übung In der Beschreibung der Menge $M = \{x \in \mathbb{R}^n \mid g_i(x) \leq 0, \, i \in I\}$ seien alle Funktionen $g_i, \, i \in I$, konkav auf $\mathbb{R}^n$. Zeigen Sie, dass dann die AB an jedem Punkt von M gilt.

Eine weitere hinreichende Bedingung für die AB, die sogar hinreichend für die MFB ist, werden wir in Definition 3.2.43 kennenlernen.

3.2.3 Alternativsätze

Um die notwendigen Optimalitätsbedingungen aus Korollar 3.2.4 algorithmisch handhabbar zu machen, benutzen wir Sätze, die die dort formulierte Unlösbarkeit von Ungleichungssystemen charakterisieren, nämlich sogenannte *Alternativsätze*.

Dazu betrachten wir zunächst noch einmal die Unlösbarkeit des Systems strikter Ungleichungen (3.1) aus Korollar 3.2.4a. Unterschlagen wir vorübergehend, dass die definierenden Vektoren dieser Ungleichungen Gradienten von Funktionen aus einem Optimierungsproblem sind, so besagt die Bedingung in Korollar 3.2.4a, dass mit einer Zahl $r \in \mathbb{N}$ und gewissen Vektoren $a^1, \dots, a^r$ das System $\langle a^k, d \rangle < 0, \, 1 \leq k \leq r$, keine Lösung $d \in \mathbb{R}^n$ besitzt. Geometrisch bedeutet dies, dass es keinen Vektor d gibt, der gleichzeitig mit allen Vektoren $a^1, \dots, a^r$ einen stumpfen Winkel bildet.

In Abb. 3.6 sind rechts drei Vektoren eingezeichnet, für die dies der Fall ist, während links ein Vektor d existiert, der mit allen drei Vektoren gleichzeitig einen stumpfen Winkel bildet. Ebenfalls eingezeichnet ist jeweils die *konvexe Hülle* dieser drei Vektoren. Allgemein besteht die konvexe Hülle $\mathrm{conv}(A)$ einer Menge $A \subseteq \mathbb{R}^n$ aus der Menge aller *Konvexkombinationen* von Elementen in A, d. h.

$$\mathrm{conv}(A) = \left\{ \sum_{i=1}^{s} \lambda_i a^i \,\middle|\, a^i \in A, \ \lambda_i \geq 0, \ 1 \leq i \leq s, \ \sum_{i=1}^{s} \lambda_i = 1, \ s \in \mathbb{N} \right\}.$$

In Abb. 3.6 beobachtet man, dass die Unlösbarkeit des Ungleichungssystems (rechts) damit einhergeht, dass der Nullpunkt in der konvexen Hülle der drei Vektoren enthalten ist, während dies bei Lösbarkeit des Ungleichungssystems (links) nicht der Fall ist. Dass dies tatsächlich *immer* so ist, führt letztlich auf algorithmisch verwertbare Optimalitätsbedingungen und ist der Inhalt des folgenden *zentralen Resultats,* dessen vollständiger Beweis einiger Vorbereitung bedarf.

3.2.13 Satz (Lemma von Gordan)
Für Vektoren $a^k \in \mathbb{R}^n$, $1 \leq k \leq r$, mit $r \in \mathbb{N}$ gilt genau eine der beiden folgenden Alternativen.

a) *Das System* $\langle a^k, d \rangle < 0$, $1 \leq k \leq r$, *hat eine Lösung $d \in \mathbb{R}^n$.*
b) *Es gilt* $0 \in \mathrm{conv}(\{a^1, \dots, a^r\})$.

Beweis (Teil 1) Wir zeigen zunächst nur, dass aus Aussage b die Negation von Aussage a folgt. Dazu sei $0 \in \mathrm{conv}(\{a^1, \dots, a^r\})$, es gebe also $\lambda_1, \dots, \lambda_r \geq 0$ mit $\sum_{k=1}^{r} \lambda_k = 1$ und $0 = \sum_{k=1}^{r} \lambda_k a^k$. Angenommen, Aussage a sei wahr, es existiere also ein $d \in \mathbb{R}^n$ mit $\langle a^k, d \rangle < 0$, $1 \leq k \leq r$. Dann folgt

$$0 = \langle 0, d \rangle = \sum_{k=1}^{r} \lambda_k \underbrace{\langle a^k, d \rangle}_{< 0}.$$

Wegen $\lambda_1, \dots, \lambda_r \geq 0$ ist dies nur für $\lambda_k = 0$, $1 \leq k \leq r$, möglich, was allerdings der Forderung $\sum_{k=1}^{r} \lambda_k = 1$ widerspricht. Also ist Aussage a falsch. $\qquad\square$

Abb. 3.6 Stumpfe Winkel und konvexe Hüllen

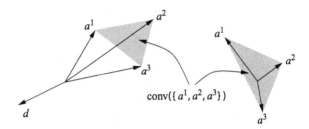

$\mathrm{conv}(\{a^1, a^2, a^3\})$

Wir merken an, dass die Formulierung des Lemmas von Gordan mit Hilfe von zwei sich gegenseitig ausschließenden Alternativen a und b historisch bedingt ist. Eine gleichbedeutende Formulierung, die auf die uns interessierende Anwendung zugeschnitten ist, lautet, dass das System $\langle a^k, d\rangle < 0$, $1 \leq k \leq r$, genau dann *unlösbar* ist, wenn $0 \in$ conv($\{a^1, \ldots, a^r\}$) gilt. Der obige erste Teil des Beweises zeigt gerade die „Rückrichtung" in dieser Formulierung (und diese ist für die uns interessierende Herleitung einer notwendigen Optimalitätsbedingung leider nutzlos).

Der zweite Teil des Beweises zu Satz 3.2.13 ist etwas tiefliegender, weil er den folgenden *Trennungssatz* benötigt. Dessen Beweis verschieben wir auf Abschn. 3.2.5, um zunächst den Beweis von Satz 3.2.13 vervollständigen und weitere Schlussfolgerungen ziehen zu können.

3.2.14 Satz (Trennungssatz)
Es seien $X \subseteq \mathbb{R}^n$ eine nichtleere, abgeschlossene und konvexe Menge sowie $z \in X^c$. Dann existieren ein $a \in \mathbb{R}^n \setminus \{0\}$ und ein $b \in \mathbb{R}$, so dass für alle $x \in X$ die Ungleichungen

$$\langle a, x\rangle \leq b < \langle a, z\rangle$$

erfüllt sind.

Für $a \in \mathbb{R}^n \setminus \{0\}$ und $b \in \mathbb{R}$ ist die Menge $H = \{x \in \mathbb{R}^n | \langle a, x\rangle = b\}$ eine *Hyperebene*, die den Raum $\mathbb{R}^n$ in die beiden *Halbräume*

$$H_\leq := \{x \in \mathbb{R}^n | \langle a, x\rangle \leq b\} \quad \text{und} \quad H_> := \{x \in \mathbb{R}^n | \langle a, x\rangle > b\}$$

zerlegt. Satz 3.2.14 garantiert also die Existenz einer Hyperebene H mit $X \subseteq H_\leq$ und $z \in H_>$, d.h., H *trennt* den Punkt z von der Menge X. Man kann leicht Beispiele eines Punkts und einer *nicht*konvexen Mengen konstruieren, die sich nicht durch eine Hyperebene trennen lassen.

Wir sind nun in der Lage, den zweiten Teil des Beweises zum Lemma von Gordan zu liefern.

Beweis zu Satz 3.2.13 (Teil 2) Wir zeigen, dass aus der Negation von Aussage b die Aussage a folgt. Dazu sei $0 \notin$ conv($\{a^1, \ldots, a^r\}$). Mit den Setzungen $X := $ conv($\{a^1, \ldots, a^r\}$) und $z := 0$ sind die Voraussetzungen von Satz 3.2.14 erfüllt (der Nachweis dafür, dass dieses X nichtleer, abgeschlossen und konvex ist, sei dem Leser als Übung überlassen), es existieren also ein $d \in \mathbb{R}^n$ und ein $b \in \mathbb{R}$ mit

$$\forall x \in X: \quad \langle d, x\rangle \leq b < \langle d, 0\rangle = 0.$$

Weil insbesondere die Vektoren $a^1, \ldots, a^r$ in X liegen, folgt daraus $\langle d, a^k \rangle < 0$, $1 \leq k \leq r$, also Aussage a. $\qquad\square$

Das Lemma von Gordan besagt anschaulich gesprochen also auch, dass die Vektoren $a^1, \ldots, a^r$ entweder strikt auf einer Seite einer Hyperebene $H = \{x \in \mathbb{R}^n | \langle d, x \rangle = 0\}$ durch den Nullpunkt liegen oder dass anderenfalls der Nullpunkt in der konvexen Hülle der $a^1, \ldots, a^r$ enthalten ist (Abb. 3.7).

Wir werden das Lemma von Gordan zur Charakterisierung der Bedingung in Korollar 3.2.4a benutzen. Um auch die Bedingung in Korollar 3.2.4b behandeln zu können, ist im folgenden Resultat im Gegensatz zum Lemma von Gordan nur eine der Ungleichungen in Aussage a strikt. Die zur Formulierung des Resultats erforderliche *konvexe Kegelhülle* cone(A) einer Menge A unterscheidet sich von der konvexen Hülle dadurch, dass die Gewichte λ_i sich nicht zu eins zu summieren brauchen:

$$\operatorname{cone}(A) \;=\; \left\{ \sum_{i=1}^{s} \lambda_i a^i \;\middle|\; a^i \in A, \; \lambda_i \geq 0, \; 1 \leq i \leq s, \; s \in \mathbb{N} \right\}.$$

3.2.15 Satz (Lemma von Farkas)
Für Vektoren $a^k \in \mathbb{R}^n$, $0 \leq k \leq r$, mit $r \in \mathbb{N}$ gilt genau eine der beiden folgenden Alternativen.

a) *Das System $\langle a^0, d \rangle < 0$, $\langle a^k, d \rangle \leq 0$, $1 \leq k \leq r$, hat eine Lösung $d \in \mathbb{R}^n$.*
b) *Es gilt $-a^0 \in \operatorname{cone}(\{a^1, \ldots, a^r\})$.*

Da der Beweis des Lemmas von Farkas nicht nur den Trennungssatz (Satz 3.2.14), sondern auch eine Vorüberlegung aus seiner Herleitung benutzt (Bemerkung 3.2.34), verschieben wir ihn ebenfalls auf Abschn. 3.2.5. Abb. 3.8 illustriert die Alternativen im Lemma von Farkas.

Abb. 3.7 Alternativen im Lemma von Gordan

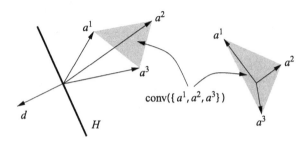

Abb. 3.8 Alternativen im
Lemma von Farkas

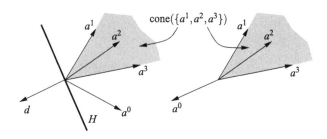

Das nächste Ergebnis erlaubt es unter anderem, in Satz 3.2.13b und in Satz 3.2.15b Oberschranken für die Anzahl der in den Darstellungen der null bzw. des Vektors $-a^0$ benötigten Vektoren a^k (bzw. der positiven Gewichte λ_k) anzugeben.

3.2.16 Satz (Satz von Carathéodory)

Für jede Menge $A \subseteq \mathbb{R}^n$ gelten die folgenden Aussagen:

a) *Zu jedem $\bar{x} \in \mathrm{cone}(A) \setminus \{0\}$ existieren ein $r \leq n$ und linear unabhängige $x^k \in A$ sowie $\lambda_k > 0, 1 \leq k \leq r$, mit $\bar{x} = \sum_{k=1}^{r} \lambda_k x^k$.*

b) *Zu jedem $\bar{x} \in \mathrm{conv}(A)$ existieren ein $r \leq n + 1$ und $x^1, \ldots, x^r \in A$, so dass die Vektoren $x^2 - x^1, \ldots, x^r - x^1$ linear unabhängig sind und dass $\bar{x} \in \mathrm{conv}(\{x^1, \ldots, x^r\})$ gilt.*

Beweis Zum Beweis von Aussage a sei $\bar{x} = \sum_{k=1}^{r} \lambda_k x^k$ mit $\lambda_k > 0, 1 \leq k \leq r$, und linear *abhängigen* $x^k \in A$, $1 \leq k \leq r$. Aus Letzterem folgt die Existenz von $\mu_1, \ldots, \mu_r \in \mathbb{R}$, nicht alle null, mit $0 = \sum_{k=1}^{r} \mu_k x^k$. Für beliebiges $t \in \mathbb{R}$ erhalten wir daraus

$$\bar{x} = \sum_{k=1}^{r} (\lambda_k + t\mu_k) \, x^k.$$

Ohne Beschränkung der Allgemeinheit seien $\mu_1, \ldots, \mu_s \neq 0$, $\mu_{s+1}, \ldots, \mu_r = 0$. Wir wählen ein $k_0 \in \{1, \ldots, s\}$ mit

$$\forall \, 1 \leq k \leq s : \quad \left| \frac{\lambda_k}{\mu_k} \right| \geq \left| \frac{\lambda_{k_0}}{\mu_{k_0}} \right|$$

und setzen $t := -\lambda_{k_0} / \mu_{k_0}$.

Wieder ohne Beschränkung der Allgemeinheit sei $k_0 = s$. Dann gilt für alle $1 \leq k \leq s - 1$

$$\lambda_k + t\mu_k = \lambda_k - \frac{\lambda_s}{\mu_s} \mu_k \geq \lambda_k - \left| \frac{\lambda_s}{\mu_s} \right| \mu_k = \lambda_k - \left| \frac{\lambda_s}{\mu_s} \right| \cdot |\mu_k| \geq \lambda_k - \left| \frac{\lambda_k}{\mu_k} \right| \cdot |\mu_k| = 0,$$

wobei die letzte Gleichheit aus $\lambda_k \geq 0$ folgt. Insgesamt ergibt sich

$$\forall\, 1 \le k \le r: \quad \lambda_k + t\mu_k \ge 0 \quad \text{und} \quad \lambda_s + t\mu_s = 0,$$

so dass der Vektor x^s für die Darstellung von $\bar{x}$ überflüssig ist.

Falls also die Darstellung $\bar{x} = \sum_{k=1}^{r} \lambda_k x^k$ linear abhängige Vektoren x^k benutzt, kann man so lange Vektoren eliminieren, bis in die Darstellung nur noch linear *un*abhängige Vektoren eingehen. Insbesondere muss dann $r \le n$ gelten.

Zum Beweis von Aussage b stellen wir fest, dass genau dann $\bar{x} \in \mathrm{conv}(A)$ gilt, wenn $s \in \mathbb{N}$, $\lambda_k \ge 0$, $1 \le k \le s$, und

$$\begin{pmatrix} x^k \\ 1 \end{pmatrix} \in A \times \{1\} \subseteq \mathbb{R}^{n+1} \quad \text{mit} \quad \begin{pmatrix} \bar{x} \\ 1 \end{pmatrix} = \sum_{k=1}^{s} \lambda^k \begin{pmatrix} x^k \\ 1 \end{pmatrix}$$

existieren. Dies ist gleichbedeutend mit

$$\begin{pmatrix} \bar{x} \\ 1 \end{pmatrix} \in \mathrm{cone}(A \times \{1\}) \setminus \{0\}.$$

Nach Aussage a existieren linear unabhängige Vektoren

$$\begin{pmatrix} x^k \\ 1 \end{pmatrix}, \ 1 \le k \le r,$$

und $\lambda_k > 0$ mit

$$\begin{pmatrix} \bar{x} \\ 1 \end{pmatrix} = \sum_{k=1}^{r} \lambda^k \begin{pmatrix} x^k \\ 1 \end{pmatrix}.$$

Es folgt $\bar{x} \in \mathrm{conv}(\{x^1, \dots, x^r\})$, und die Vektoren $x^2 - x^1, \dots, x^r - x^1$ sind linear unabhängig. Letzteres sieht man etwa per elementarer Spaltenumformung für die Matrix

$$\begin{pmatrix} x^1 \ \dots \ x^r \\ 1 \ \dots \ 1 \end{pmatrix}.$$

Insbesondere muss dann $r \le n + 1$ gelten. $\square$

Die in Satz 3.2.16b auftretende konvexe Hülle $\mathrm{conv}(\{x^1, \dots, x^r\})$ von r Punkten mit linear unabhängigen Vektoren $x^2 - x^1, \dots, x^r - x^1$ wird auch $(r - 1)$-*Simplex* genannt, und die Vektoren $x^1, \dots, x^r$ heißen dann *affin unabhängig*.

Der Satz von Carathéodory liefert sofort die folgenden Verbesserungen der Aussagen im Lemma von Gordan und im Lemma von Farkas, wobei $|A|$ die Anzahl der Elemente einer Menge A bezeichne.

3.2.17 Korollar

a) *In Satz 3.2.13b lassen sich Gewichte λ_k mit $|\{ 1 \le k \le r \,|\, \lambda_k > 0 \}| \le n + 1$ wählen.*

b) *In Satz 3.2.15b lassen sich Gewichte λ_k mit $|\{ 1 \le k \le r \,|\, \lambda_k > 0 \}| \le n$ wählen.*

3.2.4   Optimalitätsbedingungen erster Ordnung ohne Gleichungsrestriktionen

Wir sind jetzt in der Lage, die notwendigen Optimalitätsbedingungen erster Ordnung aus Korollar 3.2.4 in eine algorithmisch handhabbare Form zu bringen.

3.2.18 Satz (Satz von Fritz John für $J = \emptyset$)
Es sei $\bar{x}$ ein lokaler Minimalpunkt von P, an dem die Funktionen f und g_i, $i \in I_0(\bar{x})$, differenzierbar sind. Dann existieren Multiplikatoren $\kappa \geq 0$, $\lambda_i \geq 0$, $i \in I_0(\bar{x})$, nicht alle null, mit

$$\kappa \nabla f(\bar{x}) + \sum_{i \in I_0(\bar{x})} \lambda_i \nabla g_i(\bar{x}) = 0. \tag{3.3}$$

Dabei kann man κ und die λ_i so wählen, dass entweder $\kappa > 0$ und $|\{i \in I_0(\bar{x})| \lambda_i > 0\}| \leq n$ gilt oder $\kappa = 0$ und $|\{i \in I_0(\bar{x})| \lambda_i > 0\}| \leq n + 1$.

Beweis Nach Korollar 3.2.4a ist das System

$$\langle \nabla f(\bar{x}), d \rangle < 0, \quad \langle \nabla g_i(\bar{x}), d \rangle < 0, \ i \in I_0(\bar{x}),$$

unlösbar, und nach dem Lemma von Gordan (Satz 3.2.13) ist dies gleichbedeutend mit

$$0 \in \text{conv}(\{\, \nabla f(\bar{x}), \nabla g_i(\bar{x}), i \in I_0(\bar{x}) \,\}),$$

d. h., es existieren $\kappa \geq 0$, $\lambda_i \geq 0$, $i \in I_0(\bar{x})$, mit $\kappa + \sum_{i \in I_0(\bar{x})} \lambda_i = 1$ und

$$0 = \kappa \nabla f(\bar{x}) + \sum_{i \in I_0(\bar{x})} \lambda_i \nabla g_i(\bar{x}).$$

Dies ist äquivalent zur ersten Behauptung, denn die nichtnegativen $\kappa, \lambda_i, i \in I_0(\bar{x})$, können nicht gleichzeitig verschwinden, wenn sie sich zu eins summieren. Andererseits lässt sich die Summe jeder nichtnegativen und nicht gleichzeitig verschwindenden $\kappa, \lambda_i, i \in I_0(\bar{x})$, zu eins normieren, indem man die einzelnen Multiplikatoren jeweils durch ihre Gesamtsumme dividiert.

Die zweite Behauptung folgt aus Korollar 3.2.17.   □

Die Beschränkung der Anzahl positiver Multiplikatoren in der zweiten Behauptung aus Satz 3.2.18 zieht nach sich, dass die a priori unbekannte Indexmenge $I_0(\bar{x})$ nicht eine beliebige Teilmenge von $I = \{1, \ldots, p\}$ ist, was zu einer Fallunterscheidung in 2^p Fälle für die Gestalt von $I_0(\bar{x})$ führen würde, sondern dass man nur Mengen $I_0(\bar{x}) \subseteq I$ mit $|I_0(\bar{x})| \leq$

$n + 1$ zu betrachten braucht. Für $p > n+1$ kann dies zu einer erheblichen Reduktion im Rechenaufwand führen.

3.2.19 Beispiel

Für das parametrische Optimierungsproblem $P(t)$ mit Zielfunktion $f(x) = x$ und Ungleichungsrestriktion $g_1(t, x) = x^2 - t^2 \leq 0$ gilt $M(t) = [-|t|, |t|]$, wobei $t \in \mathbb{R}$ einen exogenen Parameter bezeichnet. Wir versuchen, den in diesem einfachen Fall für jedes $t \in \mathbb{R}$ geometrisch offensichtlichen Optimalpunkt durch formale Überlegungen zu finden, die sich auf geometrisch unübersichtlichere Fälle übertragen lassen.

Zunächst garantiert der Satz von Weierstraß für jedes $t \in \mathbb{R}$ die Existenz eines globalen Minimalpunkts $\bar{x}(t)$. Um einen solchen zu finden, suchen wir Bedingungen, die $\bar{x}(t)$ notwendigerweise erfüllen muss. Zunächst ist ein globaler notwendigerweise auch ein lokaler Minimalpunkt. Damit erfüllt er notwendigerweise die Bedingung aus Satz 3.2.18. Hierbei sind für die verschiedenen Möglichkeiten aktiver Indexmengen $I_0(\bar{x}(t))$ mehrere Fälle zu unterscheiden.

Fall 1: $I_0(\bar{x}(t)) = \emptyset$
In diesem Fall müsste der Widerspruch $0 = f'(\bar{x}(t)) = 1$ gelten, also kann $\bar{x}(t)$ nicht $I_0(\bar{x}(t)) = \emptyset$ erfüllen.

Fall 2: $I_0(\bar{x}(t)) = \{1\}$
Aus der Aktivität der Ungleichung folgt $0 = g_1(t, \bar{x}(t)) = \bar{x}^2 - t^2$, wir erhalten also die beiden Kandidaten $\bar{x}^1(t) = -|t|$ und $\bar{x}^2(t) = |t|$. Die Gleichung

$$0 = \kappa f'(\bar{x}^1(t)) + \lambda_1 g_1'(t, \bar{x}^1(t)) = \kappa - 2\lambda_1|t|$$

ist mit $(\kappa(t), \lambda_1(t)) = (2|t|, 1) \geq 0$ lösbar, während

$$0 = \kappa f'(\bar{x}^2(t)) + \lambda_1 g_1'(t, \bar{x}^2(t)) = \kappa + 2\lambda_1|t|$$

mit nichtverschwindenden $\kappa, \lambda_1 \geq 0$ nur für $t = 0$ lösbar ist (g_1' bezeichnet hier die Ableitung von g_1 nach x). Als einziger Kandidat für einen lokalen Minimalpunkt von $P(t)$ bleibt $\bar{x}^1(t) = -|t|$, so dass $\bar{x}(t) = -|t|$ für jedes $t \in \mathbb{R}$ der eindeutige globale Minimalpunkt von $P(t)$ sein muss. ◀

3.2.20 Beispiel

Zur Motivation der MFB in Definition 3.2.3 haben wir angeführt, dass die im Beweis zu Satz 3.2.18 benutzte Unlösbarkeit des Systems

$$\langle \nabla f(\bar{x}), d \rangle < 0, \quad \langle \nabla g_i(\bar{x}), d \rangle < 0, \ i \in I_0(\bar{x}),$$

trivialerweise erfüllt sein kann, wenn nämlich $L_<(\bar{x}, M) = \emptyset$ gilt. Für den Fall $t = 0$ in Beispiel 3.2.19 gilt $g_1(0, x) = x^2$, $M(0) = \{0\}$, und $\bar{x}(0) = 0$ ist tatsächlich ein globaler Minimalpunkt mit $L_<(\bar{x}(0), M) = \emptyset$. Wegen $g_1(0, \bar{x}(0)) = 0$ gilt $I_0(\bar{x}) = \{1\}$, und Satz 3.2.18 liefert als notwendige Optimalitätsbedingung die Existenz von $\kappa, \lambda_1 \geq 0$, nicht beide null, mit

$$0 = \kappa f'(\bar{x}(0)) + \lambda_1 g_1'(0, \bar{x}(0)) = \kappa \cdot 1 + \lambda_1 \cdot 0.$$

Es folgt $\kappa(0) = 0$ und etwa $\lambda_1(0) = 1$. ◄

An Situationen, in denen wie in Beispiel 3.2.20 der Multiplikator κ verschwindet, ist problematisch, dass der Gradient der Zielfunktion f in die Optimalitätsbedingung (3.3) *nicht eingeht*. Glücklicherweise lassen sich diese Situationen in einfacher Weise charakterisieren.

3.2.21 Lemma

Es sei $\bar{x}$ ein lokaler Minimalpunkt von P, an dem die Funktionen f und g_i, $i \in I_0(\bar{x})$, differenzierbar sind. Dann ist (3.3) genau dann mit $\kappa = 0$ erfüllbar, wenn die MFB an $\bar{x}$ verletzt ist.

Beweis Die Gl. (3.3) ist genau dann mit $\kappa = 0$ erfüllbar, wenn $\lambda_i \geq 0$, $i \in I_0(\bar{x})$, nicht alle null, mit

$$\sum_{i \in I_0(\bar{x})} \lambda_i \nabla g_i(\bar{x}) = 0$$

existieren. Da dies gleichbedeutend mit $0 \in \mathrm{conv}(\{\nabla g_i(\bar{x}), i \in I_0(\bar{x})\})$ ist, liefert das Lemma von Gordan die Äquivalenz zur Unlösbarkeit von

$$\langle \nabla g_i(\bar{x}), d \rangle < 0, \; i \in I_0(\bar{x}),$$

also zur Verletztheit der MFB an $\bar{x}$. ◻

Es folgt der für die restringierte nichtlineare Optimierung zentrale Satz von Karush-Kuhn-Tucker.

3.2.22 Satz (Satz von Karush-Kuhn-Tucker für $J = \emptyset$ unter MFB)

Es sei $\bar{x}$ ein lokaler Minimalpunkt von P, an dem die Funktionen f und g_i, $i \in I_0(\bar{x})$, differenzierbar sind, und an $\bar{x}$ gelte die MFB. Dann existieren Multiplikatoren $\lambda_i \geq 0$, $i \in I_0(\bar{x})$, mit

$$\nabla f(\bar{x}) + \sum_{i \in I_0(\bar{x})} \lambda_i \nabla g_i(\bar{x}) = 0. \tag{3.4}$$

Dabei kann man die λ_i so wählen, dass $|\{i \in I_0(\bar{x})| \lambda_i > 0\}| \leq n$ gilt.

Beweis Nach Lemma 3.2.21 besitzt (3.3) eine Lösung mit $\kappa > 0$. Nach Division von (3.3) durch κ folgt die erste Behauptung mit den neuen Multiplikatoren $\tilde{\lambda}_i := \lambda_i/\kappa$. Die zweite Behauptung folgt aus der zweiten Behauptung in Satz 3.2.18. $\square$

Analog zur Bemerkung nach Satz 3.2.18 zieht die Beschränkung der Anzahl positiver Multiplikatoren in der zweiten Behauptung aus Satz 3.2.22 nach sich, dass für die Gestalt von $I_0(\bar{x})$ nicht 2^p Fälle zu untersuchen sind, sondern dass man nur Mengen $I_0(\bar{x}) \subseteq I$ mit $|I_0(\bar{x})| \leq n$ zu betrachten braucht. Im Gegensatz zur Fritz-John-Bedingung aus Satz 3.2.18 kann dies bereits ab $p > n$ zu einer erheblichen Reduktion im Rechenaufwand führen.

Obwohl Satz 3.2.22 meist mit der MFB oder der noch stärkeren LUB (Definition 3.2.43) verwendet wird, ist es manchmal auch nützlich, die Voraussetzung der MFB noch zur AB abschwächen zu können.

3.2.23 Satz (Satz von Karush-Kuhn-Tucker für $J = \emptyset$ unter AB)

Die Aussage von Satz 3.2.22 bleibt richtig, wenn man dort „MFB" durch „AB" ersetzt.

Beweis Nach Korollar 3.2.4b ist das System

$$\langle \nabla f(\bar{x}), d \rangle < 0, \quad \langle \nabla g_i(\bar{x}), d \rangle \leq 0, \ i \in I_0(\bar{x}),$$

unlösbar, und nach dem Lemma von *Farkas* (Satz 3.2.15) ist dies gleichbedeutend mit

$$-\nabla f(\bar{x}) \in \text{cone}(\{\nabla g_i(\bar{x}), \ i \in I_0(\bar{x})\}),$$

d.h., es existieren $\lambda_i \geq 0$, $i \in I_0(\bar{x})$, mit (3.4). Die zweite Behauptung in Satz 3.2.22 folgt aus Korollar 3.2.17b. $\square$

Eine wichtige Anwendung von Satz 3.2.23 liefert das folgende Resultat.

3.2.24 Korollar

Es seien $g_i(x) = a_i^\mathsf{T} x + b_i$, $1 \leq i \leq p$, und $\bar{x}$ sei ein lokaler Minimalpunkt von P, an dem f differenzierbar ist. Dann existieren Multiplikatoren $\lambda_i \geq 0$, $i \in I_0(\bar{x})$, mit

$$\nabla f(\bar{x}) + \sum_{i \in I_0(\bar{x})} \lambda_i \, a_i = 0.$$

Dabei kann man die λ_i so wählen, dass $|\{ i \in I_0(\bar{x}) | \lambda_i > 0 \}| \leq n$ gilt.

Beweis Beispiel 3.2.10 und Satz 3.2.23.   □

An dieser Stelle sei angemerkt, dass wir den Satz von Karush-Kuhn-Tucker für $J = \emptyset$ unter der MFB auf zwei unabhängige Weisen hergeleitet haben. Beide basieren auf Satz 3.2.2. Die erste Herleitung bestand darin, über Satz 3.1.24 und das Lemma von Gordan den Satz von Fritz John (Satz 3.2.18) zu zeigen und unter der MFB daraus *abermals* mit dem Lemma von Gordan den Satz von Karush-Kuhn-Tucker (Satz 3.2.22) abzuleiten. Die zweite mögliche Herleitung zeigt zunächst den Satz von Karush-Kuhn-Tucker unter der AB (Satz 3.2.23) mit Hilfe des Lemmas von Farkas. Da die MFB nach Satz 3.2.8 stärker als die AB ist, folgt daraus auch sofort der Satz von Karush-Kuhn-Tucker unter der MFB.

In der Literatur findet man fast ausschließlich diese zweite Herleitung, begründet in der historischen Entwicklung der nichtlinearen aus der linearen Optimierung, in der die AB stets gilt (Beispiel 3.2.10). Die erste Herleitung bietet den Vorteil, auch auf Fälle nichtglatter Probleme übertragbar zu sein, in denen die MFB nicht mehr notwendigerweise stärker als die AB ist. Dieser Effekt tritt beispielsweise in der verallgemeinerten semi-infiniten Optimierung auf (für Details s. [30, 31]).

3.2.25 Beispiel

Im Trust-Region-Hilfsproblem

$$T R^k : \quad \min_{d \in \mathbb{R}^n} \ f(x^k) + \langle \nabla f(x^k), d \rangle + \tfrac{1}{2} d^\mathsf{T} A^k d \quad \text{s.t.} \quad \|d\|_2 \leq t^k$$

aus Abschn. 2.2.10 bezeichnen d die Entscheidungsvariable, x^k die aktuelle Iterierte, A^k eine symmetrische, aber nicht zwingend positiv definite Approximation an die Hesse-Matrix $D^2 f(x^k)$ und $t^k > 0$ den aktuellen Suchradius. Mit Hilfe der notwendigen Optimalitätsbedingungen erhalten wir zusätzliche Informationen zur als Optimalpunkt von $T R^k$ bestimmten Suchrichtung d^k.

Die zulässige Menge von TR^k ist als Kugel nichtleer und kompakt, und die Zielfunktion $m^k(d) = f(x^k) + \langle \nabla f(x^k), d \rangle + \frac{1}{2} d^\mathsf{T} A^k d$ ist als quadratische Funktion stetig. Daher garantiert der Satz von Weierstraß zunächst die Existenz eines globalen Minimalpunkts d^k. Da TR^k keine Gleichungsrestriktionen besitzt, könnten die notwendigen Optimalitätsbedingungen des vorliegenden Abschnitts anwendbar sein. Störend ist dafür allerdings die nichtdifferenzierbare Ungleichungsrestriktion, die wir daher äquivalent zu $\|d\|_2^2 \leq (t^k)^2$ umformen und damit die stetig differenzierbare Ungleichungsrestriktionsfunktion $g_1(d) := \|d\|_2^2 - (t^k)^2$ definieren. Die Indexmenge der Ungleichungsrestriktionen lautet $I = \{1\}$.

Im nächsten Schritt stellen wir fest, dass am Optimalpunkt d^k von TR^k sicherlich die MFB gilt, denn im Fall $I_0(d^k) = \emptyset$ ist nichts zu zeigen, und im Fall $I_0(d^k) = \{1\}$ gilt $\|d^k\|_2^2 = (t^k)^2 > 0$ und daher

$$\langle \nabla g_1(d^k), -d^k \rangle = \langle 2d^k, -d^k \rangle = -2\|d^k\|_2^2 < 0.$$

Nach Satz 3.2.22 erfüllt d^k also abhängig von der Aktivität der Ungleichungsrestriktion eine der folgenden beiden Bedingungen.

Fall 1: $I_0(d^k) = \emptyset$
In diesem Fall gilt $\|d^k\|_2 < t^k$ und $0 = \nabla m^k(d^k) = \nabla f(x^k) + A^k d^k$.
Für $A^k \succ 0$ resultiert dies in $d^k = -\nabla_{A^k} f(x^k)$.

Fall 2: $I_0(d^k) = \{1\}$
Wir erhalten $\|d^k\|_2 = t^k$ und mit einem $\lambda_1 \geq 0$

$$0 = \nabla m^k(d^k) + \lambda_1 \nabla g_1(d^k) = \nabla f(x^k) + A^k d^k + 2\lambda_1 d^k. \tag{3.5}$$

Die Multiplikation dieser Ungleichung mit d^k liefert

$$0 = \langle \nabla f(x^k), d^k \rangle + (d^k)^\mathsf{T} A^k d^k + 2\lambda_1 (t^k)^2,$$

und Auflösen nach λ_1 ergibt

$$\lambda_1 = -\frac{\langle \nabla f(x^k), d^k \rangle + (d^k)^\mathsf{T} A^k d^k}{2(t^k)^2}.$$

Wegen $\lambda_1 \geq 0$ muss d^k also notwendigerweise die Ungleichung $\langle \nabla f(x^k), d^k \rangle + (d^k)^\mathsf{T} A^k d^k \leq 0$ erfüllen.

Falls der Ausdruck $2\lambda_1 = -(\langle \nabla f(x^k), d^k \rangle + (d^k)^\mathsf{T} A^k d^k)/(t^k)^2$ außerdem so groß ist, dass die Matrix $A^k + 2\lambda_1 E$ positiv definit wird, dann stimmt d^k nach (3.5) für die Wahl $\sigma^k = 2\lambda_1$ mit der Suchrichtung $d^k = -(A^k + \sigma^k E)^{-1} \nabla f(x^k)$ aus dem Levenberg-Marquardt-Ansatz überein (Übung 2.2.49). Aus diesem Grund wird das Levenberg-Marquardt-Verfahren als ein Vorläufer von Trust-Region-Verfahren betrachtet. ◀

3.2.5 Trennungssatz

Der für den Nachweis der Ergebnisse in Abschn. 3.2.3 und 3.2.4 noch ausstehende Beweis des Trennungssatzes (Satz 3.2.14) basiert auf dem Konzept der orthogonalen Projektion. Dazu betrachten wir für eine Menge $X \subseteq \mathbb{R}^n$ und einen Punkt $z \in \mathbb{R}^n$ das *Projektionsproblem*

$$Pr(z, X): \quad \min \|x - z\|_2 \quad \text{s.t.} \quad x \in X,$$

dessen globale Minimalpunkte diejenigen Punkte aus der Menge X sind, die von z minimalen euklidischen Abstand besitzen. Die Lösbarkeit von $Pr(z, X)$ ist bereits unter schwachen Voraussetzungen gegeben.

> **3.2.26 Lemma**
> *Es seien $X \subseteq \mathbb{R}^n$ eine nichtleere abgeschlossene Menge und $z \in \mathbb{R}^n$. Dann ist das Projektionsproblem $Pr(z, X)$ lösbar.*

Beweis Wir wählen einen Punkt $\bar{x} \in X$ und setzen $\alpha := \|\bar{x} - z\|_2$. Für die Zielfunktion $f(x) := \|x - z\|_2$ von $Pr(z, X)$ ist dann die untere Niveaumenge

$$f_{\leq}^{\alpha} = \{x \in \mathbb{R}^n | \|x - z\|_2 \leq \alpha\}$$

eine Kugel mit Mittelpunkt z und Radius α, also kompakt. Da der Punkt $\bar{x}$ sowohl in $f_{\leq}^{\alpha}$ als auch in X liegt, ist auch die Menge $\text{lev}_{\leq}^{\alpha}(f, X) = f_{\leq}^{\alpha} \cap X$ nicht leer. Als Schnitt einer kompakten mit einer abgeschlossenen Menge ist sie außerdem kompakt. Damit garantiert der verschärfte Satz von Weierstraß (Satz 1.2.13) die Lösbarkeit von $Pr(z, X)$. □

Nach Übung 1.3.4 besitzt $Pr(z, X)$ dieselben Optimalpunkte wie

$$Pr^2(z, X): \quad \min \|x - z\|_2^2 \quad \text{s.t.} \quad x \in X,$$

wobei die quadratische Zielfunktion von $Pr^2(z, X)$ eine positiv definite Hesse-Matrix besitzt. Nach [33] ist sie daher strikt konvex und kann auf konvexen Mengen höchstens einen globalen Minimalpunkt besitzen. Für unsere Anwendung auf den Beweis des Trennungssatzes werden wir die Menge X im Projektionsproblem $Pr(z, X)$ glücklicherweise ohnehin zusätzlich als konvex voraussetzen, so dass die folgende Verschärfung von Lemma 3.2.26 für zusätzlich konvexe Mengen $X \subseteq \mathbb{R}^n$ gezeigt ist.

3.2.27 Satz

Es seien $X \subseteq \mathbb{R}^n$ eine nichtleere, abgeschlossene und konvexe Menge sowie $z \in \mathbb{R}^n$. Dann besitzt das Problem $Pr(z, X)$ einen eindeutigen globalen Minimalpunkt.

Der eindeutige globale Minimalpunkt von $Pr(z, X)$ heißt auch *orthogonale Projektion* von z auf X, kurz $\mathrm{pr}(z, X)$, und der zugehörige Optimal*wert* von $Pr(z, X)$ wird als *Distanz* von z zu X bezeichnet, kurz $\mathrm{dist}(z, X)$ (zum Zusammenhang zur Parallelprojektion aus Definition 1.3.6 s. [33]). Angemerkt sei, dass zwar Lemma 3.2.26 sogar für jede Norm gilt, Satz 3.2.27 aber nicht (z. B. nicht für $\| \cdot \|_1$ oder $\| \cdot \|_\infty$).

Auf das Problem $Pr^2(z, X)$ werden wir das folgende Resultat anwenden, das wir aber für jedes Optimierungsproblem mit stetig differenzierbarer konvexer Zielfunktion und konvexer zulässiger Menge beweisen können. Seine Aussage b *charakterisiert* globale Minimalität durch eine Stationaritätsbedingung, bei der bemerkenswerterweise nur die Zielfunktion, aber *nicht* die zulässige Menge linearisiert werden.

3.2.28 Satz (Variationsformulierung konvexer Probleme)
Die Menge $M \subseteq \mathbb{R}^n$ und die Funktion $f \in C^1(M, \mathbb{R})$ seien konvex. Dann gelten die folgenden Aussagen:

a) *Der Punkt $\bar{x} \in \mathbb{R}^n$ ist genau dann globaler Minimalpunkt von*

$$P: \quad \min f(x) \quad s.t. \quad x \in M,$$

wenn $\bar{x}$ globaler Minimalpunkt von

$$\widetilde{P}_{\mathrm{lin}}(\bar{x}): \quad \min_x \langle \nabla f(\bar{x}), x - \bar{x} \rangle \quad s.t. \quad x \in M$$

ist.

b) *Die Menge der globalen Minimalpunkte von P stimmt mit der Menge*

$$\{\bar{x} \in M \mid \langle \nabla f(\bar{x}), x - \bar{x} \rangle \geq 0 \text{ für alle } x \in M\}$$

überein.

Beweis Zum Beweis von Aussage a sei zunächst $\bar{x}$ ein globaler Minimalpunkt von $\widetilde{P}_{\mathrm{lin}}(\bar{x})$. Dann gilt insbesondere $\bar{x} \in M$, so dass $\bar{x}$ auch zulässig für P ist. Ferner hat man nach Satz 2.1.40 für alle $x \in M$

$$f(x) \geq f(\bar{x}) + \langle \nabla f(\bar{x}), x - \bar{x} \rangle \geq f(\bar{x}) + \langle \nabla f(\bar{x}), \bar{x} - \bar{x} \rangle = f(\bar{x}),$$

also ist $\bar{x}$ globaler Minimalpunkt von P.

Andererseits sei $\bar{x}$ ein globaler Minimalpunkt von P. Insbesondere ist $\bar{x}$ dann zulässig für $\widetilde{P}_{\mathrm{lin}}(\bar{x})$. Wir nehmen nun an, $\bar{x}$ sei *kein* globaler Minimalpunkt von $\widetilde{P}_{\mathrm{lin}}(\bar{x})$. Dann existiert ein $x \in M$ mit

$$\langle \nabla f(\bar{x}), x - \bar{x} \rangle < \langle \nabla f(\bar{x}), \bar{x} - \bar{x} \rangle = 0.$$

Die Richtung $d := x - \bar{x}$ ist demnach Abstiegsrichtung erster Ordnung für f in $\bar{x}$ im Sinne von Definition 2.1.7. Außerdem verlässt man von $\bar{x}$ aus entlang d für kleine Schrittweiten $t > 0$ nicht die zulässige Menge M, denn wegen $\bar{x}, x \in M$ und der Konvexität von M folgt für alle Schrittweiten $t \in [0,1]$

$$\bar{x} + td = (1-t)\bar{x} + tx \in M.$$

Damit ist d eine zulässige Abstiegsrichtung für P in $\bar{x}$ im Sinne von Definition 3.1.4, was nach Übung 3.1.5 im Widerspruch zur Minimalität von $\bar{x}$ für P steht.

Um Aussage b zu sehen, stellen wir fest, dass ein Punkt $\bar{x} \in \mathbb{R}^n$ genau dann globaler Minimalpunkt von $\widetilde{P}_{\mathrm{lin}}(\bar{x})$ ist, wenn die Bedingungen $\bar{x} \in M$ und

$$\langle \nabla f(\bar{x}), x - \bar{x} \rangle \geq \langle \nabla f(\bar{x}), \bar{x} - \bar{x} \rangle \quad \text{für alle } x \in M$$

gelten. Aus $\langle \nabla f(\bar{x}), \bar{x} - \bar{x} \rangle = 0$ und Aussage a folgt damit die Behauptung. $\qquad \square$

Satz 3.2.28b motiviert die Einführung der folgenden Konzepte.

3.2.29 Definition (Polarkegel)
Für eine Menge $A \subseteq \mathbb{R}^n$ heißt

$$A^{\circ} = \{ s \in \mathbb{R}^n \,|\, \langle s, d \rangle \leq 0 \text{ für alle } d \in A \}$$

Polarkegel von A.

3.2.30 Übung Zeigen Sie für jede Menge $A \subseteq \mathbb{R}^n$, dass ihr Polarkegel A° ein konvexer und abgeschlossener Kegel mit $0 \in A^{\circ}$ ist.

3.2.31 Definition (Normalenkegel an konvexe Mengen)
Für eine konvexe Menge $X \subseteq \mathbb{R}^n$ und $\bar{x} \in X$ heißt

$$N(\bar{x}, X) := (X - \bar{x})^\circ = \{s \in \mathbb{R}^n | \langle s, x - \bar{x} \rangle \leq 0 \text{ für alle } x \in X\}$$

Normalenkegel an X in $\bar{x}$. Die Elemente s des Normalenkegels $N(\bar{x}, X)$ nennt man auch (äußere) *Normalenrichtungen* an X in $\bar{x}$.

Geometrisch interpretiert liegen im Normalenkegel an X in $\bar{x}$ genau diejenigen Richtungen $s \in \mathbb{R}^n$, mit denen kein Vektor d einen spitzen Winkel bindet, für den $\bar{x}+d$ in X liegt (was man mittels des Zusammenhangs $x = \bar{x} + d$ sieht; Abb. 3.9). Für eine ausführlichere Diskussion des Normalenkegels verweisen wir auf Abschn. 3.2.6 und [34]. Stattdessen fahren wir fort und formulieren mit seiner Hilfe die Aussage von Satz 3.2.28b um.

3.2.32 Korollar
Die Menge $M \subseteq \mathbb{R}^n$ und die Funktion $f \in C^1(M, \mathbb{R})$ seien konvex. Dann ist $\bar{x} \in \mathbb{R}^n$ genau dann globaler Minimalpunkt von

$$P: \quad \min f(x) \quad s.t. \quad x \in M,$$

wenn die Bedingungen $\bar{x} \in M$ und

$$-\nabla f(\bar{x}) \in N(\bar{x}, M)$$

erfüllt sind.

Im nächsten Schritt wenden wir Korollar 3.2.32 wie angekündigt auf das Problem der orthogonalen Projektion an.

Abb. 3.9 Normalenkegel an eine konvexe Menge

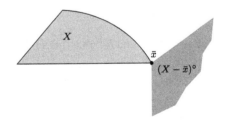

3.2.33 Satz (Projektionslemma)

Es seien $X \subseteq \mathbb{R}^n$ eine nichtleere, abgeschlossene und konvexe Menge sowie $z \in \mathbb{R}^n$. Dann ist der eindeutige Minimalpunkt $\mathrm{pr}(z, X)$ des Projektionsproblems

$$Pr(z, X): \quad \min \|x - z\|_2 \quad \text{s.t.} \quad x \in X$$

gleichzeitig die eindeutige Lösung der Bedingungen

$$x \in X \quad \text{und} \quad z \in x + N(x, X).$$

Beweis Die eindeutige Lösbarkeit von $Pr(z, X)$ wurde bereits in Satz 3.2.27 gezeigt. Der eindeutige Optimalpunkt $\bar{x} = \mathrm{pr}(z, X)$ von $Pr(z, X)$ ist außerdem auch eindeutiger Optimalpunkt des konvexen Optimierungsproblems mit stetig differenzierbarer Zielfunktion

$$Pr^2(z, X): \quad \min \|x - z\|_2^2 \quad \text{s.t.} \quad x \in X.$$

Nach Korollar 3.2.32 ist dies genau für $\bar{x} \in X$ und

$$-2(\bar{x} - z) \in N(\bar{x}, X)$$

der Fall. Wegen der Kegeleigenschaft von $N(\bar{x}, X)$ ist Letzteres gleichbedeutend mit der Behauptung. $\qquad\square$

Nach diesen umfangreichen Vorbereitungen können wir den Trennungssatz (Satz 3.2.14) beweisen.

Beweis zu Satz 3.2.14 Wir betrachten die orthogonale Projektion $\bar{x} = \mathrm{pr}(z, X)$ von z auf X. Nach Satz 3.2.33 erfüllt sie $z \in \bar{x} + N(\bar{x}, X)$. Damit gilt für alle $x \in X$ die Ungleichung

$$\langle z - \bar{x}, x - \bar{x} \rangle \leq 0.$$

Mit $a := z - \bar{x}$ und $b := \langle z - \bar{x}, \bar{x} \rangle$ folgt daraus für alle $x \in X$

$$\langle a, x \rangle - b = \langle z - \bar{x}, x \rangle - \langle z - \bar{x}, \bar{x} \rangle = \langle z - \bar{x}, x - \bar{x} \rangle \leq 0 \tag{3.6}$$

und

$$\langle a, z \rangle - b = \langle z - \bar{x}, z \rangle - \langle z - \bar{x}, \bar{x} \rangle = \|z - \bar{x}\|_2^2 > 0,$$

wobei sowohl die strikte Positivität in der letzten Ungleichung als auch die Behauptung $a \neq 0$ durch $z \in X^c$ und $\bar{x} \in X$ gewährleistet sind. $\qquad\square$

Die Auswertung der Ungleichung (3.6) an $\bar{x} \in X$ zeigt, dass die konstruierte Hyperebene den Punkt $\bar{x}$ enthält und sie damit die Menge X berührt. Tatsächlich haben wir also nicht nur irgendeine trennende Hyperebene konstruiert, sondern sogar eine *Stützhyperebene* an die Menge X.

3.2.34 Bemerkung Nachdem sein Beweis mit Hilfe des Konzepts der orthogonalen Projektion geführt wurde, lässt sich die Behauptung des Trennungssatzes (Satz 3.2.14) um die Information erweitern, dass man $a := z - \mathrm{pr}(z, X)$ und $b := \langle z - \mathrm{pr}(z, X), \mathrm{pr}(z, X) \rangle$ wählen darf.

Mit Hilfe dieser Zusatzinformation beweisen wir jetzt das Lemma von Farkas (Satz 3.2.15).

Beweis zu Satz 3.2.15 Wir zeigen wieder die Äquivalenz von Aussage b und der Negation von Aussage a. Dazu gelte zunächst $-a^0 \in \mathrm{cone}(\{a^1, \dots, a^r\})$, es gebe also $\lambda_1, \dots, \lambda_r \geq 0$ mit $-a^0 = \sum_{k=1}^r \lambda_k a^k$. Angenommen, Aussage a sei wahr. Dann existiert ein $d \in \mathbb{R}^n$ mit $\langle a^0, d \rangle < 0$, $\langle a^k, d \rangle \leq 0$, $1 \leq k \leq r$, und damit

$$0 < -\langle a^0, d \rangle = \sum_{k=1}^r \underbrace{\lambda_k}_{\geq 0} \underbrace{\langle a^k, d \rangle}_{\leq 0} \leq 0.$$

Da dies ein Widerspruch ist, gilt die Negation von Aussage a.

Um aus der Negation von Aussage b die Aussage a zu schließen, gelte

$$-a^0 \notin \mathrm{cone}(\{a^1, \dots, a^r\}) =: K.$$

Da K nichtleer, abgeschlossen und konvex ist (Übung), existieren nach Satz 3.2.14 ein $d \in \mathbb{R}^n \setminus \{0\}$ und ein $b \in \mathbb{R}$ mit

$$\forall\, x \in K: \quad \langle d, x \rangle \leq b < \langle d, -a^0 \rangle, \tag{3.7}$$

wobei man d laut Bemerkung 3.2.34 insbesondere in der Form $d = -a^0 - \mathrm{pr}(-a^0, K)$ wählen darf sowie $b = \langle d, \mathrm{pr}(-a^0, K) \rangle$. Wir werden zeigen, dass dieser Vektor d das Ungleichungssystem in Aussage a löst.

Die entscheidende Beobachtung dafür ist, dass b verschwinden muss. Aus der Kegeleigenschaft von K folgt nämlich, dass mit $\mathrm{pr}(-a^0, K)$ auch die Vektoren $2\mathrm{pr}(-a^0, K)$ und $(1/2)\mathrm{pr}(-a^0, K)$ in K liegen, so dass die erste Ungleichung in (3.7) sowohl

$$\langle d, 2\mathrm{pr}(-a^0, K) \rangle \leq \langle d, \mathrm{pr}(-a^0, K) \rangle$$

als auch

$$\left\langle d, \frac{1}{2}\mathrm{pr}(-a^0, K) \right\rangle \leq \langle d, \mathrm{pr}(-a^0, K) \rangle$$

liefert, insgesamt also $b = \langle d, \mathrm{pr}(-a^0, K) \rangle = 0$. Daher impliziert die erste Ungleichung in (3.7)

$$\forall\, x \in K: \quad \langle d, x \rangle \leq 0,$$

und insbesondere für die Vektoren $a^k \in K$ gilt demnach $\langle d, a^k \rangle \leq 0$, $1 \leq k \leq r$. Die strikte Ungleichung $\langle a^0, d \rangle < 0$ folgt wegen $b = 0$ aus der zweiten Ungleichung in (3.7). Damit ist die Aussage a gezeigt. □

3.2.6 Normalenkegel

Das zum Beweis des Trennungssatzes unter anderem eingeführte Konzept des Normalenkegels erlaubt auch eine neue Sicht auf die Stationaritätsbedingung für restringierte Optimierungsprobleme. Wir setzen in diesem Abschnitt ohne weitere Erwähnung voraus, dass alle beteiligten Funktionen am jeweils betrachteten Punkt $\bar{x}$ differenzierbar sind.

Laut Satz 3.2.2 ist jeder lokale Minimalpunkt $\bar{x}$ von

$$P: \quad \min\ f(x) \quad \text{s.t.} \quad x \in M$$

notwendigerweise stationär im Sinne von Definition 3.2.1, es gilt also

$$\langle -\nabla f(\bar{x}), d \rangle \leq 0 \ \text{ für alle } d \in C(\bar{x}, M). \tag{3.8}$$

Für dieses Ergebnis ist weder die Konvexität von M noch von f auf M erforderlich. Motiviert durch Korollar 3.2.32 ist es unser Ziel, die Stationaritätsbedingung trotzdem in der Form $-\nabla f(\bar{x}) \in N(\bar{x}, M)$ mit einem passend definierten Normalenkegel umzuformulieren. Abb. 3.10 zeigt, dass unsere bisherige Definition des Normalenkegels an *konvexe* Mengen (Definition 3.2.31) für die Optimierung über nichtkonvexe Mengen M unzureichend ist, denn obwohl $\bar{x}$ dort lokaler Minimalpunkt von f über M ist, liegt $-\nabla f(\bar{x})$ nicht im Polarkegel $(M - \bar{x})^\circ$.

Abb. 3.10 Polarkegel an eine nichtkonvexe Menge

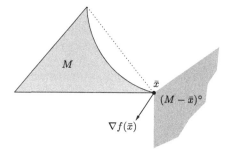

Der Grund dafür ist darin zu suchen, dass die Definition des Normalenkegels an eine konvexe Menge X auf der *globalen* Geometrie von X basieren darf, während wir für nichtkonvexe Mengen X eine *lokale* Konstruktion benötigen. Es bietet sich an, diesen lokalen Aspekt durch den äußeren Tangentialkegel an X in $\bar{x}$ zu modellieren und als Normalenkegel dessen Polarkegel zu definieren.

3.2.35 Definition (Normalenkegel an beliebige Mengen)

Für eine Menge $X \subseteq \mathbb{R}^n$ und $\bar{x} \in X$ heißt

$$N(\bar{x}, X) \ = \ C^\circ(\bar{x}, X)$$

Normalenkegel an X in $\bar{x}$. Die Elemente s des Normalenkegels $N(\bar{x}, X)$ heißen wieder (äußere) *Normalenrichtungen* an X in $\bar{x}$.

Für konvexe Mengen X stimmen die beiden nun zur Verfügung stehenden Definitionen von Normalenkegeln glücklicherweise überein.

3.2.36 Satz

Für jede konvexe Menge $X \subseteq \mathbb{R}^n$ und $\bar{x} \in X$ gilt

$$(X - \bar{x})^\circ \ = \ C^\circ(\bar{x}, X).$$

Beweis Zum Nachweis der Inklusion $\subseteq$ sei $s \in (X - \bar{x})^\circ$. Dann gilt $\langle s, x - \bar{x} \rangle \leq 0$ für alle $x \in X$. Für jedes $d \in C(\bar{x}, X)$ existieren außerdem Folgen $t^k \searrow 0$ und $d^k \to d$ mit $\bar{x} + t^k d^k \in X, k \in \mathbb{N}$. Daraus folgt für alle $k \in \mathbb{N}$

$$0 \ \geq \ \langle s, (\bar{x} + t^k d^k) - \bar{x} \rangle \ = \ t^k \langle s, d^k \rangle$$

und wegen $t^k > 0$ auch $0 \geq \langle s, d^k \rangle$. Im Grenzübergang $k \to \infty$ erhalten wir also $0 \geq \langle s, d \rangle$, so dass s in $C^\circ(\bar{x}, X)$ liegt.

Um die Inklusion $\supseteq$ zu sehen, wählen wir ein $s \in C^\circ(\bar{x}, X)$ sowie einen beliebigen Punkt $x \in X$. Dann liegt die Richtung $d := x - \bar{x}$ in $C(\bar{x}, X)$, denn aufgrund der Konvexität von X gilt $\bar{x} + td \in X$ für alle $t \in [0, 1]$. Insbesondere erhalten wir also etwa mit den Wahlen $t^k := 1/k$ und $d^k := d$ die Eigenschaft $\bar{x} + t^k d^k \in X, k \in \mathbb{N}$. Wegen $d \in C(\bar{x}, X)$ gilt nach Voraussetzung

$$0 \ \geq \ \langle s, d \rangle \ = \ \langle s, x - \bar{x} \rangle,$$

also $s \in (X - \bar{x})^\circ$.   □

Satz 3.2.2 besagt in dieser Terminologie tatsächlich, dass an einem lokalen Minimalpunkt $\bar{x}$ von f auf M notwendigerweise die Beziehung

$$-\nabla f(\bar{x}) \ \in \ N(\bar{x}, M)$$

gilt, da dies eine Umformulierung der Stationaritätsbedingung (3.8) ist. Die Stationaritätsbedingung kann man geometrisch also auch so interpretieren, dass an jedem lokalen Minimalpunkt $\bar{x}$ von P der Vektor $-\nabla f(\bar{x})$ (also die steilste Abstiegsrichtung für f in $\bar{x}$) eine äußere Normalenrichtung an M in $\bar{x}$ ist (Abb. 3.11).

Da die funktionale Beschreibung der Menge M für dieses Ergebnis keine Rolle spielt (sondern nur ihre Geometrie), waren für seine Herleitung keine Constraint Qualifications erforderlich. Im Folgenden werden wir aber sehen, wie sie bei der Herleitung einer *expliziten Darstellung* der Elemente des Normalenkegels helfen.

3.2.37 Übung   Zeigen Sie für alle $\bar{x} \in M$ die Inklusion

$$L_{\leq}^{\circ}(\bar{x}, M) \ \subseteq \ N(\bar{x}, M).$$

3.2.38 Übung   Zeigen Sie für alle $\bar{x} \in M$ mit Hilfe des Lemmas von Farkas (Satz 3.2.15) die Identität

$$L_{\leq}^{\circ}(\bar{x}, M) \ = \ \mathrm{cone}(\{\, \nabla g_i(\bar{x}), \ i \in I_0(\bar{x}) \,\}).$$

3.2.39 Übung   An $\bar{x} \in M$ gelte die AB. Zeigen Sie mit Hilfe von Übung 3.2.37 und Übung 3.2.38 die Identität

$$N(\bar{x}, M) \ = \ \mathrm{cone}(\{\, \nabla g_i(\bar{x}), \ i \in I_0(\bar{x}) \,\}).$$

Für jeden lokalen Minimalpunkt $\bar{x}$ von P, an dem die AB erfüllt ist, gilt also

Abb. 3.11 Normalenkegel an eine nichtkonvexe Menge

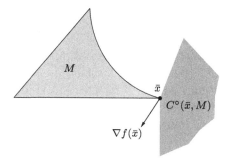

$$-\nabla f(\bar{x}) \in \text{cone}(\{\nabla g_i(\bar{x}), \ i \in I_0(\bar{x})\}).$$

Dies ist gerade die Behauptung des Satzes von Karush-Kuhn-Tucker (Satz 3.2.23). Eine solche alternative Herleitung der Karush-Kuhn-Tucker-Bedingungen ermöglicht es allerdings nicht, den Fall abzudecken, in dem an einem lokalen Minimalpunkt gar keine Constraint Qualification erfüllt ist. Wie dann die Fritz-John-Bedingung resultiert, haben wir stattdessen mit der Herleitung aus Abschn. 3.2.4 gesehen.

Wir können aus der obigen Herleitung des Satzes von Karush-Kuhn-Tucker aber eine andere wichtige Schlussfolgerung ziehen. Entscheidend ist für sie die Identität aus Übung 3.2.39, die gleichbedeutend mit $C^\circ(\bar{x}, M) = L^\circ_{\le}(\bar{x}, M)$ ist. Wie dort gesehen, ist die AB *hinreichend* für diese Identität, es gibt jedoch auch einfache Beispiele, in denen sie noch gilt, während die AB verletzt ist. Man erhält also eine noch schwächere Constraint Qualification als die AB und sagt, die *Guignard-Bedingung (GB; Guignard constraint qualification)* gelte an $\bar{x}$ in M, wenn $C^\circ(\bar{x}, M) = L^\circ_{\le}(\bar{x}, M)$ erfüllt ist. Somit lässt sich in Satz 3.2.22 die Voraussetzung der MFB nicht nur durch die AB, sondern sogar durch die GB ersetzen. Dies ist tatsächlich die *schwächstmögliche* Constraint Qualification, da im Fall ihrer Verletzung stets eine an $\bar{x}$ stetig differenzierbare Zielfunktion f existiert, die dort einen lokalen Minimalpunkt besitzt, während gleichzeitig die Karush-Kuhn-Tucker-Bedingungen verletzt sind [15].

Die vorgestellte Interpretation der Stationaritätsbedingung per Normalenkegel lässt sich zudem mit gewissem Aufwand auf viele nichtglatte restringierte Optimierungsprobleme erweitern (s. dazu z. B. [27]).

3.2.7 Optimalitätsbedingungen erster Ordnung mit Gleichungsrestriktionen

Von jetzt an sei die zulässige Menge von P wieder durch Ungleichungen *und* Gleichungen beschrieben, d. h., es gelte

$$M = \{x \in \mathbb{R}^n \mid g_i(x) \le 0, \ i \in I, \ h_j(x) = 0, \ j \in J\}.$$

Um diesen Fall auf den bereits betrachteten Fall ohne Gleichungsrestriktionen zurückzuführen, erscheint es naheliegend, eine Gleichung $h(x) = 0$ jeweils in zwei Ungleichungen $g_1(x) := h(x) \le 0$ und $g_2(x) := -h(x) \le 0$ aufzuspalten. Ein wesentlicher Nachteil dieses Vorgehens ist, dass die neuen Ungleichungen, die ja in ganz M aktiv sind, überall entgegengesetzt orientierte Gradienten $\nabla g_1(x) = \nabla h(x)$ und $\nabla g_2(x) = -\nabla h(x)$ besitzen. Daher ist in ganz M die MFB verletzt, unabhängig davon, wie regulär die ursprüngliche Beschreibung von M war. Eine solche Umformung einer Gleichung in zwei Ungleichungen nimmt man daher höchstens bei polyedrischem M vor, weil dort ohnehin stets die AB gilt, auch wenn man durch die Umformung andere Regularitätseigenschaften zerstört.

Für nichtlineare Probleme muss man also einen anderen Weg wählen, um Optimalitätsbedingungen für gleichungsrestringierte Probleme herzuleiten. Dazu existieren verschiedene Ansätze [13, 16]. Wir wählen den geometrisch intuitiven Ansatz, die Gleichungen aufzulösen und nur Punkte x aus ihrem Lösungsraum zu betrachten. Da dies meist nicht explizit möglich ist, kann man dabei auf den Satz über implizite Funktionen zurückgreifen. Ein äquivalenter Ansatz besteht in einer Koordinatentransformation, deren Behandlung auf dem (zum Satz über implizite Funktionen äquivalenten) Satz über inverse Funktionen beruht (auch Umkehrsatz genannt [18]).

Wie in Abb. 3.12 illustriert, versuchen wir dabei, eine durch nichtlineare Gleichungen beschriebene und im Allgemeinen kompliziert gekrümmte Menge wenigstens lokal um eines ihrer Elemente durch Einführung eines neuen Koordinatensystems in eine sehr einfache Menge zu überführen, und zwar möglichst in einen linearen Raum der entsprechenden Dimension. Im Folgenden werden wir ausführlich den Einsatz dieser nichtlinearen Koordinatentransformation diskutieren.

Die Transformation der x-Koordinaten in y-Koordinaten wird dabei durch einen C^1-*Diffeomorphismus* Φ mit der Setzung $y = \Phi(x)$ realisiert, wobei für U, $V \subseteq \mathbb{R}^n$ die Funktion $\Phi : U \to V$ C^1-Diffeomorphismus heißt, wenn Φ bijektiv ist und sowohl Φ als auch die Umkehrfunktion Φ^{-1} stetig differenzierbar auf ihrem jeweiligen Definitionsbereich sind.

Wir betrachten also einen Punkt $\bar{x} \in \mathbb{R}^n$ mit $h(\bar{x}) = 0$ und setzen die Funktion h der Einfachheit halber als stetig differenzierbar auf ganz $\mathbb{R}^n$ voraus (was sich bei Bedarf auf die stetige Differenzierbarkeit an $\bar{x}$ einschränken ließe). Die entscheidende Voraussetzung, die wir im Folgenden stets treffen, ist *die lineare Unabhängigkeit der Gradienten* $\nabla h_1(\bar{x}), \ldots, \nabla h_q(\bar{x})$. Wegen $q < n$ gilt dann

$$\dim \ker Dh(\bar{x}) = \dim\{d \in \mathbb{R}^n \mid \langle \nabla h_j(\bar{x}), d \rangle = 0, \ j \in J\} = n - q > 0,$$

also ist der Kern der Jacobi-Matrix $Dh(\bar{x})$ mindestens eindimensional. Wir wählen eine Orthonormalbasis dieses Kerns aus Vektoren $\eta_{q+1}, \ldots, \eta_n \in \mathbb{R}^n$ (d.h., die Vektoren $\eta_{q+1}, \ldots, \eta_n$ bilden eine Basis des Kerns, besitzen jeweils Länge eins und stehen paarweise senkrecht zueinander) und definieren für die Indizes $q + 1 \leq j \leq n$ die Hilfsfunktionen

$$h_j(x) = \langle \eta_j, x - \bar{x} \rangle.$$

Abb. 3.12 Transformation auf neue Koordinaten

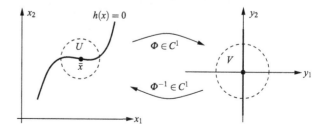

Diese erfüllen offenbar ebenfalls $h_j(\bar{x}) = 0$, und sie besitzen die Gradienten $\nabla h_j(\bar{x}) = \eta_j$, $q + 1 \leq j \leq n$. Nach dieser Vorarbeit definieren wir

$$\Phi(x) := \begin{pmatrix} h_1(x) \\ \vdots \\ h_q(x) \\ h_{q+1}(x) \\ \vdots \\ h_n(x) \end{pmatrix}.$$

Diese Funktion bildet stetig differenzierbar von $\mathbb{R}^n$ nach $\mathbb{R}^n$ ab, erfüllt $\Phi(\bar{x}) = 0$, und ihre Jacobi-Matrix

$$D\Phi(\bar{x}) := \begin{pmatrix} Dh_1(\bar{x}) \\ \vdots \\ Dh_q(\bar{x}) \\ \eta_{q+1}^{\mathsf{T}} \\ \vdots \\ \eta_n^{\mathsf{T}} \end{pmatrix}$$

ist nach Konstruktion der η_j nichtsingulär. Der Satz über inverse Funktionen garantiert somit die Existenz einer Umgebung U von $\bar{x}$ und einer Umgebung V von $0 \in \mathbb{R}^n$, so dass Φ ein C^1-Diffeomorphismus zwischen U und V ist. Außerdem gilt laut Satz über inverse Funktionen

$$D[\Phi^{-1}(0)] = (D\Phi(\bar{x}))^{-1}.$$

Damit erhalten wir

$$x \in U \quad \Leftrightarrow \quad \exists\, y \in V : y = \Phi(x).$$

Um die in Abb. 3.12 angedeutete Vereinfachung der Nullstellenmenge von h in den neuen Koordinaten nachzuvollziehen, betrachten wir die Äquivalenzen

$$x \in U,\ h(x) = 0 \Leftrightarrow \exists\, y \in V : y = \Phi(x) = \begin{pmatrix} h(x) \\ h_{q+1}(x) \\ \vdots \\ h_n(x) \end{pmatrix},\ h(x) = 0$$

$$\Leftrightarrow \exists\, y \in V : y = \Phi(x),\ y_1 = \ldots = y_q = 0$$

$$\Leftrightarrow \exists\, z \in W : x = \Phi^{-1}\begin{pmatrix} 0_q \\ z \end{pmatrix},$$

wobei

$$W = \left\{ z \in \mathbb{R}^{n-q} \middle| \begin{pmatrix} 0_q \\ z \end{pmatrix} \in V \right\}$$

eine Umgebung von $\bar{z} = 0$ in $\mathbb{R}^{n-q}$ ist. Lokal um $\bar{x}$ kann man M also durch die $n - q$ Freiheitsgrade des Vektors z beschreiben, und zwar mit dem C^1-Diffeomorphismus Φ. Man spricht in diesem Fall davon, dass M lokal um $\bar{x}$ eine C^1-*Mannigfaltigkeit der Dimension* $n - q$ ist.

Als Nächstes wenden wir diese Transformation auf einen lokalen Minimalpunkt $\bar{x}$ von P an. Per Definition ist $\bar{x}$ genau dann lokaler Minimalpunkt von P, wenn eine weitere Umgebung U_2 von $\bar{x}$ existiert, so dass alle $x \in U_2 \cap M$ die Ungleichung $f(x) \geq f(\bar{x})$ erfüllen.

Ohne Einschränkung sei $U \subseteq U_2$. Dann gilt insbesondere

$$\forall \, x \in U \text{ mit } g(x) \leq 0, \; h(x) = 0 : \quad f(x) \geq f(\bar{x})$$

und damit

$$\forall \, z \in W \text{ mit } \widetilde{g}(z) \leq 0 : \quad \widetilde{f}(z) \geq \widetilde{f}(0), \tag{3.9}$$

wobei

$$\widetilde{f}(z) := f\left(\Phi^{-1} \begin{pmatrix} 0_q \\ z \end{pmatrix} \right)$$

und

$$\widetilde{g}_i(z) := g_i\left(\Phi^{-1} \begin{pmatrix} 0_q \\ z \end{pmatrix} \right), \; i \in I,$$

die Funktionen f und g_i „in neuen Koordinaten" sind. Als Verknüpfung von C^1-Funktionen sind diese transformierten Funktionen wieder stetig differenzierbar.

Die Aussage in (3.9) bedeutet gerade, dass $\bar{z} = 0$ ein lokaler Minimalpunkt des transformierten Problems

$$\widetilde{P} : \quad \min_{z \in \mathbb{R}^{n-q}} \widetilde{f}(z) \quad \text{s.t.} \quad \widetilde{g}(z) \leq 0$$

ist. Die Aufgabe der Koordinatentransformation, das gleichungsrestringierte Problem P lokal auf ein Problem ohne Gleichungen zurückzuführen, ist damit erfüllt. Wir können nun die Ergebnisse aus Abschn. 3.2.4 auf das transformierte Problem $\widetilde{P}$ anwenden und müssen das Ergebnis danach wieder in die Originalkoordinaten zurücktransformieren.

Beispielsweise existieren nach Satz 3.2.18 Multiplikatoren $\kappa \geq 0, \lambda_i \geq 0, i \in I_0(\bar{z})$, nicht alle null, mit

$$\kappa \nabla \widetilde{f}(\bar{z}) + \sum_{i \in I_0(\bar{z})} \lambda_i \nabla \widetilde{g}_i(\bar{z}) = 0, \tag{3.10}$$

wobei für $\kappa > 0$ die Wahl $|\{ i \in I_0(\bar{z}) | \lambda_i > 0 \}| \leq n - q$ möglich ist und für $\kappa = 0$ die Wahl $|\{ i \in I_0(\bar{z}) | \lambda_i > 0 \}| \leq n - q + 1$.

Dabei gilt

$$I_0(\bar{z}) = \left\{ i \in I \,\middle|\, 0 = \widetilde{g}_i(\bar{z}) = g_i \left(\Phi^{-1} \begin{pmatrix} 0_q \\ \bar{z} \end{pmatrix} \right) = g_i(\Phi^{-1}(0_n)) = g_i(\bar{x}) \right\} = I_0(\bar{x})$$

und

$$D\widetilde{f}(\bar{z}) = D \left[f \left(\Phi^{-1} \begin{pmatrix} 0_q \\ z \end{pmatrix} \right) \right]_{z=\bar{z}} = Df(\Phi^{-1}(0)) \cdot D(\Phi^{-1}(0)) \cdot \begin{pmatrix} 0_{q \times (n-q)} \\ E_{n-q} \end{pmatrix}$$

$$= Df(\bar{x}) \cdot (D\Phi(\bar{x}))^{-1} \cdot \begin{pmatrix} 0 \\ E \end{pmatrix}$$

sowie analog

$$D\widetilde{g}_i(\bar{z}) = Dg_i(\bar{x}) \cdot (D\Phi(\bar{x}))^{-1} \cdot \begin{pmatrix} 0 \\ E \end{pmatrix}$$

für alle $i \in I$.

Die in diesen Darstellungen auftretende Matrix

$$\Psi := (D\Phi(\bar{x}))^{-1} \cdot \begin{pmatrix} 0 \\ E \end{pmatrix}$$

ist die eindeutige Lösung des Systems

$$D\Phi(\bar{x}) \cdot \Psi = \begin{pmatrix} 0 \\ E \end{pmatrix}.$$

Da wir die Vektoren $\eta_{q+1}, \ldots, \eta_n$ als Orthonormalbasis gewählt haben, rechnet man leicht nach, dass $\Psi = (\eta_{q+1}, \ldots, \eta_n)$ die gewünschte Lösung ist.

Die Fritz-John-Bedingung (3.10) ist demnach äquivalent zu

$$\left[\kappa \, Df(\bar{x}) + \sum_{i \in I_0(\bar{x})} \lambda_i \, Dg_i(\bar{x}) \right] \cdot \Psi = 0,$$

was gleichbedeutend mit

$$\kappa \, \nabla f(\bar{x}) + \sum_{i \in I_0(\bar{x})} \lambda_i \, \nabla g_i(\bar{x}) \in \text{kern} \Psi^{\mathsf{T}} = \text{bild}(\nabla h_1(\bar{x}), \ldots, \nabla h_q(\bar{x}))$$

ist. Also gibt es Multiplikatoren $\mu_1, \ldots, \mu_q \in \mathbb{R}$ mit

$$\kappa \, \nabla f(\bar{x}) + \sum_{i \in I_0(\bar{x})} \lambda_i \, \nabla g_i(\bar{x}) + \sum_{j \in J} \mu_j \, \nabla h_j(\bar{x}) \; = \; 0.$$

Dies ist die gewünschte Bedingung in originalen Koordinaten. Wir fassen zusammen.

3.2.40 Satz (Satz von Fritz John)

Es sei $\bar{x}$ ein lokaler Minimalpunkt von P, an dem die Funktionen f, g_i, $i \in I_0(\bar{x})$, und h_j, $j \in J$, stetig differenzierbar sind. Dann existieren Multiplikatoren $\kappa \geq 0$, $\lambda_i \geq 0$, $i \in I_0(\bar{x})$, $\mu_j \in \mathbb{R}$, $j \in J$, nicht alle null, mit

$$\kappa \nabla f(\bar{x}) + \sum_{i \in I_0(\bar{x})} \lambda_i \, \nabla g_i(\bar{x}) + \sum_{j \in J} \mu_j \, \nabla h_j(\bar{x}) \; = \; 0.$$

Dabei kann man κ und die λ_i so wählen, dass entweder $\kappa > 0$ und $|\{i \in I_0(\bar{x}) | \lambda_i > 0\}| \leq n - q$ gilt oder $\kappa = 0$ und $|\{i \in I_0(\bar{x}) | \lambda_i > 0\}| \leq n - q + 1$.

Beweis Den Fall, in dem die Gradienten $\nabla h_j(\bar{x})$, $j \in J$, linear unabhängig sind, haben wir gerade bewiesen. In diesem Fall verschwinden sogar nicht alle Multiplikatoren $\kappa \geq 0$, $\lambda_i \geq 0$, $i \in I_0(\bar{x})$, gleichzeitig. Falls die Gradienten $\nabla h_j(\bar{x})$, $j \in J$, andererseits linear abhängig sind, dann existieren $\mu_1, \ldots, \mu_q \in \mathbb{R}$, nicht alle null, mit

$$\sum_{j \in J} \mu_j \, \nabla h_j(\bar{x}) \; = \; 0.$$

Die Behauptung folgt dann bereits mit der Setzung $\kappa = \lambda_i = 0$, $i \in I_0(\bar{x})$. $\square$

Zur Formulierung des Satzes von Karush-Kuhn-Tucker bei Anwesenheit von Gleichungsrestriktionen benötigen wir eine entsprechende Verallgemeinerung der MFB auf gleichungsrestringierte Probleme.

3.2.41 Definition (Mangasarian-Fromowitz-Bedingung)

Der Punkt $\bar{x} \in M$ erfüllt die *Mangasarian-Fromowitz-Bedingung (MFB)*, falls folgende Aussagen gelten:

a) Die Vektoren $\nabla h_j(\bar{x})$, $j \in J$, sind linear unabhängig,
b) Es existiert ein $d \in \mathbb{R}^n$ mit

$$\langle \nabla g_i(\bar{x}), d \rangle < 0, \; i \in I_0(\bar{x}), \; \langle \nabla h_j(\bar{x}), d \rangle = 0, \; j \in J.$$

3.2.42 Satz (Satz von Karush-Kuhn-Tucker)

Es sei $\bar{x}$ ein lokaler Minimalpunkt von P, an dem die Funktionen f, g_i, $i \in I_0(\bar{x})$, und h_j, $j \in J$, stetig differenzierbar sind, und an $\bar{x}$ gelte die MFB. Dann existieren Multiplikatoren $\lambda_i \geq 0$, $i \in I_0(\bar{x})$, $\mu_j \in \mathbb{R}$, $j \in J$, mit

$$\nabla f(\bar{x}) + \sum_{i \in I_0(\bar{x})} \lambda_i \nabla g_i(\bar{x}) + \sum_{j \in J} \mu_j \nabla h_j(\bar{x}) = 0.$$

Dabei kann man die λ_i so wählen, dass $|\{ i \in I_0(\bar{x}) | \lambda_i > 0 \}| \leq n - q$ gilt.

Beweis Die Behauptung folgt analog zum Beweis von Satz 3.2.40 aus Satz 3.2.22, sobald wir gezeigt haben, dass an $\bar{z} = 0$ im transformierten Problem $\widetilde{P}$ die MFB erfüllt ist. Tatsächlich ist nach Teil a der MFB in Definition 3.2.41 das Problem $\widetilde{P}$ überhaupt konstruierbar.

Ferner bedeutet die MFB an $\bar{z} = 0$ in $\widetilde{P}$ nach Definition 3.2.3 die Existenz eines $\delta \in \mathbb{R}^{n-q}$ mit

$$\forall i \in I_0(\bar{z}): \quad 0 > \langle \nabla \widetilde{g}_i(\bar{z}), \delta \rangle = \langle \Psi^\mathsf{T} \nabla g_i(\bar{x}), \delta \rangle = \langle \nabla g_i(\bar{x}), \Psi \delta \rangle$$

mit der Matrix Ψ von oben, deren Spalten eine Orthonormalbasis des Kerns von $Dh(\bar{x})$ bilden. Gleichbedeutend kann man die Existenz eines Vektors $d \in \ker Dh(\bar{x})$ mit

$$\forall i \in I_0(\bar{x}): \quad 0 > \langle \nabla g_i(\bar{x}), d \rangle$$

fordern. Dies ist genau Teil b in Definition 3.2.41. $\qquad\square$

In der Praxis wird häufig eine Regularitätsbedingung benutzt, die noch stärker als die MFB ist.

3.2.43 Definition (Lineare-Unabhängigkeits-Bedingung)

An $\bar{x} \in M$ gilt die *Lineare-Unabhängigkeits-Bedingung (LUB)*, falls die Vektoren $\nabla g_i(\bar{x})$, $i \in I_0(\bar{x})$, $\nabla h_j(\bar{x})$, $j \in J$, also die Gradienten aller in $\bar{x}$ aktiven Restriktionen, linear unabhängig sind.

3.2.44 Satz

Die LUB an $\bar{x}$ impliziert die MFB an $\bar{x}$.

Beweis An $\bar{x}$ gilt die MFB genau dann, wenn die Vektoren $\nabla h_j(\bar{x})$, $j \in J$, linear unabhängig sind und wenn das System $\langle \nabla g_i(\bar{x}), \Psi \delta \rangle < 0, i \in I_0(\bar{x})$, lösbar in δ ist. Nach dem Lemma von Gordan ist Letzteres dazu äquivalent, dass die Gleichung

$$\sum_{i \in I_0(\bar{x})} \lambda_i \, \Psi^\mathsf{T} \nabla g_i(\bar{x}) \; = \; 0$$

nicht mit $\lambda_{I_0} \geq 0, \lambda_{I_0} \neq 0$ lösbar ist. Insgesamt kann man die MFB also äquivalent schreiben als die gleichzeitige Unlösbarkeit von

$$\sum_{j \in J} \mu_j \, \nabla h_j(\bar{x}) \; = \; 0$$

mit $\mu \neq 0$ und

$$\Psi^\mathsf{T} \left(\sum_{i \in I_0(\bar{x})} \lambda_i \, \nabla g_i(\bar{x}) \right) \; = \; 0$$

mit $\lambda_{I_0} \geq 0, \lambda_{I_0} \neq 0$. Es ist nicht schwer zu sehen, dass dies gleichbedeutend mit der Unlösbarkeit von

$$\sum_{i \in I_0(\bar{x})} \lambda_i \, \nabla g_i(\bar{x}) + \sum_{j \in J} \mu_j \, \nabla h_j(\bar{x}) \; = \; 0$$

mit $\lambda_{I_0} \geq 0$ und $(\lambda_{I_0}, \mu) \neq (0,0)$ ist. Lässt man hierin die Bedingung $\lambda_{I_0} \geq 0$ fallen, so entsteht genau die LUB. Folglich ist die LUB stärker als die MFB. $\qquad\square$

3.2.45 Übung Konstruieren Sie eine durch zwei Ungleichungen beschriebene zulässige Menge $M \subseteq \mathbb{R}^2$, an deren Rand nirgends die LUB, aber überall die MFB erfüllt ist.

3.2.46 Beispiel

Der Satz 3.2.42 erlaubt es beispielsweise, die Spektralnorm

$$\|A\|_2 \; = \; \max\{\|Ad\|_2 \mid \|d\|_2 = 1\}$$

einer (m, n)-Matrix A (Bemerkung 2.2.41) zu berechnen. Diese Zahl ist der Optimalwert des Optimierungsproblems

$$P: \quad \max_{d \in \mathbb{R}^n} \|Ad\|_2 \quad \text{s.t.} \quad \|d\|_2 = 1$$

mit stetiger Zielfunktion und nichtleerer und kompakter zulässiger Menge, wird nach dem Satz von Weierstraß also an einem Optimalpunkt $\bar{d}$ angenommen. Nach Übung 1.1.3 und Übung 1.3.4 besitzt das nichtglatte Maximierungsproblem P dieselben Optimalpunkte wie das glatte Minimierungsproblem

$$Q: \quad \min_{d \in \mathbb{R}^n} -\|Ad\|_2^2 \quad \text{s.t.} \quad \|d\|_2^2 = 1,$$

und der Optimalwert v_P von P berechnet sich aus dem Optimalwert v_Q von Q durch $v_P = \sqrt{-v_Q}$.

Als Zielfunktion des Problems Q lesen wir $f(d) = -d^\mathsf{T} A^\mathsf{T} A d$ mit $\nabla f(d) = -2A^\mathsf{T} A d$ ab und als Gleichungsrestriktion $0 = h(d) = d^\mathsf{T} d - 1$ mit $\nabla h(d) = 2d$. Insbesondere gilt für jeden Optimalpunkt $\bar{d}$ von Q daher $\nabla h(\bar{d}) \neq 0$, also die LUB. Satz 3.2.42 liefert somit für jeden Optimalpunkt $\bar{d}$ von Q die Existenz eines Multiplikators $\bar{\mu} \in \mathbb{R}$ mit

$$0 = \nabla f(\bar{d}) + \bar{\mu} \nabla h(\bar{d}) = -2A^\mathsf{T} A \bar{d} + 2\bar{\mu}\bar{d}.$$

Dies ist gleichbedeutend mit $A^\mathsf{T} A \bar{d} = \bar{\mu}\bar{d}$, also damit, dass $\bar{d}$ notwendigerweise ein Eigenvektor von $A^\mathsf{T} A$ mit zugehörigem Eigenwert $\bar{\mu}$ ist. Als Optimalwert von Q ergibt sich

$$v_Q = -\bar{d}^\mathsf{T} A^\mathsf{T} A \bar{d} = -\bar{d}^\mathsf{T} (\bar{\mu}\bar{d}) = -\bar{\mu}\bar{d}^\mathsf{T}\bar{d} = -\bar{\mu}$$

und als Optimalwert von P demnach

$$v_P = \sqrt{-v_Q} = \sqrt{\bar{\mu}},$$

wobei $\bar{\mu}$ mit einem der Eigenwerte $\lambda_1, \ldots, \lambda_n$ von $A^\mathsf{T} A$ übereinstimmt.

Das „Aussieben" durch Satz 3.2.42 hat also ergeben, dass v_P mit keiner Zahl übereinstimmen kann, die außerhalb der Menge $\{\sqrt{\lambda} \mid \lambda \text{ EW von } A^\mathsf{T} A\}$ liegt. Unter diesen restlichen (maximal n) Möglichkeiten ist es jedoch einfach, die beste auszuwählen: Mit dem (bzw. einem) maximalen Eigenwert $\lambda_{\max}(A^\mathsf{T} A)$ der Matrix $A^\mathsf{T} A$ erhalten wir

$$\|A\|_2 = v_P = \sqrt{\lambda_{\max}(A^\mathsf{T} A)}.$$

Die geometrische Interpretation dieser Formel haben wir in Bemerkung 2.2.41 vorgestellt. ◄

3.2.47 Bemerkung Jede Zahl $\sqrt{\lambda}$ zu einem positiven Eigenwert λ der Matrix $A^\mathsf{T} A$ heißt *Singulärwert* der (m, n)-Matrix A.

3.2.8 Karush-Kuhn-Tucker-Punkte

Der grundlegende Satz 3.2.42 erlaubt es, das aus dem unrestringierten Fall bekannte Konzept eines kritischen Punkts von P auf den restringierten Fall zu übertragen.

3.2.48 Definition (Karush-Kuhn-Tucker-Punkt)

Zu $\bar{x} \in M$ gebe es $\lambda_i \geq 0$, $i \in I_0(\bar{x})$, $\mu_j \in \mathbb{R}$, $j \in J$, mit

$$\nabla f(\bar{x}) + \sum_{i \in I_0(\bar{x})} \lambda_i \, \nabla g_i(\bar{x}) + \sum_{j \in J} \mu_j \, \nabla h_j(\bar{x}) = 0.$$

Dann heißt $\bar{x}$ *Karush-Kuhn-Tucker-Punkt (KKT-Punkt)* von *P*. Die Koeffizienten λ_i, $i \in I_0(\bar{x})$, und μ_j, $j \in J$, heißen *KKT-Multiplikatoren*.

Zum Beweis von Satz 3.2.42 haben wir gezeigt, dass jeder stationäre Punkt im Sinne von Definition 3.2.1, an dem zusätzlich die MFB gilt, auch KKT-Punkt ist. Wie das Konzept des kritischen Punkts in der unrestringierten Optimierung spielt das Konzept des KKT-Punkts also die Rolle der „algebraischen Übersetzung" des geometrisch motivierten und daher algorithmisch schlecht überprüfbaren Konzepts der Stationarität.

In der Literatur werden KKT-Multiplikatoren oft auch als *Lagrange*-Multiplikatoren bezeichnet. Lagrange und Euler haben bereits in der Mitte des 18. Jahrhunderts Vorläufer des Satzes von Karush-Kuhn-Tucker für den Fall ohne Ungleichungen gekannt.

Aus Ergebnissen der linearen Algebra folgt, dass die Multiplikatoren eines KKT-Punkts $\bar{x}$ *eindeutig* bestimmt sind, wenn an $\bar{x}$ die LUB gilt. Satz 3.2.42 und Satz 3.2.44 liefern daher folgendes Ergebnis.

3.2.49 Korollar

Es sei $\bar{x}$ ein lokaler Minimalpunkt von P, an dem die Funktionen f, g_i, $i \in I_0(\bar{x})$, und h_j, $j \in J$, stetig differenzierbar sind, und an $\bar{x}$ gelte die LUB. Dann ist $\bar{x}$ ein KKT-Punkt von P mit eindeutigen KKT-Multiplikatoren.

Mit Korollar 3.2.49 sind wir in der Lage, analog zu Algorithmus 2.1 den konzeptionellen Algorithmus 3.1 zur restringierten nichtlinearen Minimierung anzugeben. Er nutzt folgende Umformulierung der Aussage von Korollar 3.2.49: An jedem lokalen Minimalpunkt $\bar{x}$ von *P* können die zwei Fälle auftreten, dass

- entweder die LUB verletzt ist
- oder die LUB erfüllt und gleichzeitig $\bar{x}$ KKT-Punkt ist.

3.2.50 Übung Nutzen Sie Satz 3.2.42 aus, um Algorithmus 3.1 zu verbessern. Wie ändert sich die Kandidatenmenge, wenn sich unter den KKT-Punkten Elemente befinden, an denen nur die MFB, aber nicht die LUB erfüllt ist?

Um einen KKT-Punkt zu bestimmen, muss man eine Lösung (x, λ, μ) des folgenden Systems finden, in dem auch die Zulässigkeit von x explizit gefordert wird:

Algorithmus 3.1: Konzeptioneller Algorithmus zur restringierten nichtlinearen Minimierung mit Informationen erster Ordnung

---

Input : Lösbares restringiertes C^1-Optimierungsproblem P
Output : Globaler Minimalpunkt $x^\star$ von P

1 begin
2   Bestimme die Menge LA der Punkte in M, an denen die LUB verletzt ist.
3   Bestimme unter den Punkten in M, an denen die LUB erfüllt ist, die Menge KKT aller KKT-Punkte.
4   Bestimme einen Minimalpunkt $x^\star$ von f in $LA \cup KKT$.
5 end

$$\left. \begin{aligned} \nabla f(x) + \sum_{i \in I_0(x)} \lambda_i \, \nabla g_i(x) + \sum_{j \in J} \mu_j \, \nabla h_j(x) &= 0, \\ g_i(x) &\leq 0, \; i \in I, \\ h_j(x) &= 0, \; j \in J, \\ \lambda_i &\geq 0, \; i \in I_0(x). \end{aligned} \right\} \tag{3.11}$$

Um uns algorithmische Probleme mit dem Definitionsbereich der linken Seite der ersten Gleichung in (3.11) zu ersparen, setzen wir ab jetzt voraus, dass die Funktionen f, g und h auf ganz $\mathbb{R}^n$ stetig differenzierbar sind.

Leider hängt das System (3.11) von der a priori unbekannten Aktive-Index-Menge $I_0(x)$ ab, so dass man zur Bestimmung von KKT-Punkten Fallunterscheidungen bezüglich $I_0(x)$ ausführen muss. Wegen $I = \{1, \dots p\}$ sind dies (für $p \leq n - q$) schlimmstenfalls 2^p Fälle, also *exponentiell viele*. Für sehr kleine Werte von p ist dies noch handhabbar, algorithmisch schlägt man für größere Werte von p aber einen anderen Weg ein.

Dazu führt man künstliche Multiplikatoren λ_i für $i \in I \setminus I_0(x)$ ein, sorgt durch eine zusätzliche Restriktion aber dafür, dass diese verschwinden. Zum Beispiel ist (3.11) äquivalent zu

$$\left. \begin{aligned} \nabla f(x) + \sum_{i \in I} \lambda_i \, \nabla g_i(x) + \sum_{j \in J} \mu_j \, \nabla h_j(x) &= 0, \\ g_i(x) &\leq 0, \; i \in I, \\ h_j(x) &= 0, \; j \in J, \\ \lambda_i &\geq 0, \; i \in I, \\ \lambda_i \cdot g_i(x) &= 0, \; i \in I. \end{aligned} \right\} \tag{3.12}$$

Eine Bedingung der Form $a, b \geq 0$, $a \cdot b = 0$ heißt *Komplementaritätsbedingung*. Für alle $i \in I$ erfüllen also λ_i und $-g_i(x)$ eine Komplementaritätsbedingung. Für eine an x aktive Restriktion g_i ist sie automatisch erfüllt, während sie für eine inaktive Restriktion (also für $g_i(x) < 0$) $\lambda_i = 0$ erzwingt. Dadurch werden (3.11) und (3.12) äquivalent.

Unter den Vorzeichenbeschränkungen an λ_i und $g_i(x)$ könnte man die letzte Zeile von (3.12) äquivalent auch durch

$$\sum_{i \in I} \lambda_i \cdot g_i(x) = 0 \qquad (3.13)$$

ersetzen. In der linearen Optimierung führt dies mit den Bezeichnungen aus Beispiel 3.2.10 auf die zentrale Bedingung $\lambda^\mathsf{T}(Ax + b) = 0$, wobei der Multiplikatorenvektor λ dann *Dualvariable* genannt wird [24, 33]. Wie wir in Kürze sehen werden, ist diese Ersetzung in der nichtlinearen Optimierung nicht wünschenswert.

Offensichtlich gilt an einem KKT-Punkt $\bar{x}$ für jedes $i \in I$ entweder $g_i(\bar{x}) = 0$ oder $g_i(\bar{x}) < 0$ sowie entweder $\lambda_i = 0$ oder $\lambda_i > 0$. Die Komplementaritätsbedingung erzwingt $\lambda_i = 0$ für $g_i(\bar{x}) < 0$, aber nicht $\lambda_i > 0$ für $g_i(\bar{x}) = 0$, sondern nur $\lambda_i \geq 0$. Für viele Resultate der nichtlinearen Optimierung ist es wichtig, diese Beziehung zu verschärfen, um eine Äquivalenz von $\lambda_i = 0$ und $g_i(\bar{x}) < 0$ bzw. $\lambda_i > 0$ und $g_i(\bar{x}) = 0$ zu erreichen.

3.2.51 Definition (Strikte Komplementaritätsbedingung)
Am KKT-Punkt $\bar{x}$ gelte die LUB, und zu $\bar{x}$ sei $(\bar{\lambda}_{I_0}, \bar{\mu})$ die eindeutige Lösung von (3.11). Dann gilt an $\bar{x}$ die *strikte Komplementaritätsbedingung (SKB)*, falls $\bar{\lambda}_i > 0$ für alle $i \in I_0(\bar{x})$ erfüllt ist.

Punkte (a, b), die einer Komplementaritätsbedingung $a, b \geq 0$, $a \cdot b = 0$ genügen, bilden in der (a, b)-Ebene die Vereinigung der nichtnegativen a- und b-Achsen (Abb. 3.13). *Strikte Komplementarität* bedeutet hier gerade, dass die Knickstelle dieser Menge, nämlich der Nullpunkt, aus der Menge entfernt wird.

3.2.52 Beispiel

Für $f(x) = x^2$ und $g(x) = x$ ist $\bar{x} = 0$ ein lokaler Minimalpunkt von P, an dem zwar die LUB erfüllt, aber die SKB verletzt ist, denn die Gleichung

$$0 = [2x + \lambda \cdot 1]_{\bar{x}=0}$$

Abb. 3.13 Durch (strikte) Komplementaritätsbedingung definierte Menge

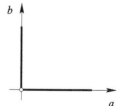

lässt nur die Lösung $\lambda = 0$ zu. Wir merken an, dass die Situation am Minimalpunkt insofern degeneriert ist, als f dort auch in Abwesenheit der aktiven Restriktion g einen Minimalpunkt hätte. Für eine genauere Untersuchung dieser Degeneriertheit sei auf [35] verwiesen. ◄

3.2.53 Definition (Lagrange-Funktion)
Die Funktion

$$L : \mathbb{R}^n \times \mathbb{R}^p \times \mathbb{R}^q \to \mathbb{R}, \ (x, \lambda, \mu) \mapsto f(x) + \sum_{i \in I} \lambda_i \, g_i(x) + \sum_{j \in J} \mu_j \, h_j(x)$$

heißt *Lagrange-Funktion* von P.

Mit Hilfe der Lagrange-Funktion kann man (3.12) kompakter als

$$\left. \begin{aligned}
\nabla_x L(x, \lambda, \mu) &= 0, \\
\nabla_\lambda L(x, \lambda, \mu) &\leq 0, \\
\nabla_\mu L(x, \lambda, \mu) &= 0, \\
\lambda &\geq 0, \\
\mathrm{diag}(\lambda) \cdot \nabla_\lambda L(x, \lambda, \mu) &= 0
\end{aligned} \right\} \tag{3.14}$$

aufschreiben, wobei

$$\mathrm{diag}(\lambda) := \begin{pmatrix} \lambda_1 & & 0 \\ & \ddots & \\ 0 & & \lambda_p \end{pmatrix}$$

die mit den Einträgen des Vektors λ gebildete Diagonalmatrix bezeichnet.

In Abwesenheit von Ungleichungsrestriktionen (also im Fall $I = \emptyset$) vereinfacht sich (3.14) sogar zu

$$\nabla L(x, \mu) = 0,$$

also zu einer Kritische-Punkt-Bedingung an die Lagrange-Funktion. In der Dualitätstheorie [33] wird gezeigt, dass unter passenden Voraussetzungen ein solcher kritischer Punkt von L nicht etwa Minimalpunkt, sondern *Sattelpunkt* von L ist. Jedenfalls ist wie im unrestringierten Fall „nur" ein Nullstellenproblem zu lösen. Dies zeigt, dass rein gleichungsrestringierte nichtlineare Optimierungsprobleme algorithmisch erheblich einfacher zu handhaben sind als Probleme mit Ungleichungsrestriktionen.

3.2.54 Beispiel

Wir betrachten das rein gleichungsrestringierte Problem

$$P: \quad \min_{x \in \mathbb{R}^2} f(x) \quad \text{s.t.} \quad h(t, x) = 0$$

mit

$$f(x) = \tfrac{1}{2}(x_1^2 - x_2^2),$$
$$h(t, x) = x_2 - \tfrac{t}{2}x_1^2 - 1$$

und einem Parameter $t \in \mathbb{R}$. Die zugehörige Lagrange-Funktion lautet

$$L(x, \mu) = \tfrac{1}{2}(x_1^2 - x_2^2) + \mu \left(x_2 - \tfrac{t}{2}x_1^2 - 1\right),$$

so dass das KKT-System

$$0 = \nabla_x L(x, \mu) = \begin{pmatrix} x_1 \\ -x_2 \end{pmatrix} + \mu \begin{pmatrix} -tx_1 \\ 1 \end{pmatrix},$$
$$0 = \nabla_\mu L(x, \mu) = x_2 - \tfrac{t}{2}x_1^2 - 1$$

entsteht. Der Punkt $\bar{x} = (0, 1)^\mathsf{T}$ ist daher für jedes $t \in \mathbb{R}$ KKT-Punkt von P mit $\bar{\mu} = 1$. Wegen $\nabla h(\bar{x}) = (0, 1)^\mathsf{T}$ gilt außerdem für jedes $t \in \mathbb{R}$ die LUB an $\bar{x}$.

Abb. 3.14 zeigt geometrisch, dass der Punkt $\bar{x}$ allerdings nur für hinreichend kleine t tatsächlich ein lokaler Minimalpunkt von P ist, während er für große Werte von t ein lokaler *Maximal*punkt ist. ◄

Abb. 3.14 Höhenlinien von f und zulässige Mengen für zwei Werte von t

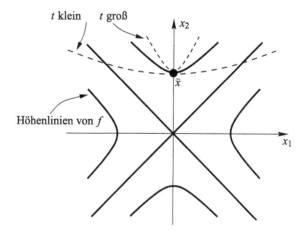

3.2.55 Übung   Ersetzen Sie in Beispiel 3.2.54 die Gleichungsrestriktion $h(t, x) = 0$ durch die Ungleichungsrestriktion $h(t, x) \leq 0$ und zeigen Sie, dass $\bar{x} = (0, 1)^\mathsf{T}$ für jedes $t \in \mathbb{R}$ KKT-Punkt des neuen Problems P ist, dass aber $\bar{x}$ trotzdem für zu große Werte von t kein lokaler Minimalpunkt ist.

In Beispiel 3.2.54 lässt sich der kritische Parameterwert $\bar{t}$, an dem der Punkt $\bar{x}$ vom lokalen Minimal- zum Maximalpunkt wird, offensichtlich nicht mit Hilfe der KKT-Bedingung als Bedingung erster Ordnung bestimmen, da der Wechsel durch eine kritische *Krümmung* der Restriktionsfunktion bedingt ist. Solche Krümmungsinformationen lassen sich wie im unrestringierten Fall wieder mit Bedingungen zweiter Ordnung berücksichtigen.

3.2.9   Optimalitätsbedingungen zweiter Ordnung

Um die Form der Optimalitätsbedingungen zweiter Ordnung in der restringierten Optimierung zu motivieren, betrachten wir die Gleichung, die aus (3.14) durch Unterschlagen der Ungleichungen entsteht:

$$
0 \;=\; \mathscr{T}(x, \lambda, \mu) \;:=\; \begin{pmatrix} \nabla_x L(x, \lambda, \mu) \\ \mathrm{diag}(\lambda) \cdot \nabla_\lambda L(x, \lambda, \mu) \\ \nabla_\mu L(x, \lambda, \mu) \end{pmatrix}. \tag{3.15}
$$

3.2.56 Definition (Kritischer Punkt eines restringierten Problems)
Ein Punkt $\bar{x} \in M$, der mit Multiplikatoren $\bar{\lambda}$ und $\bar{\mu}$ die Gleichung $\mathscr{T}(\bar{x}, \bar{\lambda}, \bar{\mu}) = 0$ erfüllt, heißt *kritischer Punkt* von P.

3.2.57 Beispiel

In Beispiel 3.2.54 ist der Punkt $\bar{x} = (0, 1)^\mathsf{T}$ kritischer Punkt von P. ◄

Beachten Sie, dass Nullstellen $(\bar{x}, \bar{\lambda}, \bar{\mu})$ von $\mathscr{T}$ im Gegensatz zu kritischen Punkten unzulässig sein können und dass kritische Punkte sich von KKT-Punkten nur dadurch unterscheiden, dass keine Nichtnegativitätsbedingung an $\bar{\lambda}$ gefordert wird.

In (3.15) stehen genau $n + p + q$ Gleichungen für $n + p + q$ Unbekannte, so dass man unter einer passenden Regularitätsvoraussetzung isolierte Nullstellen von $\mathscr{T}$ erwarten kann. Hätte man die Komplementaritätsbedingungen wie in (3.13) zusammengefasst, würden für dieses Argument $p - 1$ Gleichungen fehlen und (3.13) wäre außerdem degeneriert, was eine Regularitätsannahme erschweren würde.

Entscheidend für die Lösungsstruktur von (3.14) ist, ob die Jacobi-Matrix $D\mathcal{T}(x, \lambda, \mu)$ in einer Nullstelle von $\mathcal{T}$ nichtsingulär ist. Wir setzen daher alle auftretenden Funktionen ab jetzt als zweimal stetig differenzierbar voraus und berechnen im Folgenden diese Jacobi-Matrix. Dazu sei ohne Einschränkung $I_0(\bar{x}) = \{1, \ldots, p_0\}$, und wir setzen

$$g_{I_0} := \begin{pmatrix} g_1 \\ \vdots \\ g_{p_0} \end{pmatrix}, \qquad \lambda_{I_0} := \begin{pmatrix} \lambda_1 \\ \vdots \\ \lambda_{p_0} \end{pmatrix},$$

$$g_{I_0^c} := \begin{pmatrix} g_{p_0+1} \\ \vdots \\ g_p \end{pmatrix}, \qquad \lambda_{I_0^c} := \begin{pmatrix} \lambda_{p_0+1} \\ \vdots \\ \lambda_p \end{pmatrix}.$$

In der Funktion $\mathcal{T}$ können wir so durch

$$\mathcal{T}(x, \lambda, \mu) = \begin{pmatrix} \nabla_x L(x, \lambda, \mu) \\ \text{diag}(\lambda_{I_0}) \cdot g_{I_0}(x) \\ \text{diag}(\lambda_{I_0^c}) \cdot g_{I_0^c}(x) \\ h(x) \end{pmatrix}$$

zwischen aktiven und inaktiven Restriktionen unterscheiden.

3.2.58 Lemma
Es sei $\mathcal{T}(\bar{x}, \bar{\lambda}, \bar{\mu}) = 0$. Dann ist $D\mathcal{T}(\bar{x}, \bar{\lambda}, \bar{\mu})$ genau dann nichtsingulär, wenn $\bar{\lambda}_i \neq 0$ für alle $i \in I_0(\bar{x})$ gilt und wenn die Matrix

$$\begin{pmatrix} D_x^2 L(\bar{x}, \bar{\lambda}, \bar{\mu}) & \nabla g_{I_0}(\bar{x}) & \nabla h(\bar{x}) \\ Dg_{I_0}(\bar{x}) & 0 & 0 \\ Dh(\bar{x}) & 0 & 0 \end{pmatrix}$$

nichtsingulär ist.

Beweis Im folgenden Beweis unterschlagen wir zur Abkürzung die offensichtlichen Argumente der auftretenden Funktionen. Es gilt

$$D\mathscr{T}(\bar{x}, \bar{\lambda}, \bar{\mu}) = D_{(x, \lambda_{I_0}, \lambda_{I_0^c}, \mu)}\mathscr{T}(\bar{x}, \bar{\lambda}_{I_0}, \bar{\lambda}_{I_0^c}, \bar{\mu})$$

$$= \begin{pmatrix} D_x^2 L & \nabla g_{I_0} & \nabla g_{I_0^c} & \nabla h \\ \mathrm{diag}(\bar{\lambda}_{I_0})Dg_{I_0} & \mathrm{diag}(g_{I_0}) & 0 & 0 \\ \mathrm{diag}(\bar{\lambda}_{I_0^c})Dg_{I_0^c} & 0 & \mathrm{diag}(g_{I_0^c}) & 0 \\ Dh & 0 & 0 & 0 \end{pmatrix}.$$

Der Block $\mathrm{diag}(g_{I_0})$ dieser Matrix verschwindet wegen der Definition eines aktiven Index. Die Matrix $\mathrm{diag}(\bar{\lambda}_{I_0^c})$ verschwindet ebenfalls, da wegen $\mathscr{T} = 0$ insbesondere die Komplementaritätsbedingungen erfüllt sind. Vertauschen wir nun noch in der resultierenden Matrix die dritte und vierte Blockzeile sowie die dritte und vierte Blockspalte, so ist $D\mathscr{T}$ genau dann nichtsingulär, wenn die Matrix

$$\left(\begin{array}{ccc|c} D_x^2 L & \nabla g_{I_0} & \nabla h & \nabla g_{I_0^c} \\ \mathrm{diag}(\bar{\lambda}_{I_0})Dg_{I_0} & 0 & 0 & 0 \\ Dh & 0 & 0 & 0 \\ \hline 0 & 0 & 0 & \mathrm{diag}(g_{I_0^c}) \end{array} \right)$$

nichtsingulär ist. Aus der Definition eines inaktiven Index folgt, dass keiner der Einträge auf der Diagonalen von $\mathrm{diag}(g_{I_0^c})$ verschwindet, diese Diagonalmatrix also nichtsingulär ist. Die Blockstruktur der obigen Matrix impliziert daher, dass sie genau dann nichtsingulär ist, wenn

$$\begin{pmatrix} D_x^2 L & \nabla g_{I_0} & \nabla h \\ \mathrm{diag}(\bar{\lambda}_{I_0})Dg_{I_0} & 0 & 0 \\ Dh & 0 & 0 \end{pmatrix}$$

nichtsingulär ist. Letztere Matrix lässt sich als Produkt von

$$\begin{pmatrix} E_n & 0 & 0 \\ 0 & \mathrm{diag}(\bar{\lambda}_{I_0}) & 0 \\ 0 & 0 & E_q \end{pmatrix}$$

und

$$\begin{pmatrix} D_x^2 L & \nabla g_{I_0} & \nabla h \\ Dg_{I_0} & 0 & 0 \\ Dh & 0 & 0 \end{pmatrix}$$

schreiben, so dass schließlich $D\mathscr{T}$ genau dann nichtsingulär ist, wenn diese beiden Matrizen nichtsingulär sind. Dies liefert die Behauptung. □

Als Nächstes charakterisieren wir die Nichtsingularität von Matrizen der Struktur

$$\begin{pmatrix} A & B \\ B^\mathsf{T} & 0 \end{pmatrix},$$

wobei A eine (n, n)-Matrix und B eine (n, m)-Matrix seien, also zum Beispiel $A = D_x^2 L(\bar{x}, \bar{\lambda}, \bar{\mu})$ und $B = (\nabla g_{I_0}(\bar{x}), \nabla h(\bar{x}))$ mit $m = p_0 + q$.

Für rang$(B) = m$ hat kernB^T bekanntlich die Dimension $n - m$. Zunächst sei $m < n$. Dann wählen wir Vektoren $v^1, \ldots, v^{n-m} \in \mathbb{R}^n$, die eine Basis von kernB^T bilden, und bilden daraus die $(n, n-m)$-Matrix $V = (v^1, \ldots, v^{n-m})$.

3.2.59 Definition (Einschränkung einer Matrix)

Die $(n - m, n - m)$-Matrix $A|_{\text{kern}B^\mathsf{T}} := V^\mathsf{T} A V$ heißt *Einschränkung* von A auf kernB^T.

Die in Definition 3.2.59 eingeführte Terminologie erklärt sich dadurch, dass die Einschränkung $q|_{\text{kern}B^\mathsf{T}}$ der quadratischen Funktion $q(d) = d^\mathsf{T} A d$ auf den Raum kernB^T die Darstellung $q|_{\text{kern}B^\mathsf{T}}(d) = d^\mathsf{T}(A|_{\text{kern}B^\mathsf{T}})d$ besitzt.

Wir werden im Folgenden nur an Eigenschaften von $A|_{\text{kern}B^\mathsf{T}}$ interessiert sein, die nicht von der Wahl von V abhängen. Nach dem Trägheitssatz von Sylvester [8, 20] betrifft dies zum Beispiel die Anzahlen der positiven, negativen und verschwindenden Eigenwerte von $A|_{\text{kern}B^\mathsf{T}}$.

Im Fall $m = n$ ist rang$(B) = m$ gleichbedeutend mit der Nichtsingularität von B. Dann gilt kern$B^\mathsf{T} = \{0\}$, und $A|_{\text{kern}B^\mathsf{T}}$ wird formal zu einer „$(0, 0)$-Matrix" (also zu einer Matrix ohne jegliche Zeilen und Spalten). Formallogisch ist solch eine leere Matrix sowohl nichtsingulär als auch positiv und negativ definit, denn die entsprechenden Aussagen über alle Eigenwerte sind trivialerweise erfüllt. Diese Sicht wird sich auch als inhaltlich sinnvoll erweisen.

3.2.60 Beispiel

Für $B = (\nabla g_{I_0}(\bar{x}), \nabla h(\bar{x}))$ gilt rang$(B) = m = p_0 + q$ genau dann, wenn die LUB an $\bar{x}$ erfüllt ist. In diesem Fall heißt

$$\text{kern } B^\mathsf{T} = \{d \in \mathbb{R}^n | \langle \nabla g_i(\bar{x}), d \rangle = 0, \ i \in I_0(\bar{x}), \ \langle \nabla h_j(\bar{x}), d \rangle = 0, \ j \in J\} =: T(\bar{x}, M)$$

Tangentialraum an M in $\bar{x}$. Für $A = D_x^2 L(\bar{x}, \bar{\lambda}, \bar{\mu})$ ist

$$A|_{\text{kern}B^\mathsf{T}} = D_x^2 L(\bar{x}, \bar{\lambda}, \bar{\mu})|_{T(\bar{x}, M)}$$

also die auf den Tangentialraum an M in $\bar{x}$ eingeschränkte Hesse-Matrix der Lagrange-Funktion. Im Fall $p_0 + q = n$ wird sie formal zu einer $(0,0)$-Matrix. ◄

3.2.61 Lemma (Strukturlemma)

Für eine (n, n)-Matrix A und eine (n, m)-Matrix B ist die Blockmatrix

$$\begin{pmatrix} A & B \\ B^{\mathsf{T}} & 0 \end{pmatrix}$$

genau dann nichtsingulär, wenn $\operatorname{rang}(B) = m$ gilt und wenn $A|_{\operatorname{kern}B^{\mathsf{T}}}$ nichtsingulär ist.

Beweis Zunächst sei

$$\begin{pmatrix} A & B \\ B^{\mathsf{T}} & 0 \end{pmatrix}$$

nichtsingulär. Dann sind insbesondere die letzten m Spalten dieser Matrix linear unabhängig, es gilt also $\operatorname{rang}(B) = m$. Damit gilt notwendigerweise auch $m \leq n$. Im Fall $m = n$ ist $A|_{\operatorname{kern}B^{\mathsf{T}}}$ formal eine $(0,0)$-Matrix, also trivialerweise nichtsingulär.

Nun seien $m < n$ und V eine $(n, n-m)$-Matrix, deren Spalten eine Basis von $\operatorname{kern}B^{\mathsf{T}}$ bilden. Dann gilt $A|_{\operatorname{kern}B^{\mathsf{T}}} = V^{\mathsf{T}}AV$, und wir haben zu zeigen, dass $V^{\mathsf{T}}AV$ nichtsingulär ist. Dazu wählen wir ein $\eta \in \mathbb{R}^{n-m} \setminus \{0\}$. Zu zeigen ist $V^{\mathsf{T}}AV\eta \neq 0$.

Wir setzen $d := V\eta$. Da V vollen Spaltenrang besitzt, gilt auch $d \neq 0$. Nehmen wir nun an, es gelte $V^{\mathsf{T}}AV\eta = 0$. Dies bedeutet

$$AV\eta \in \operatorname{kern}V^{\mathsf{T}} = (\operatorname{bild}V)^{\perp} = \operatorname{bild}B,$$

also existiert ein $\theta \in \mathbb{R}^m$ mit $AV\eta = B\theta$. Damit erhalten wir

$$\begin{pmatrix} A & B \\ B^{\mathsf{T}} & 0 \end{pmatrix} \begin{pmatrix} d \\ -\theta \end{pmatrix} = \begin{pmatrix} AV\eta - B\theta \\ B^{\mathsf{T}}V\eta \end{pmatrix} = \begin{pmatrix} 0 \\ 0 \end{pmatrix},$$

und nach Voraussetzung müssen folglich alle Einträge von d und $-\theta$ verschwinden. Dies steht im Widerspruch zu $d \neq 0$, und $V^{\mathsf{T}}AV$ ist demnach nichtsingulär.

Zum Beweis der Rückrichtung gelte $\operatorname{rang}(B) = m$, und $A|_{\operatorname{kern}B^{\mathsf{T}}}$ sei nichtsingulär. Die Rangbedingung an B impliziert $m \leq n$. Im Fall $m = n$ ist B quadratisch, so dass die Nichtsingularität der Matrix

$$\begin{pmatrix} A & B \\ B^{\mathsf{T}} & 0 \end{pmatrix}$$

sofort aus ihrer Blockstruktur folgt. Nun sei $m < n$. Wir wählen Vektoren $d \in \mathbb{R}^n$ und $c \in \mathbb{R}^m$ mit $(d, c) \neq 0$. Zu zeigen ist

$$\begin{pmatrix} A & B \\ B^\mathsf{T} & 0 \end{pmatrix} \begin{pmatrix} d \\ c \end{pmatrix} \neq 0.$$

Angenommen, dies ist nicht der Fall. Dann gilt

$$\begin{pmatrix} 0 \\ 0 \end{pmatrix} = \begin{pmatrix} A & B \\ B^\mathsf{T} & 0 \end{pmatrix} \begin{pmatrix} d \\ c \end{pmatrix} = \begin{pmatrix} Ad + Bc \\ B^\mathsf{T}d \end{pmatrix}. \tag{3.16}$$

Der zweiten der beiden Gleichungen in (3.16) entnehmen wir $d \in \mathrm{kern}\, B^\mathsf{T}$, es existiert also ein $\eta \in \mathbb{R}^{n-m}$ mit $d = V\eta$. Daher liefert die erste Gleichung

$$0 = V^\mathsf{T} \underbrace{(Ad + Bc)}_{=\,0} = V^\mathsf{T}AV\eta + \underbrace{V^\mathsf{T}B}_{=\,0}c = V^\mathsf{T}AV\eta.$$

Die Nichtsingularität von $V^\mathsf{T}AV$ impliziert $\eta = 0$ und damit $d = V\eta = 0$.

Die erste Gleichung von (3.16) reduziert sich somit zu $0 = Bc$. Wegen $\mathrm{rang}(B) = m$ bedeutet dies aber $c = 0$, insgesamt also $(d, c) = 0$. Dies steht im Widerspruch zur Wahl von (d, c), und die Behauptung ist bewiesen. $\square$

3.2.62 Satz
Es sei $\mathscr{T}(\bar{x}, \bar{\lambda}, \bar{\mu}) = 0$. Dann ist $D\mathscr{T}(\bar{x}, \bar{\lambda}, \bar{\mu})$ genau dann nichtsingulär, wenn die folgenden drei Bedingungen gleichzeitig gelten:

a) *An $\bar{x}$ gilt die LUB.*
b) *Es gilt $\bar{\lambda}_i \neq 0$ für alle $i \in I_0(\bar{x})$.*
c) *Die Matrix $D_x^2 L(\bar{x}, \bar{\lambda}, \bar{\mu})|_{T(\bar{x}, M)}$ ist nichtsingulär.*

Beweis Lemma 3.2.58 und Lemma 3.2.61. $\square$

Es sei darauf hingewiesen, dass im Fall $n = p_0 + q$ die Bedingung c in Satz 3.2.62 trivialerweise erfüllt ist und entfallen kann.

3.2.63 Definition (Nichtdegenerierter kritischer Punkt eines restringierten Problems)
Für einen kritischen Punkt $\bar{x}$ von P mit Multiplikatoren $\bar{\lambda}, \bar{\mu}$ seien die Bedingungen a, b und c aus Satz 3.2.62 erfüllt. Dann heißt $\bar{x}$ *nichtdegenerierter kritischer Punkt* von P.

3.2.64 Beispiel

In Beispiel 3.2.54 erfüllt der kritische Punkt $\bar{x} = (0, 1)^\top$ von P die LUB, so dass Aussage a aus Satz 3.2.62 gilt. Aussage b braucht nicht geprüft zu werden, da keine Ungleichungsrestriktionen vorliegen. Zur Überprüfung von Bedingung c berechnen wir

$$D^2 f(x) = \begin{pmatrix} 1 & 0 \\ 0 & -1 \end{pmatrix} \quad \text{und} \quad D^2 h(x) = \begin{pmatrix} -t & 0 \\ 0 & 0 \end{pmatrix},$$

also

$$D_x^2 L(\bar{x}, \bar{\mu}) = \begin{pmatrix} 1 & 0 \\ 0 & -1 \end{pmatrix} + 1 \cdot \begin{pmatrix} -t & 0 \\ 0 & 0 \end{pmatrix} = \begin{pmatrix} 1-t & 0 \\ 0 & -1 \end{pmatrix}.$$

Eine Basis des Tangentialraums

$$T(\bar{x}, M) = \left\{ d \in \mathbb{R}^2 \,\middle|\, 0 = \langle \nabla h(\bar{x}), d \rangle = d_2 \right\} = \mathbb{R} \times \{0\}$$

ist offenbar durch $v^1 = (1, 0)^\top$ gegeben, und mit $V = v_1$ erhalten wir

$$D_x^2 L(\bar{x}, \bar{\mu})|_{T(\bar{x}, M)} = \begin{pmatrix} 1 \\ 0 \end{pmatrix}^\top \begin{pmatrix} 1-t & 0 \\ 0 & -1 \end{pmatrix} \begin{pmatrix} 1 \\ 0 \end{pmatrix} = 1 - t.$$

Daher ist $D_x^2 L(\bar{x}, \bar{\mu})|_{T(\bar{x}, M)}$ für alle $t \neq 1$ nichtsingulär, und $\bar{x}$ ist für alle $t \neq 1$ ein nichtdegenerierter kritischer Punkt von P. ◄

Wie im unrestringierten Fall (Abschn. 2.1.4) kann man wieder zeigen, dass für „fast alle" C^2-Optimierungsprobleme P jeder kritische Punkt nichtdegeneriert ist, dass die Bedingungen a, b und c aus Satz 3.2.62 also *schwach* sind (für Details s. [22]). Weil in Definition 3.2.63 weder an die Multiplikatoren $\bar{\lambda}_i, i \in I_0(\bar{x})$, noch an die Eigenwerte der Matrix $D_x^2 L(\bar{x}, \bar{\lambda}, \bar{\mu})|_{T(\bar{x}, M)}$ Vorzeichenbeschränkungen gefordert werden, können nichtdegenerierte kritische Punkte nicht nur Minimalpunkte, sondern auch Maximalpunkte oder Sattelpunkte sein.

Um zu Minimalpunkten überzugehen, müssen wir diese Vorzeichenbeschränkungen wieder einführen.

3.2.65 Definition (Nichtdegenerierter Minimalpunkt eines restringierten Problems)
Ein KKT-Punkt $\bar{x}$ von P mit Multiplikatoren $\bar{\lambda}, \bar{\mu}$ erfülle die folgenden Bedingungen:

a) An $\bar{x}$ gilt die LUB.
b) An $\bar{x}$ gilt die SKB.
c) Die Matrix $D_x^2 L(\bar{x}, \bar{\lambda}, \bar{\mu})|_{T(\bar{x}, M)}$ ist positiv definit.

Dann heißt $\bar{x}$ *nichtdegenerierter lokaler Minimalpunkt* von P.

Die Bedingung c in Definition 3.2.65 ist gleichbedeutend mit der Aussage

$$\forall d \in T(\bar{x}, M) \setminus \{0\}: \quad d^\mathsf{T} D_x^2 L(\bar{x}, \bar{\lambda}, \bar{\mu})d > 0.$$

Im Fall $n = p_0 + q$ ist sie wieder trivialerweise erfüllt und kann entfallen.

3.2.66 Beispiel

In Beispiel 3.2.54 ist der kritische Punkt $\bar{x} = (0, 1)^\mathsf{T}$ von P wegen

$$D_x^2 L(\bar{x}, \bar{\mu})|_{T(\bar{x}, M)} \;=\; 1 - t$$

für alle $t < 1$ ein nichtdegenerierter lokaler Minimalpunkt von P. ◄

Das folgende Resultat bestätigt, dass nichtdegenerierte lokale Minimalpunkte nicht nur so *heißen*, sondern tatsächlich auch lokale Minimalpunkt *sind*.

3.2.67 Satz (Hinreichende Optimalitätsbedingung zweiter Ordnung)
Jeder nichtdegenerierte lokale Minimalpunkt ist strikter lokaler Minimalpunkt von P.

Beweis Es sei $\bar{x}$ ein nichtdegenerierter lokaler Minimalpunkt mit Multiplikatoren $\bar{\lambda}, \bar{\mu}$. Angenommen, $\bar{x}$ sei kein strikter lokaler Minimalpunkt von P. Dann existiert eine Folge $x^k \to \bar{x}$ mit $x^k \in M \setminus \{\bar{x}\}$ und $f(x^k) \le f(\bar{x})$ für alle $k \in \mathbb{N}$. Ohne Beschränkung der Allgemeinheit gibt es also Folgen $t^k \searrow 0$ und $d^k \to \bar{d}$ mit $\|\bar{d}\| = 1$ und $\bar{x} + t^k d^k \in M$ sowie $f(\bar{x} + t^k d^k) \le f(\bar{x})$ für alle $k \in \mathbb{N}$. Der Satz von Taylor liefert

$$
\left.
\begin{aligned}
0 &\ge f(\bar{x} + t^k d^k) - f(\bar{x}) \\
&= t^k \langle \nabla f(\bar{x}), d^k \rangle + \tfrac{(t^k)^2}{2}(d^k)^\mathsf{T} D^2 f(\bar{x})d^k + o((t^k)^2), \\
\forall i \in I_0(\bar{x}): \quad 0 &\ge g_i(\bar{x} + t^k d^k) - \underbrace{g_i(\bar{x})}_{=0} \\
&= t^k \langle \nabla g_i(\bar{x}), d^k \rangle + \tfrac{(t^k)^2}{2}(d^k)^\mathsf{T} D^2 g_i(\bar{x})d^k + o((t^k)^2), \\
\forall j \in J: \quad 0 &= h_j(\bar{x} + t^k d^k) - h_j(\bar{x}) \\
&= t^k \langle \nabla h_j(\bar{x}), d^k \rangle + \tfrac{(t^k)^2}{2}(d^k)^\mathsf{T} D^2 h_j(\bar{x})d^k + o((t^k)^2).
\end{aligned}
\right\}
\tag{3.17}
$$

Im Folgenden werden wir benutzen, dass $\bar{x}$ als nichtdegenerierter lokaler Minimalpunkt ein KKT-Punkt von P ist, an dem die LUB und die SKB gelten. Den erforderlichen Widerspruch werden wir erzeugen, indem wir zeigen, dass dann $D_x^2 L(\bar{x}, \bar{\lambda}, \bar{\mu})|_{T(\bar{x}, M)}$ nicht positiv definit sein kann.

Multiplikation der Ungleichungen und Gleichungen in (3.17) mit den zugehörigen Multiplikatoren $\bar{\lambda}_i$ und $\bar{\mu}_j$ sowie anschließendes Aufsummieren ergibt

$$0 \geq t^k \underbrace{\left\langle \nabla f(\bar{x}) + \sum_{i \in I_0(\bar{x})} \bar{\lambda}_i \nabla g_i(\bar{x}) + \sum_{j \in J} \bar{\mu}_j \nabla h_j(\bar{x}), \; d^k \right\rangle}_{= 0}$$

$$+ \frac{(t^k)^2}{2} (d^k)^\top \left(D^2 f(\bar{x}) + \sum_{i \in I_0(\bar{x})} \bar{\lambda}_i \, D^2 g_i(\bar{x}) + \sum_{j \in J} \bar{\mu}_j \, D^2 h_j(\bar{x}) \right) d^k + o((t^k)^2).$$

Division durch $(t^k)^2/2$ und der Grenzübergang $k \to \infty$ liefern

$$0 \geq \bar{d}^\top D_x^2 L(\bar{x}, \bar{\lambda}, \bar{\mu}) \bar{d}, \tag{3.18}$$

wobei die inaktiven Ungleichungen durch Multiplikatoren $\bar{\lambda}_i = 0$, $i \in I \setminus I_0(\bar{x})$, berücksichtigt sind. Bislang haben wir damit gezeigt, dass die Matrix $D_x^2 L(\bar{x}, \bar{\lambda}, \bar{\mu})$ nicht positiv definit ist. Dies schließt aber noch nicht aus, dass sie wenigstens auf dem Unterraum $T(\bar{x}, M)$ positiv definit ist.

Um auch dies auszuschließen, benutzen wir als weitere Folgerung aus (3.17) per Division der einzelnen Ungleichungen durch t^k und anschließendem Grenzübergang $k \to \infty$ die Beziehungen

$$0 \geq \langle \nabla f(\bar{x}), \bar{d} \rangle, \quad 0 \geq \langle \nabla g_i(\bar{x}), \bar{d} \rangle, \; i \in I_0(\bar{x}), \quad 0 = \langle \nabla h_j(\bar{x}), \bar{d} \rangle, \; j \in J. \tag{3.19}$$

Wegen

$$0 = \underbrace{\left\langle \nabla f(\bar{x}) + \sum_{i \in I_0(\bar{x})} \bar{\lambda}_i \nabla g_i(\bar{x}) + \sum_{j \in J} \bar{\mu}_j \nabla h_j(\bar{x}), \; \bar{d} \right\rangle}_{= 0}$$

$$= \underbrace{\langle \nabla f(\bar{x}), \bar{d} \rangle}_{\leq 0} + \sum_{i \in I_0(\bar{x})} \bar{\lambda}_i \underbrace{\langle \nabla g_i(\bar{x}), \bar{d} \rangle}_{\leq 0} + \sum_{j \in J} \bar{\mu}_j \underbrace{\langle \nabla h_j(\bar{x}), \bar{d} \rangle}_{= 0}$$

folgt sogar

$$0 = \langle \nabla f(\bar{x}), \bar{d} \rangle, \quad 0 = \bar{\lambda}_i \cdot \langle \nabla g_i(\bar{x}), \bar{d} \rangle, \; i \in I_0(\bar{x}), \quad 0 = \langle \nabla h_j(\bar{x}), \bar{d} \rangle, \; j \in J. \tag{3.20}$$

Die SKB impliziert $0 = \langle \nabla g_i(\bar{x}), \bar{d} \rangle$, $i \in I_0(\bar{x})$. Zusammen mit $\|\bar{d}\| = 1$ erhalten wir also $\bar{d} \in T(\bar{x}, M) \setminus \{0\}$. Im Hinblick auf das Korollar 3.2.68 merken wir an, dass im hier vorliegenden Fall die erste Gleichung in (3.20) wegen $\nabla_x L(\bar{x}, \bar{\lambda}, \bar{\mu}) = 0$ redundant ist, also keine im Folgenden verwertbare Information trägt.

Fall 1: $p_0 + q = n$

Da unter der LUB $T(\bar{x}, M) = \{0\}$ gilt, entsteht ein Widerspruch zur Konstruktion des Vektors $\bar{d} \in T(\bar{x}, M) \setminus \{0\}$.

Fall 2: $p_0 + q < n$

Für $\bar{d} \in T(\bar{x}, M) \setminus \{0\}$ gilt (3.18), d. h., die Einschränkung von $D_x^2 L(\bar{x}, \bar{\lambda}, \bar{\mu})$ auf $T(\bar{x}, M)$ ist (wie für den Widerspruch gewünscht) nicht positiv definit. Formal sieht man dies wie folgt: Es sei V eine Matrix, deren Spalten eine Basis von $T(\bar{x}, M)$ bilden. Dann gilt $D_x^2 L(\bar{x}, \bar{\lambda}, \bar{\mu})|_{T(\bar{x},M)} = V^\mathsf{T} D_x^2 L(\bar{x}, \bar{\lambda}, \bar{\mu}) V$, und zu $\bar{d}$ existiert ein $\eta \in \mathbb{R}^{n-p_0-q}$ mit $\bar{d} = V\eta$. Da die Spalten von V linear unabhängig sind, kann mit $\bar{d}$ auch η nicht verschwinden. Also erfüllt $\eta \neq 0$ nach (3.18)

$$\eta^\mathsf{T} V^\mathsf{T} D_x^2 L(\bar{x}, \bar{\lambda}, \bar{\mu}) V \eta \leq 0,$$

und die Matrix $D_x^2 L(\bar{x}, \bar{\lambda}, \bar{\mu})|_{T(\bar{x},M)}$ ist nicht positiv definit. $\square$

Für die folgende Optimalitätsbedingung zweiter Ordnung, die *ohne* die Voraussetzungen der LUB und SKB auskommt, seien

$$I_{0+}(\bar{x}) := \{i \in I_0(\bar{x}) |\ \bar{\lambda}_i > 0\},$$
$$I_{00}(\bar{x}) := \{i \in I_0(\bar{x}) |\ \bar{\lambda}_i = 0\}$$

und

$$
\begin{aligned}
K(\bar{x}, M) = \{d \in \mathbb{R}^n |\ & \langle \nabla f(\bar{x}), d \rangle = 0, \\
& \langle \nabla g_i(\bar{x}), d \rangle = 0,\ i \in I_{0+}(\bar{x}), \\
& \langle \nabla g_i(\bar{x}), d \rangle \leq 0,\ i \in I_{00}(\bar{x}), \\
& \langle \nabla h_j(\bar{x}), d \rangle = 0,\ j \in J\}.
\end{aligned}
$$

3.2.68 Korollar

Ein KKT-Punkt $\bar{x}$ von P mit Multiplikatoren $\bar{\lambda}, \bar{\mu}$ erfülle $d^\mathsf{T} D_x^2 L(\bar{x}, \bar{\lambda}, \bar{\mu}) d > 0$ für alle $d \in K(\bar{x}, M) \setminus \{0\}$. Dann ist $\bar{x}$ strikter lokaler Minimalpunkt von P.

Beweis Wie im Widerspruchsbeweis zu Satz 3.2.67 erhält man die Existenz eines Vektors $\bar{d}$ mit (3.18), (3.19) und (3.20). Für $i \in I_{00}(\bar{x})$ liefert (3.20) allerdings keine neue Information über $\langle \nabla g_i(\bar{x}), \bar{d} \rangle$, so dass man bei der Ungleichung $\langle \nabla g_i(\bar{x}), \bar{d} \rangle \leq 0$ aus (3.19) bleiben muss. In diesem Fall ist andererseits die erste Gleichung in (3.20) nicht mehr notwendigerweise redundant, so dass man $\langle \nabla f(\bar{x}), d \rangle = 0$ in die Definition des Kegels $K(\bar{x}, M)$ aufnehmen kann. Für den Vektor $\bar{d}$ gilt also nach (3.18) einerseits $0 \geq \bar{d}^\top D_x^2 L(\bar{x}, \bar{\lambda}, \bar{\mu}) \bar{d}$ und andererseits $\bar{d} \in K(\bar{x}, M) \setminus \{0\}$. Dies steht im Widerspruch zur Voraussetzung. $\qquad\square$

Es sei bemerkt, dass die fehlende Voraussetzung der SKB in Korollar 3.2.68 dadurch kompensiert wird, dass $D_x^2 L(\bar{x}, \bar{\lambda}, \bar{\mu})$ auf einer gegebenenfalls größeren Menge als in Satz 3.2.67 positiv definit sein muss.

3.2.69 Korollar (Hinreichende Optimalitätsbedingung erster Ordnung)
Ein KKT-Punkt $\bar{x}$ von P erfülle die folgenden Bedingungen:

a) *An $\bar{x}$ gilt die LUB.*
b) *An $\bar{x}$ gilt die SKB.*
c) *Es gilt $p_0 + q = n$.*

Dann ist $\bar{x}$ strikter lokaler Minimalpunkt von P.

Beweis Unter Bedingung c ist $D_x^2 L(\bar{x}, \bar{\lambda}, \bar{\mu})$ auf $T(\bar{x}, M)$ trivialerweise positiv definit, $\bar{x}$ ist also ein nichtdegenerierter kritischer Punkt. Die Behauptung folgt damit aus Satz 3.2.67. Alternativ kann man einen expliziten Beweis führen, in dem man den Beweis zu Satz 3.2.67 bis zur Fallunterscheidung verfolgt. Der Widerspruch aus dem ersten Fall beendet den Beweis dieses Korollars. $\qquad\square$

Zur Vollständigkeit geben wir auch noch eine hinreichende Optimalitätsbedingung erster Ordnung an, die weder Constraint Qualifications noch Karush-Kuhn-Tucker-Punkte benutzt, sondern nur Fritz-John-Punkte (Satz 3.2.40) mit einer gewissen Rangeigenschaft voraussetzt. Die beteiligten Funktionen brauchen hier nur differenzierbar zu sein. Auf dieses nützliche, aber weithin unbekannte Resultat wird in [16, Th. 9.7] hingewiesen.

3.2.70 Satz
Zu $\bar{x} \in M$ gebe es Multiplikatoren $\bar{\kappa} \geq 0, \bar{\lambda}_i \geq 0, i \in I_0(\bar{x}), \bar{\mu}_j \in \mathbb{R}, j \in J$, mit

$$\bar{\kappa} \nabla f(\bar{x}) + \sum_{i \in I_0(\bar{x})} \bar{\lambda}_i \nabla g_i(\bar{x}) + \sum_{j \in J} \bar{\mu}_j \nabla h_j(\bar{x}) = 0$$

und so, dass die Vektoren

$$\bar{\kappa} \nabla f(\bar{x},), \quad \bar{\lambda}_i \nabla g_i(\bar{x}), i \in I_0(\bar{x}), \quad \bar{\mu}_j \nabla h_j(\bar{x}), j \in J,$$

gemeinsam den Rang n besitzen. Dann ist $\bar{x}$ ein strikter lokaler Minimalpunkt von P.

Beweis Wie im Widerspruchsbeweis zu Satz 3.2.67 nehmen wir an, $\bar{x}$ sei kein strikter lokaler Minimalpunkt von P. Wie dort folgt aus Taylor-Entwicklungen erster Ordnung der beteiligten Funktionen die Existenz eines Vektors $\bar{d} \neq 0$ mit (3.19). Mit Hilfe der Fritz-John-Bedingung folgen daraus analog zu (3.20) die Gleichungen

$$0 = \langle \bar{\kappa} \nabla f(\bar{x}), \bar{d} \rangle, \quad 0 = \langle \bar{\lambda}_i \nabla g_i(\bar{x}), \bar{d} \rangle, \; i \in I_0(\bar{x}), \quad 0 = \langle \bar{\mu}_j \nabla h_j(\bar{x}), \bar{d} \rangle, \; j \in J.$$

Aufgrund der vorausgesetzten Rangbedingung an die beteiligten Vektoren folgt daraus der Widerspruch $\bar{d} = 0$. □

Es sei daran erinnert, dass hinreichende Optimalitätsbedingungen erster Ordnung für *un*restringierte glatte Optimierungsprobleme nicht existieren können (Bemerkung 2.1.34), während sie im restringierten Fall wie gerade gesehen sinnvoll sind.

Neben den *hinreichenden* Optimalitätsbedingungen existiert analog zum unrestringierten Fall natürlich auch eine *notwendige* Optimalitätsbedingung zweiter Ordnung. Wie im unrestringierten Fall unterscheiden sich notwendige und hinreichende Bedingungen durch die Striktheit der auftretenden Ungleichungen.

3.2.71 Satz (Notwendige Optimalitätsbedingung zweiter Ordnung)
Es sei $\bar{x}$ ein lokaler Minimalpunkt von P, und an $\bar{x}$ sei die LUB erfüllt. Dann gilt:
a) *$\bar{x}$ ist KKT-Punkt von P mit eindeutigen Multiplikatoren $\bar{\lambda} \geq 0$ und $\bar{\mu}$.*
b) *Die Matrix $D_x^2 L(\bar{x}, \bar{\lambda}, \bar{\mu})|_{T(\bar{x}, M)}$ ist positiv semidefinit.*

Beweis Teil a ist gerade die Aussage von Korollar 3.2.49. Die Grundidee zum Beweis von Teil b ist es, für beliebiges $d \in T(\bar{x}, M)$ eine glatte Kurve $\{x(t)|\, t \in [0, \hat{t})\} \subseteq M$ mit $x(0) = \bar{x}$ und $\dot{x}(0) = d$ zu konstruieren, um entlang dieser Kurve die Minimalität von $\bar{x}$ auszunutzen.

Da M eine unübersichtliche nichtlineare Struktur hat, konstruieren wir die gewünschte Kurve (ähnlich wie im Beweis zu Satz 3.2.40) zunächst in neuen Koordinaten. Wegen der LUB existieren $\eta_{p_0+q+1}, \ldots, \eta_n \in \mathbb{R}^n$, so dass die Vektoren

$$\nabla g_i(\bar{x}), \; i \in I_0(\bar{x}), \; \nabla h_j(\bar{x}), \; j \in J, \; \eta_{p_0+q+1}, \ldots, \eta_n$$

eine Basis des $\mathbb{R}^n$ bilden. Nach dem Satz über inverse Funktionen ist dann

$$\Phi(x) = \begin{pmatrix} g_{I_0}(x) \\ h(x) \\ \eta_{p_0+q+1}^\mathsf{T}(x - \bar{x}) \\ \vdots \\ \eta_n^\mathsf{T}(x - \bar{x}) \end{pmatrix}$$

ein C^2-Diffeomorphismus zwischen einer Umgebung U von $\bar{x}$ und einer Umgebung V von $0 \in \mathbb{R}^n$. Satz 3.1.3 garantiert für hinreichend kleines U

$$x \in M \cap U \Leftrightarrow x \in U \cap \{x \in \mathbb{R}^n \mid g_{I_0}(x) \leq 0, \, h(x) = 0\}$$
$$\Leftrightarrow x = \Phi^{-1}(y)$$
$$\text{mit} \quad y \in V, \, y_1, \ldots, y_{p_0} \leq 0, \, y_{p_0+1} = \ldots = y_q = 0.$$

Lokal um $\bar{x}$ ist M also C^2-diffeomorph zu der Menge

$$\widetilde{M} = \{y \in \mathbb{R}^n \mid y_1, \ldots, y_{p_0} \leq 0, \, y_{p_0+1} = \ldots = y_q = 0\},$$

wobei sich die Punkte $\bar{x} \in M$ und $0 \in \widetilde{M}$ entsprechen.

Die einfache Struktur von $\widetilde{M}$ erlaubt es nun, eine in $\widetilde{M}$ enthaltene Kurve zu konstruieren. Dazu sei zunächst $d \in T(\bar{x}, M)$ beliebig. Wir setzen

$$\widetilde{y} := D\Phi(\bar{x}) \cdot d = \begin{pmatrix} Dg_{I_0}(\bar{x})d \\ Dh(\bar{x})d \\ \eta_{p_0+q+1}^{\mathsf{T}}d \\ \vdots \\ \eta_n^{\mathsf{T}}d \end{pmatrix} = \begin{pmatrix} 0 \\ 0 \\ \star \\ \vdots \\ \star \end{pmatrix}$$

und stellen fest, dass $\widetilde{y}$ in $\widetilde{M}$ liegt. Da es sich bei $\widetilde{M}$ um einen den Nullpunkt enthaltenden Kegel handelt, liegt für alle $t \geq 0$ auch $y(t) = t\widetilde{y}$ in $\widetilde{M}$. Der Halbstrahl $\{y(t) \mid t \geq 0\} \subseteq \widetilde{M}$ ist die gesuchte Kurve in neuen Koordinaten. Um sie in die originalen Koordinaten zurückzutransformieren, definieren wir für diejenigen t mit $y(t) \in V$, also für $t \in [0, \check{t})$ mit einem $\check{t} > 0$

$$x(t) := \Phi^{-1}(y(t)) = \Phi^{-1}(t\widetilde{y}).$$

In der Tat gilt

$$x(0) = \Phi^{-1}(0) = \bar{x},$$
$$\dot{x}(0) = D[\Phi^{-1}(0)] \cdot \widetilde{y} = (D\Phi(\bar{x}))^{-1}\widetilde{y} = d,$$

und $x(t)$ liegt für alle $t \in [0, \check{t})$ in M. Darüber hinaus ist x wegen $\Phi^{-1} \in C^2$ sogar zweimal stetig differenzierbar.

Da $\bar{x}$ lokaler Minimalpunkt von P ist, erfüllen nach eventueller Verkleinerung von $\check{t}$ insbesondere alle $t \in (0, \check{t})$

$$0 \leq f(x(t)) - f(\bar{x}) = \langle \nabla f(\bar{x}), \dot{x}(0) \rangle + \dot{x}(0)^{\mathsf{T}} D^2 f(\bar{x}) \dot{x}(0) + \langle \nabla f(\bar{x}), \ddot{x}(0) \rangle + o(t^2).$$

Aufgrund von $t\widetilde{y}_i \equiv 0$ für alle $i \in I_0(\bar{x})$ gilt weiterhin

$$\forall\, i \in I_0(\bar{x}):\quad 0 = \underbrace{g_i(x(t)) - g(\bar{x})}_{\equiv 0} = \langle \nabla g_i(\bar{x}), \dot{x}(0) + \ddot{x}(0)\rangle + \dot{x}(0)^\mathsf{T} D^2 g_i(\bar{x})\dot{x}(0) + o(t^2)$$

sowie

$$\forall\, j \in J:\quad 0 = h_j(x(t)) - h(\bar{x}) = \langle \nabla h_j(\bar{x}), \dot{x}(0) + \ddot{x}(0)\rangle + \dot{x}(0)^\mathsf{T} D^2 h_j(\bar{x})\dot{x}(0) + o(t^2).$$

Multiplikation der Gleichungen mit den entsprechenden Multiplikatoren und Aufsummieren ergibt

$$0 \le \underbrace{\left\langle \nabla f(\bar{x}) + \sum_{i\in I_0(\bar{x})} \bar{\lambda}_i \nabla g_i(\bar{x}) + \sum_{j\in J} \bar{\mu}_j \nabla h_j(\bar{x}),\ \dot{x}(0) + \ddot{x}(0)\right\rangle}_{=\,0} + \dot{x}(0)^\mathsf{T} D_x^2 L(\bar{x}, \bar{\lambda}, \bar{\mu})\dot{x}(0) + o(t^2).$$

Im Grenzübergang $t \searrow 0$ erhalten wir daraus

$$0 \le \dot{x}(0)^\mathsf{T} D_x^2 L(\bar{x}, \bar{\lambda}, \bar{\mu})\dot{x}(0) = d^\mathsf{T} D_x^2 L(\bar{x}, \bar{\lambda}, \bar{\mu})d,$$

also die Behauptung. $\qquad\square$

Man kann auch zeigen, dass $d^\mathsf{T} D_x^2 L(\bar{x}, \bar{\lambda}, \bar{\mu})d$ für d aus der größeren Menge $K(\bar{x}, M)$ nichtnegativ ist [25].

3.2.72 Beispiel

In Beispiel 3.2.54 ist der kritische Punkt $\bar{x} = (0, 1)^\mathsf{T}$ von P wegen

$$D_x^2 L(\bar{x}, \bar{\mu})|_{T(\bar{x}, M)} = 1 - t$$

und Satz 3.2.71 für kein $t > 1$ ein lokaler Minimalpunkt von P. Mit Hilfe von Satz 3.2.67 lässt sich leicht zeigen, dass $\bar{x}$ für alle $t > 1$ tatsächlich ein nichtdegenerierter lokaler *Maximal*punkt von P ist. Der gesuchte kritische Parameterwert lautet also $\bar{t} = 1$. Ob $\bar{x}$ für $\bar{t} = 1$ lokaler Minimal- oder Maximalpunkt ist, lässt sich mit den notwendigen und hinreichenden Bedingungen zweiter Ordnung nicht klären und muss bei Bedarf separat untersucht werden.

Zum Abschluss dieses Beispiels merken wir an, dass weder $D^2 f(\bar{x})$ noch $D_x^2 L(\bar{x}, \bar{\mu})$ für irgendein t positiv definit sind. ◄

3.2.10 Konvexe Optimierungsprobleme

Das restringierte Optimierungsproblem

$$P: \quad \min f(x) \quad \text{s.t.} \quad x \in M$$

heißt *konvex*, falls die Menge $M \subseteq \mathbb{R}^n$ und die Funktion $f : M \to \mathbb{R}$ konvex sind.

3.2.73 Übung Die Funktionen $g_i : \mathbb{R}^n \to \mathbb{R}$, $i \in I$, seien konvex, und die Funktionen $h_j : \mathbb{R}^n \to \mathbb{R}$, $j \in J$, seien affin-linear, d.h., für alle $j \in J$ gelte

$$h_j(x) = a_j^\mathsf{T} x + b_j$$

mit $a_j \in \mathbb{R}^n$ und $b_j \in \mathbb{R}$. Zeigen Sie, dass M dann eine konvexe Menge ist.

3.2.74 Definition (Konvex beschriebene Menge).
Wir nennen eine mit beliebigen Indexmengen I und J durch Ungleichungen und Gleichungen gegebene Menge

$$M = \left\{ x \in \mathbb{R}^n \,|\, g_i(x) \leq 0, \, i \in I, \, h_j(x) = 0, \, j \in J \right\}$$

konvex beschrieben, wenn die Funktionen $g_i : \mathbb{R}^n \to \mathbb{R}$, $i \in I$, konvex und die Funktionen $h_j : \mathbb{R}^n \to \mathbb{R}$, $j \in J$, affin-linear sind.

Übung 3.2.73 besagt in dieser Terminologie, dass konvex beschriebene Mengen konvex sind.

Im Folgenden seien

$$A := \begin{pmatrix} a_1^\mathsf{T} \\ \vdots \\ a_q^\mathsf{T} \end{pmatrix} \quad \text{und} \quad b := \begin{pmatrix} b_1 \\ \vdots \\ b_q \end{pmatrix},$$

also $h(x) = Ax + b$. Für die (q, n)-Matrix A gilt nach unserer grundsätzlichen Voraussetzung über die Anzahl von Gleichungen $q < n$. Außerdem sind die Gradienten $\nabla h_1(\bar{x}) = a_1, \ldots, \nabla h_q(\bar{x}) = a_q$ genau für $\text{rang}(A) = q$ linear unabhängig.

Für konvexe Optimierungsprobleme mit konvex beschriebener zulässiger Menge kann man eine Constraint Qualification benutzen, in die nur Funktionswerte, aber keine Gradienten nichtlinearer Funktionen eingehen.

3.2.75 Definition (Slater-Bedingung)

Die Menge $M \subseteq \mathbb{R}^n$ sei konvex beschrieben. Dann erfüllt M die *Slater-Bedingung (SB)*, falls die folgenden beiden Bedingungen erfüllt sind:

a) Es gilt $\operatorname{rang}(A) = q$.
b) Es gibt einen Punkt $x^\star \in \mathbb{R}^n$ mit $g(x^\star) < 0$ und $h(x^\star) = 0$.

Die SB ist eine *globale* Bedingung an M, denn der *Slater-Punkt* $x^\star$ braucht nichts mit einem Optimalpunkt von P zu tun zu haben. Tatsächlich können *nicht*konvexe Probleme einen Slater-Punkt besitzen, während gleichzeitig in einem Optimalpunkt die MFB verletzt ist. Dies illustriert etwa das Beispiel $f(x) = x_1$, $g_1(x) = x_2 - x_1^3$, $g_2(x) = -x_2$ (Abb. 3.15).

Bei glatten konvexen Optimierungsproblemen kann dieser Effekt nicht auftreten.

3.2.76 Satz

Die Menge $M \subseteq \mathbb{R}^n$ sei konvex beschrieben, nichtleer, und die Funktionen $g_i : \mathbb{R}^n \to \mathbb{R}$, $i \in I$, seien zusätzlich stetig differenzierbar. Dann sind die folgenden Aussagen äquivalent:

a) *Die MFB gilt überall in M.*
b) *Die MFB gilt irgendwo in M.*
c) *M erfüllt die SB.*

Beweis Wir beweisen die Behauptung durch den Ringschluss „Aussage a $\Rightarrow$ Aussage b $\Rightarrow$ Aussage c $\Rightarrow$ Aussage a". Aussage a impliziert dabei Aussage b, weil M als nichtleer vorausgesetzt ist.

Abb. 3.15 SB ohne MFB im Optimalpunkt

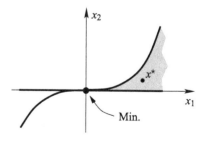

Um zu sehen, dass Aussage c aus Aussage b folgt, wählen wir einen Punkt $\bar{x} \in M$, an dem die MFB gilt. Insbesondere hat A dann den Rang q.

Nehmen wir zunächst an, dass $I_0(\bar{x})$ leer ist. Dann erfüllt M die SB schon mit dem Slater-Punkt $x^\star = \bar{x}$. Für $I_0(\bar{x}) \neq \emptyset$ wählen wir ein $d^0 \in \operatorname{kern} Dh(\bar{x}) = \operatorname{kern} A$ mit $\langle \nabla g_i(\bar{x}), d^0 \rangle < 0$ für alle $i \in I_0(\bar{x})$. Die Existenz eines solchen d^0 wird gerade durch die MFB an $\bar{x}$ garantiert. Für jedes $i \in I_0(\bar{x})$ und alle $t > 0$ gilt

$$g_i(\bar{x} + t d^0) = \underbrace{g_i(\bar{x})}_{= 0} + t \underbrace{\langle \nabla g_i(\bar{x}), d^0 \rangle}_{< 0} + o(t),$$

so dass Skalare $t_i > 0, i \in I_0(\bar{x})$, mit

$$g_i(\bar{x} + t d^0) < 0 \quad \text{für alle } t \in (0, t_i)$$

existieren. Für alle $t \in (0, t_0)$ mit $t_0 = \min_{i \in I_0(\bar{x})} t_i > 0$ und alle $i \in I_0(\bar{x})$ erhalten wir also

$$g_i(\bar{x} + t d^0) < 0.$$

Die Stetigkeit der Funktionen $g_i, i \in I \setminus I_0(\bar{x})$, garantiert ferner

$$g_i(\bar{x} + t d^0) < 0$$

für die inaktiven Restriktionen, falls $t \in (0, \check{t})$ mit einem $\check{t} \leq t_0$ ist. Folglich gilt $g(x^\star) < 0$ zum Beispiel mit $x^\star = \bar{x} + (\check{t}/2) d^0$.

Es ist noch $h(x^\star) = 0$ zu zeigen. Für alle $j \in J$ ist

$$h_j(x^\star) = a_j^\mathsf{T}(\bar{x} + \tfrac{\check{t}}{2} d^0) + b_j = \underbrace{a_j^\mathsf{T} \bar{x} + b_j}_{= 0} + \tfrac{\check{t}}{2} \underbrace{a_j^\mathsf{T} d^0}_{= 0} = 0,$$

wobei der erste Summand wegen $\bar{x} \in M$ und der zweite wegen $d^0 \in \operatorname{kern} A$ verschwindet. Damit ist $x^\star$ ein Slater-Punkt von M.

Schließlich gelte Aussage c, $x^\star$ sei ein Slater-Punkt von M und $\bar{x} \in M$ sei beliebig gewählt. Wegen $\operatorname{rang}(A) = q$ sind die Gradienten $\nabla h_1(\bar{x}), \ldots, \nabla h_q(\bar{x})$ linear unabhängig.

Außerdem erfüllt der Vektor $d^0 := x^\star - \bar{x}$

$$Dh(\bar{x}) d^0 = A d^0 = (A x^\star + b) - (A \bar{x} + b) = 0 - 0 = 0,$$

so dass d^0 im Kern von $Dh(\bar{x})$ liegt, und für jedes $i \in I_0(\bar{x})$ gilt wegen der C^1-Charakterisierung von Konvexität aus Satz 2.1.40

$$0 > g_i(x^\star) = g_i(\bar{x} + d^0) \geq \underbrace{g_i(\bar{x})}_{= 0} + \langle \nabla g_i(\bar{x}), d^0 \rangle,$$

also $\langle \nabla g_i(\bar{x}), d^0 \rangle < 0$. Damit ist an $\bar{x}$ die MFB erfüllt. $\qquad \square$

Dass die *lokale* Regularitätsbedingung MFB mit der *globalen* Regularitätsbedingung SB äquivalent sein kann, liegt an der Voraussetzung einer *globalen* Struktur an *P*, nämlich der Konvexität.

Laut Korollar 2.1.41 sind im glatten konvexen *un*restringierten Fall die kritischen Punkte mit den globalen Minimalpunkten identisch. Zu vermuten ist also, dass im restringierten Fall die KKT-Punkte den globalen Minimalpunkten entsprechen. Im Folgenden werden wir sehen, dass dies zumindest unter der SB richtig ist. Dabei nennen wir ein Optimierungsproblem *P konvex beschrieben*, falls *M* konvex beschrieben und *f* konvex auf *M* ist.

3.2.77 Korollar
Das Problem P sei konvex beschrieben, und M erfülle die SB. Dann ist jeder lokale Minimalpunkt von P KKT-Punkt.

Beweis Satz 3.2.42 und Satz 3.2.76. □

3.2.78 Satz
Der Punkt $\bar{x}$ sei KKT-Punkt des konvex beschriebenen Problems P. Dann ist $\bar{x}$ ein globaler Minimalpunkt von P.

Beweis Es seien $\lambda_i \geq 0$, $i \in I_0(\bar{x})$, $\lambda_i = 0$, $i \in I \setminus I_0(\bar{x})$, und $\mu_j \in \mathbb{R}$, $j \in J$, KKT-Multiplikatoren zu $\bar{x}$. Dann gilt für alle $x \in M$

$$
f(x) - f(\bar{x}) \overset{\text{Satz 2.1.40}}{\geq} \langle \nabla f(\bar{x}), x - \bar{x} \rangle
$$

$$
\overset{\bar{x} \text{ KKT-Punkt}}{=} -\sum_{i \in I} \lambda_i \langle \nabla g_i(\bar{x}), x - \bar{x} \rangle - \sum_{j \in J} \mu_j \langle \nabla h_j(\bar{x}), x - \bar{x} \rangle
$$

$$
\overset{\text{Satz 2.1.40, } \lambda \geq 0}{\geq} -\sum_{i \in I} \lambda_i (g_i(x) - g_i(\bar{x})) - \sum_{j \in J} \mu_j (\underbrace{h_j(x)}_{=0} - \underbrace{h_j(\bar{x})}_{=0})
$$

$$
\overset{\lambda_{I_0^c} = 0}{=} -\sum_{i \in I_0(\bar{x})} \underbrace{\lambda_i}_{\geq 0} (\underbrace{g_i(x)}_{\leq 0} - \underbrace{g_i(\bar{x})}_{=0})
$$

$$
\geq 0.
$$

□

Im Gegensatz zur notwendigen Optimalitätsbedingung aus Korollar 3.2.77 benötigt die hinreichende Bedingung in Satz 3.2.78 keinerlei Regularitätsvoraussetzung. Insgesamt erhalten wir folgende „Charakterisierung" für globale Minimalpunkte konvex beschriebener Probleme P:

$$\bar{x} \text{ globaler Minimalpunkt} \overset{SB}{\Rightarrow} \bar{x} \text{ KKT-Punkt} \Rightarrow \bar{x} \text{ globaler Minimalpunkt.}$$

Für eine Darstellung der Dualitätstheorie konvexer Optimierungsprobleme verweisen wir auf [33].

3.3 Numerische Verfahren

Dieser Abschnitt behandelt einige numerische Verfahren zur Lösung des Problems

$$P : \quad \min_{x \in \mathbb{R}^n} f(x) \quad \text{s.t.} \quad g_i(x) \le 0, \, i \in I, \quad h_j(x) = 0, \, j \in J,$$

mit hinreichend glatten Funktionen f, g und h. Wir unterscheiden im Wesentlichen zwei Klassen numerischer Verfahren für P:

- Auf der sukzessiven Approximation von P durch unrestringierte Optimierungsprobleme basieren das Strafterrmverfahren (Abschn. 3.3.1), das Multiplikatorenverfahren (Abschn. 3.3.2) und das Barriereverfahren (Abschn. 3.3.3). Solche Verfahren werden auch *primal* genannt.
- *Primal-duale* Verfahren versuchen hingegen, direkt das Karush-Kuhn-Tucker-System von P zu lösen. Hierzu zählen die primal-dualen Innere-Punkte-Methoden (Abschn. 3.3.4) und das SQP-Verfahren (Abschn. 3.3.5).

In der konvexen Optimierung existieren weitere algorithmische Ansätze, die das Ausgangsproblem durch lineare Optimierungsprobleme approximieren und diese etwa per Simplex-Algorithmus lösen (z. B. das Schnittebenenverfahren von Kelley oder das Verfahren von Frank-Wolfe), und in der globalen Optimierung approximiert beispielsweise das αBB-Verfahren nichtkonvexe durch konvexe Optimierungsprobleme. Für eine ausführliche Darstellung solcher Verfahren verweisen wir auf [33].

Den separaten Abschn. 3.3.6 widmen wir der Schrittweitensteuerung im SQP-Verfahren, da diese nicht nur wie im unrestringierten Fall einen Abstieg im Zielfunktionswert, sondern zusätzlich auch eine in gewissem Sinne „verbesserte Zulässigkeit" garantieren soll. Dies kann beispielsweise durch Meritfunktionen oder Filter umgesetzt werden. Der abschließende Abschn. 3.3.7 stellt eine Möglichkeit vor, quadratische Optimierungsprobleme zu lösen, wie sie bei Projektionsproblemen oder als Hilfsprobleme etwa beim SQP-Verfahren und bei Trust-Region-Verfahren auftreten. Für die Pseudocodes von Verfahren, bei denen wir uns auf die Darstellung ihrer Hauptideen beschränken, sei auf [2, 25] verwiesen.

3.3.1 Straftermverfahren

Grundidee von Straftermverfahren ist es, neben der Minimierung der Zielfunktion f die Zulässigkeit eines Punkts (also die Forderung $x \in M$) als ein zweites Ziel zu formulieren. Dazu bedient man sich des folgenden Konzepts.

> **3.3.1 Definition (Straftermfunktion)**
>
> Eine Funktion $\alpha : \mathbb{R}^n \to \mathbb{R}$ heißt *Straftermfunktion* für $M \subseteq \mathbb{R}^n$, falls folgende Bedingungen erfüllt sind:
>
> a) Für alle $x \in M$ gilt $\alpha(x) = 0$.
> b) Für alle $x \in M^c$ gilt $\alpha(x) > 0$.

Die Werte einer Straftermfunktion lassen sich als „Strafe" für die Unzulässigkeit eines Punkts x interpretieren. Wegen $\alpha(x) \geq 0$ für alle $x \in \mathbb{R}^n$ und $\alpha(x) = 0$ genau für $x \in M$ sind die Elemente von M genau die globalen Minimalpunkte der Hilfsfunktion α. Man hat also die Forderung, x möge ein zulässiger Punkt sein, als ein zweites Optimierungsziel umformuliert. Nun kann man versuchen, anstelle von P das unrestringierte *Mehrzielproblem*

$$\min_x \begin{pmatrix} f(x) \\ \alpha(x) \end{pmatrix}$$

zu lösen. Was man überhaupt unter einer Lösung eines Mehrzielproblems versteht und mit welchen Verfahren sie generiert werden kann, wird beispielsweise in [24] dargestellt.

Das Straftermverfahren bedient sich eines *Skalarisierungsansatzes* zur Lösung des Mehrzielproblems und minimiert dazu eine gewichtete Summe der beiden Zielfunktionen f und α. Aufgrund von Übung 1.3.1a genügt es dabei, nur eine der beiden Funktionen mit einem Gewicht zu versehen. Dies führt auf den Ansatz, P durch ein unrestringiertes Problem mit Zielfunktion

$$A(t, x) = f(x) + t \cdot \alpha(x)$$

und einem geeigneten Parameter $t > 0$ zu ersetzen, also durch

$$P(t) : \quad \min_{x \in \mathbb{R}^n} f(x) + t \cdot \alpha(x).$$

Die *exakte* Lösung von P würde man für jedes t mit der „idealen" Straftermfunktion $\alpha(x) = +\infty$ für alle $x \in M^c$ erhalten. Da diese numerisch weder zu realisieren noch zu behandeln ist, konstruiert man andere Straftermfunktionen.

Mit

$$g_i^+(x) := \max\{0, \, g_i(x)\}, \; i \in I,$$

gilt beispielsweise genau dann $x \in M$, wenn der Vektor

$$(g_1^+(x), \dots, g_p^+(x), h_1(x), \dots, h_q(x))$$

eintragsweise verschwindet. Wegen der Definitheit von Normen ist Letzteres genau dann der Fall, wenn mit einem $r \in \mathbb{N}$ der Term

$$\alpha_r(x) := \|(g_1^+(x), \dots, g_p^+(x), h_1(x), \dots, h_q(x))\|_r^r$$

verschwindet (also die r-te Potenz der ℓ_r-Norm). Wegen $\alpha_r(x) > 0$ für alle $x \in M^c$ ist α_r eine Straftermfunktion für M. Im Folgenden werden wir den Straftermfunktionen α_1 und α_2 besondere Aufmerksamkeit schenken. Die ℓ_1-*Straftermfunktion*

$$\alpha_1(x) = \sum_{i \in I} g_i^+(x) + \sum_{j \in J} |h_j(x)|$$

ist zwar stetig, aber nicht differenzierbar, sondern nur einseitig richtungsdifferenzierbar.

3.3.2 Übung   Zeigen Sie mit Hilfe von Übung 2.1.12, dass die Funktionen $\varphi(a) = \max\{0, a\}$ und $\mathrm{abs}(a) = |a|$ an jedem $a \in \mathbb{R}$ einseitig richtungsdifferenzierbar sind, und zwar mit

$$\varphi'(a, d) = \begin{cases} 0, & \text{falls } a < 0 \\ \max\{0, d\}, & \text{falls } a = 0 \\ d, & \text{falls } a > 0 \end{cases}$$

und

$$\mathrm{abs}'(a, d) = \begin{cases} -d, & \text{falls } a < 0 \\ |d|, & \text{falls } a = 0 \\ d, & \text{falls } a > 0 \end{cases}$$

für alle $d \in \mathbb{R}$.

3.3.3 Übung   Es seien

$$I_-(x) = \{i \in I \,|\, g_i(x) < 0\},$$
$$I_0(x) = \{i \in I \,|\, g_i(x) = 0\},$$
$$I_+(x) = \{i \in I \,|\, g_i(x) > 0\},$$
$$J_-(x) = \{j \in J \,|\, h_j(x) < 0\},$$
$$J_0(x) = \{j \in J \,|\, h_j(x) = 0\},$$
$$J_+(x) = \{j \in J \,|\, h_j(x) > 0\}.$$

Zeigen Sie für auf $\mathbb{R}^n$ stetig differenzierbare Funktionen g und h die einseitige Richtungs-differenzierbarkeit der ℓ_1-Straftermfunktion an jedem $x \in \mathbb{R}^n$ mit

$$\alpha_1'(x, d) = \sum_{i \in I_0(x)} \max\{0, \langle \nabla g_i(x), d \rangle\} + \sum_{i \in I_+(x)} \langle \nabla g_i(x), d \rangle$$
$$- \sum_{j \in J_-(x)} \langle \nabla h_j(x), d \rangle + \sum_{j \in J_0(x)} |\langle \nabla h_j(x), d \rangle| + \sum_{j \in J_+(x)} \langle \nabla h_j(x), d \rangle$$

für alle $d \in \mathbb{R}^n$.

Im Gegensatz dazu ist die ℓ_2-*Straftermfunktion*

$$\alpha_2(x) = \sum_{i \in I} (g_i^+(x))^2 + \sum_{j \in J} (h_j(x))^2$$

stetig differenzierbar auf $\mathbb{R}^n$.

3.3.4 Übung   Zeigen Sie, dass die Funktion $\varphi^2(a) = (\max\{0, a\})^2$ an jedem $a \in \mathbb{R}$ stetig differenzierbar ist und dass für auf $\mathbb{R}^n$ stetig differenzierbare Funktionen g und h daher auch α_2 auf ganz $\mathbb{R}^n$ stetig differenzierbar ist.

Für $r \in \{1, 2\}$ bezeichnen wir im Folgenden mit

$$P_r(t): \quad \min_{x \in \mathbb{R}^n} f(x) + t \cdot \alpha_r(x)$$

das mit der Straftermfunktion α_r gebildete unrestringierte Optimierungsproblem.

3.3.5 Beispiel

Für $g(x) = x$ gilt $g^+(x) = \max\{0, x\}$, also $\alpha_1(x) = \max\{0, x\}$ und $\alpha_2(x) = (\max\{0, x\})^2$. Die beiden Straftermfunktionen sind in Abb. 3.16 skizziert.

Mit der Zielfunktion $f(x) = -x$ lautet der Minimalpunkt von P offensichtlich $\bar{x} = 0$. Die ℓ_2-Straftermfunktion führt auf die Familie unrestringierter Probleme

Abb. 3.16 ℓ_1- und ℓ_2-Straftermfunktionen

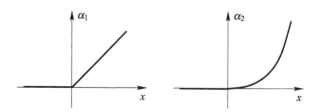

Abb. 3.17 Probleme $P_2(t)$ mit verschiedenen $t > 0$

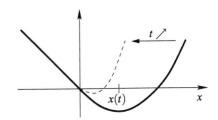

$$P_2(t): \quad \min_{x \in \mathbb{R}^n} -x + t(\max\{0, x\})^2$$

mit für P *unzulässigen* Minimalpunkten $x(t)$, $t > 0$ (Abb. 3.17). Immerhin entnimmt man der Abbildung aber $\lim_{t \to \infty} x(t) = 0 = \bar{x}$, d. h., die Minimalpunkte von $P_2(t)$ konvergieren für wachsende Strafparameter t gegen den exakten Minimalpunkt von P. ◄

Tatsächlich gilt auch allgemein das folgende Ergebnis.

3.3.6 Satz
Die Funktion $\alpha : \mathbb{R}^n \to \mathbb{R}$ sei eine stetige Straftermfunktion für M, (t^k) sei eine monoton wachsende Folge mit $\lim_k t^k = +\infty$, und für alle $k \in \mathbb{N}$ sei x^k ein globaler Minimalpunkt von $P(t^k)$. Dann ist jeder Häufungspunkt $x^\star$ von (x^k) ein globaler Minimalpunkt von P.

Beweis Der Punkt $x^\star$ sei Häufungspunkt, und wir setzen wieder direkt $\lim_k x^k = x^\star$ voraus, um eine Teilfolgennotation zu vermeiden. Außerdem sei $x \in M$ beliebig. Wegen der Nichtnegativität von t^k und $\alpha(x^k)$ sowie wegen der Minimaleigenschaft von x^k gilt für alle $k \in \mathbb{N}$

$$f(x^k) \leq f(x^k) + t^k \alpha(x^k) \leq f(x) + t^k \underbrace{\alpha(x)}_{= 0}.$$

Daraus folgt zum einen

$$f(x^\star) = \lim_k f(x^k) \leq f(x) \tag{3.21}$$

und zum anderen für alle $k \in \mathbb{N}$

$$0 \leq t^k \alpha(x^k) \leq \underbrace{f(x) - f(x^k)}_{\to\ f(x) - f(x^\star)}. \tag{3.22}$$

Demnach ist die Folge $(t^k \alpha(x^k))$ beschränkt, was wegen $t^k \to \infty$ nur mit $\lim_k \alpha(x^k) = 0$ möglich ist. Wegen der Stetigkeit von α gilt außerdem $\alpha(x^\star) = \lim_k \alpha(x^k)$, so dass $x^\star$ per Definition einer Straftermfunktion in M liegen muss. Zusammen mit (3.21) liefert dies die Behauptung. □

Eine mögliche Umsetzung des Straftermverfahrens ist in Algorithmus 3.2 angegeben. Das Abbruchkriterium nutzt aus, dass man $\alpha(x)$ als „Maß" der Unzulässigkeit von x auffassen kann und dass für $k \to \infty$ nicht nur $\alpha(x^k)$, sondern sogar $t^k \alpha(x^k)$ gegen null strebt. Letzteres folgt aus (3.22) mit der speziellen Wahl $x = x^\star$.

Algorithmus 3.2: Straftermverfahren

Input : Lösbares C^1-Optimierungsproblem P, Straftermfunktion α, Startpunkt $x^0 \in \mathbb{R}^n$, Startparameter $t^0 > 0$, Faktor $\rho > 1$ und Abbruchtoleranz $\varepsilon > 0$

Output : Approximation $\bar{x}$ eines globalen Minimalpunkts von P (falls das Verfahren terminiert; Satz 3.3.6)

1 **begin**
2   Setze $k = 0$.
3   **repeat**
4   Ersetze k durch $k + 1$.
5   Setze $t^k = \rho\, t^{k-1}$.
6   Bestimme vom Startpunkt x^{k-1} aus einen globalen Minimalpunkt x^k von

$$P(t^k): \quad \min\ f(x) + t^k\, \alpha(x).$$

7   **until** $t^k \alpha(x^k) < \varepsilon$
8   Setze $\bar{x} = x^k$.
9 **end**

Algorithmus 3.2 ist wegen seiner einfachen Implementierbarkeit zwar in der Praxis sehr beliebt, aber in dem Sinne nur konzeptionell, dass die Verfahren aus Abschn. 2.2 ohne weitere Voraussetzungen nicht *globale* Minimalpunkte der Hilfsprobleme $P(t^k)$ aus Zeile 6 identifizieren können. Die Anwendbarkeit der Verfahren aus Abschn. 2.2 setzt außerdem eine *glatte* Straftermfunktion voraus, also beispielsweise α_2, aber nicht α_1.

Selbst bei Nutzung einer glatten Straftermfunktion wird die numerische Behandlung der Probleme $P(t)$ für wachsende t zunehmend schwieriger, da die Zielfunktion $f(x)+t\alpha(x)$ dann am Rand von M eine immer stärkere Krümmung aufweist. Wird eine gewisse Schranke für t überschritten, ist die theoretisch glatte Zielfunktion von $P(t)$ numerisch nicht mehr von einer am Rand von M nichtglatten Funktion unterscheidbar, so dass die Verfahren aus Abschn. 2.2 gegebenenfalls nicht mehr funktionieren.

Ein weiterer Nachteil von Straftermverfahren besteht darin, dass die Punkte $x(t)$ mit $t > 0$ für P üblicherweise *unzulässig* sind. Beispiel 3.3.5 belegt außerdem, dass man einen exakten

Optimalpunkt von P mit dem differenzierbaren ℓ_2-Strafterm im Allgemeinen tatsächlich nur für $t \to \infty$ erhält. Von Algorithmus 3.2 kann man also nur erwarten, einen „fast zulässigen" Punkt x^k in dem Sinne zu generieren, dass sein Zulässigkeitsmaß $\alpha(x^k) < \varepsilon/t^k$ (statt $\alpha(x^k) = 0$) erfüllt.

Mit der ℓ_1-Straftermfunktion α_1 findet man hingegen den exakten Optimalpunkt von P unter schwachen Voraussetzungen bereits für *genügend großes t,* wovon wir uns zunächst anhand eines Beispiels überzeugen.

3.3.7 Beispiel

Der Strafterm α_1 in Beispiel 3.3.5 führt auf das nichtglatte unrestringierte Problem

$$P_1(t): \quad \min_{x \in \mathbb{R}^n} \; -x + t \max\{0, x\}$$

(Abb. 3.18).

Für alle $t > 1$ ist $x(t) = 0$ der exakte Minimalpunkt von P. Das Verfahren mit ℓ_1-Straftermfunktion nennt man daher *exaktes Straftermverfahren.* ◄

3.3.8 Satz
Es sei $\bar{x}$ ein nichtdegenerierter lokaler Minimalpunkt von P mit Multiplikatoren $\bar{\lambda}, \bar{\mu}$. Dann ist $\bar{x}$ für alle

$$t > \|(\bar{\lambda}_{I_0}, \bar{\mu})\|_\infty \; (= \max\{\bar{\lambda}_i, \; i \in I_0(\bar{x}), \; |\bar{\mu}_j|, \; j \in J\})$$

auch lokaler Minimalpunkt von $P_1(t)$.

Beweis Da an einem nichtdegenerierten lokalen Minimalpunkt aktive Ungleichungen wie Gleichungen wirken, genügt es, den Fall $I_0(\bar{x}) = \emptyset$ zu untersuchen. Mit dem parametrischen Hilfsproblem

$$P(s): \quad \min_{x \in \mathbb{R}^n} \; f(x) \quad \text{s.t.} \quad \widetilde{h}_j(s, x) := h_j(x) - s_j = 0, \quad j \in J,$$

Abb. 3.18 Probleme $P_1(t)$ mit verschiedenen $t > 0$

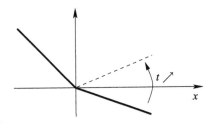

und Parametervektor $s \in \mathbb{R}^q$ ist $\bar{x}$ nichtdegenerierter lokaler Minimalpunkt von $P(0)$. In [35] wird gezeigt, dass es dann eine lokal um $\bar{s} = 0$ definierte lokal eindeutige Funktion $x(s)$ mit $x(\bar{s}) = \bar{x}$ gibt, so dass $x(s)$ nichtdegenerierter lokaler Minimalpunkt von $P(s)$ ist. Die zugehörige Kritische-Werte-Funktion $\bar{v}(s) = f(x(s))$ ist demnach zweimal stetig differenzierbar an $\bar{s} = 0$ und erfüllt außerdem $\nabla \bar{v}(0) = -\bar{\mu}$. Für Umgebungen U von $\bar{x}$ und V von $\bar{s} = 0$ folgt

$$\min_{x \in U} \ f(x) + t \cdot \alpha_1(x) = \min_{x \in U} \ f(x) + t \sum_{j \in J} |h_j(x)| \tag{3.23}$$

$$= \min_{(s,x) \in V \times U} \left\{ f(x) + t \sum_{j \in J} |s_j| \ \Big| \ h_j(x) = s_j , \ j \in J \right\}$$

$$= \min_{s \in V} \left[\min_{x \in U} \left\{ f(x) \ \Big| \ \widetilde{h}_j(s,x) = 0, \ j \in J \right\} + t \sum_{j \in J} |s_j| \right]$$

$$= \min_{s \in V} \ \bar{v}(s) + t \sum_{j \in J} |s_j|. \tag{3.24}$$

Ferner gilt für alle $s \in V$

$$\bar{v}(s) + t \sum_{j \in J} |s_j| = \bar{v}(0) + \langle \nabla v(0), s \rangle + o(\|s\|) + t \sum_{j \in J} |s_j| \tag{3.25}$$

$$= f(\bar{x}) + \underbrace{\langle -\bar{\mu}, s \rangle}_{\geq - \sum_{j \in J} |\bar{\mu}_j| \cdot |s_j|} + o(\|s\|) + t \sum_{j \in J} |s_j|$$

$$\geq f(\bar{x}) + \sum_{j \in J} (t - |\bar{\mu}_j|) |s_j| + o(\|s\|). \tag{3.26}$$

Nach Voraussetzung gilt $t - |\bar{\mu}_j| > 0$ für alle $j \in J$, so dass

$$n(s) := \sum_{j \in J} (t - |\mu_j|) |s_j|$$

eine Norm auf $\mathbb{R}^q$ ist. Wir wählen daher für die Norm im Taylor-Restglied ebenfalls $\|s\| := n(s)$ und können damit den Ausdruck

$$f(\bar{x}) + \|s\| (1 + o(1))$$

aus (3.26) für hinreichend kleines $\|s\|$ durch $f(\bar{x})$ nach unten abschätzen. Nach einer eventuellen Verkleinerung von V ergibt sich daraus sowie aus $\bar{v}(0) + t \sum_{j \in J} |0| = f(\bar{x})$

$$\min_{s \in V} \ \bar{v}(s) + t \sum_{j \in J} |s_j| = f(\bar{x}).$$

Gemeinsam mit (3.24) ist dies die Behauptung. $\square$

Ein wesentlicher Nachteil der ℓ_1-Straftermfunktion ist die mangelnde Glattheit der unrestringierten Hilfsprobleme $P_1(t)$, $t > 0$, so dass man dieses Verfahren überwiegend für Probleme anwendet, bei denen P selbst bereits nichtglatt ist (s. allerdings [25] für Ausnahmen).

Ein weiterer Nachteil besteht darin, dass die Schranke $\|(\bar{\lambda}_{I_0}, \bar{\mu})\|_\infty$ nicht a priori bekannt ist. In Abschn. 3.3.6 werden wir die ℓ_1-Straftermfunktion trotzdem numerisch sinnvoll zum Einsatz bringen können.

3.3.2 Multiplikatorenverfahren

Einen glatten *und* exakten Strafterm liefert die folgende Überlegung, die wir wieder nur für den Fall $I = \emptyset$ darstellen, da sich aktive Ungleichungen an nichtdegenerierten kritischen Punkten wie Gleichungen verhalten.

Dazu diskutieren wir zunächst kurz die Grundidee von *Projizierte-Gradienten-Verfahren* für den Fall $I = \emptyset$. Gegeben sei ein Punkt $\bar{x} \in M$, an dem die LUB erfüllt ist. Dann ist zu erwarten (Übung 3.3.9), dass man eine in $\bar{x}$ zulässige Abstiegsrichtung erster Ordnung durch *orthogonale Projektion* des negativen Gradienten $-\nabla f(\bar{x})$ in den äußeren Linearisierungskegel $L_\leq(\bar{x}, M)$ generieren kann, d.h., man berechnet die Richtung $\bar{d} = \mathrm{pr}(-\nabla f(\bar{x}), L_\leq(\bar{x}, M))$. Diese ist als Minimalpunkt des Problems

$$Q: \quad \min_d \tfrac{1}{2}\|d + \nabla f(\bar{x})\|_2^2 \quad \text{s.t.} \quad \langle \nabla h_j(\bar{x}), d \rangle = 0, \; j \in J,$$

definiert.

Da Q konvex ist und lineare Restriktionen besitzt, stimmen seine globalen Minimalpunkte nach Korollar 3.2.24 und Satz 3.2.78 mit seinen KKT-Punkten überein, also mit $\bar{d}$ für jede Lösung $(\bar{d}, \bar{\mu})$ von

$$d + \nabla f(\bar{x}) + \sum_{j \in J} \mu_j \nabla h_j(\bar{x}) = 0,$$

$$\langle \nabla h_j(\bar{x}), d \rangle = 0, \quad j \in J.$$

Insbesondere erhält man (ohne $\bar{\mu}$ weiter zu berechnen) $\bar{d} = -\nabla_x L(\bar{x}, \bar{\mu})$.

3.3.9 Übung Zeigen Sie, dass die Lösbarkeit von Q durch $\bar{d} = 0$ gleichbedeutend damit ist, dass $\bar{x}$ KKT-Punkt von P ist und dass jede Lösung $\bar{d} \neq 0$ von Q eine Abstiegsrichtung erster Ordnung für f in $\bar{x}$ ist.

Die Abstiegsrichtung $\bar{d} = -\nabla_x L(\bar{x}, \bar{\mu})$ hätte man bei der Wahl von passenden Multiplikatoren $\bar{\mu}$ auch per Gradientenverfahren für die unrestringierte Zielfunktion $L(\cdot, \bar{\mu})$ erhalten. Dieser Ansatz führt noch nicht direkt zu einem numerischen Verfahren, da Punkte der Form $\bar{x} + t\bar{d}$ mit durch eine Schrittweitensteuerung zu bestimmendem t bei nichtlinearen Funktionen $h_j, j \in J$, nicht notwendigerweise zulässig sind. Projizierte-Gradienten-Verfahren, für deren Details wir auf [7, 25] verweisen, nehmen die notwendigen Anpassungen vor.

Stattdessen verfolgen wir den Ansatz, für gegebenes μ die Minimierung der Funktion $L(\cdot, \mu)$ über M per ℓ_2-Straftermverfahren zu betrachten, was in der englischsprachigen Literatur auf die beiden Begriffe *multiplier method* und *augmented Lagrangian method* für das zu besprechende Verfahren führt. Das entstehende Hilfsproblem lautet

$$P(t, \mu): \quad \min_{x \in \mathbb{R}^n} \; f(x) + \sum_{j \in J} \mu_j h_j(x) + t \sum_{j \in J} h_j^2(x).$$

Grundidee des Verfahrens ist es, dass der zu bestimmende Minimalpunkt $\bar{x}$ von P einen KKT-Multiplikator $\bar{\mu}$ besitzt, und für diesen eine Schätzung μ^k vorliege. Zu $t^k > 0$ sei außerdem x^k ein lokaler Minimalpunkt von $P(t^k, \mu^k)$. Dann erfüllt x^k die notwendige Optimalitätsbedingung erster Ordnung

$$
\begin{aligned}
0 &= \nabla_x \left(f(x) + \sum_{j \in J} \mu_j^k h_j(x) + t^k \sum_{j \in J} h_j^2(x) \right) \Big|_{x = x^k} \\
&= \nabla f(x^k) + \sum_{j \in J} \mu_j^k \nabla h_j(x^k) + t^k \sum_{j \in J} 2 h_j(x^k) \nabla h_j(x^k) \\
&= \nabla f(x^k) + \sum_{j \in J} \underbrace{(\mu_j^k + 2 t^k h_j(x^k))}_{=: \, \mu_j^{k+1}} \nabla h_j(x^k).
\end{aligned}
$$

Den Wert μ_j^{k+1} benutzt man als Update von μ^k für das nächste Hilfsproblem $P(t^{k+1}, \mu^{k+1})$. Für μ^k hinreichend nahe bei $\bar{\mu}$ ist die Aussage des nächsten Resultats auf $P(t^k, \mu^k)$ übertragbar.

3.3.10 Satz

Es sei $\bar{x}$ ein nichtdegenerierter lokaler Minimalpunkt von P mit Multiplikator $\bar{\mu}$. Dann existiert ein $\bar{t} > 0$, so dass $\bar{x}$ für alle $t > \bar{t}$ ein strikter lokaler Minimalpunkt von $\pi(x, t, \bar{\mu}) := L(x, \bar{\mu}) + t \|h(x)\|_2^2$ ist.

Beweis Wegen

$$\nabla_x \pi(x, t, \bar{\mu}) = \nabla_x L(x, \bar{\mu}) + 2t \sum_{j \in J} h_j(x) \nabla h_j(x)$$

ist $\bar{x}$ für alle $t > 0$ ein kritischer Punkt von $\pi(\cdot, t, \bar{\mu})$. Wir zeigen, dass außerdem ein $\bar{t} > 0$ existiert, so dass $D_x^2 \pi(\bar{x}, t, \bar{\mu})$ für alle $t > \bar{t}$ positiv definit ist.

Annahme, dies sei nicht der Fall. Dann existieren für alle $k \in \mathbb{N}$ ein $t^k > k$ und ein $d^k \in B_=(0, 1)$ mit

$$(d^k)^\top D_x^2 \pi(\bar{x}, t^k, \bar{\mu}) \, d^k \leq 0. \tag{3.27}$$

Wegen

$$D_x^2 \pi(\bar{x}, t, \bar{\mu}) = D_x^2 L(\bar{x}, \bar{\mu}) + 2t \sum_{j \in j} \left(\nabla h_j(\bar{x}) Dh_j(\bar{x}) + \underbrace{h_j(\bar{x})}_{= 0} D_x^2 h_j(\bar{x}) \right)$$

ist (3.27) gleichbedeutend mit

$$(d^k)^\mathsf{T} D_x^2 L(\bar{x}, \bar{\mu}) d^k + 2t^k \sum_{j \in J} \left(\langle \nabla h_j(\bar{x}), d^k \rangle \right)^2 \leq 0. \tag{3.28}$$

Nach eventuellem Übergang zu einer Teilfolge gilt $d^k \to \bar{d} \in B_=(0, 1)$ und damit $(d^k)^\mathsf{T} D_x^2 L(\bar{x}, \bar{\mu}) d^k \to \bar{d}^\mathsf{T} D_x^2 L(\bar{x}, \bar{\mu}) \bar{d} \in \mathbb{R}$. Wegen $t^k \to \infty$ impliziert (3.28)

$$\sum_{j \in J} \langle \nabla h_j(\bar{x}), d^k \rangle^2 \to 0,$$

also für alle $j \in J$

$$0 = \lim_k \langle \nabla h_j(\bar{x}), d^k \rangle = \langle \nabla h_j(\bar{x}), \bar{d} \rangle$$

und somit $\bar{d} \in T(\bar{x}, M)$. Insgesamt haben wir nach (3.28) ein $\bar{d} \in T(\bar{x}, M)$ mit $\bar{d}^\mathsf{T} D_x^2 L(\bar{x}, \bar{\mu}) \bar{d} \leq 0$ konstruiert, was im Widerspruch zu $D_x^2 L(\bar{x}, \bar{\mu})|_{T(\bar{x}, M)} \succ 0$ steht. $\qquad \square$

Der vom exakten Straftermverfahren bekannte Nachteil, dass die von t zu überschreitende Schranke a priori unbekannt ist, bleibt leider auch beim Multiplikatorenverfahren erhalten. Für praktische Umsetzungen dieses Verfahrens verweisen wir auf [25].

Wir merken an, dass die als Zielfunktion des Multiplikatorenverfahrens benutzte Funktion $\pi(x, t, \mu) := L(x, \mu) + t \|h(x)\|_2^2$ auch in neueren Entwicklungen der Dualitätstheorie eine zentrale Rolle spielt [27].

3.3.3 Barriereverfahren

Barriereverfahren behandeln die Ungleichungsrestriktionen in P, weshalb wir uns hier auf den Fall ohne Gleichungen konzentrieren. Im Fall $J \neq \emptyset$ reduziert der Barriereansatz P zumindest auf ein Problem mit $I = \emptyset$.

Zum Problem

$$P: \quad \min_{x \in \mathbb{R}^n} f(x) \quad \text{s.t.} \quad g_i(x) \leq 0, \ i \in I,$$

sei

$$M_< := \{x \in \mathbb{R}^n | g_i(x) < 0, \ i \in I\} \neq \emptyset,$$

d. h., die aus der konvexen Optimierung bekannte Slater-Bedingung (SB) sei erfüllt. Grundidee von Barriereverfahren ist es, P durch ein Problem zu ersetzen, bei dem die Ungleichungsrestriktionen *nicht aktiv* werden können. Im Folgenden bezeichnen wir mit bd$A$ den (topologischen) *Rand* einer Menge $A \subseteq \mathbb{R}^n$ (d. h. die Menge aller Punkte, für die jede ihrer Umgebungen sowohl ein Element von A als auch ein Element von A^c enthält; bd = *boundary*).

3.3.11 Definition (Barrierefunktion)

Die Funktion $\beta : M_< \to \mathbb{R}$ heißt *Barrierefunktion* für M, falls für alle Folgen $(x^k) \subseteq M_<$ mit $\lim_k x^k = \bar{x} \in \mathrm{bd}(M_<)$

$$\lim_k \beta(x^k) = +\infty$$

gilt.

Die definierende Eigenschaft der Barrierefunktion lässt sich als „Strafe für zur große Nähe zum Rand von M" interpretieren. Ein wichtiger Barriereterm ist (Frischs) *logarithmische Barrierefunktion*

$$\beta(x) = -\sum_{i \in I} \log\left(-g_i(x)\right).$$

Ein Barriereverfahren ersetzt P durch das Problem

$$P(t): \quad \min_{x \in \mathbb{R}^n} f(x) + t \cdot \beta(x) \quad \text{s.t.} \quad x \in M$$

mit $t > 0$, wobei die die Menge M beschreibenden Ungleichungsrestriktionen aufgrund des Barriereterms nicht aktiv werden können.

Die Zielfunktion von *P(t)*,

$$B(t, x) := f(x) + t\beta(x),$$

ist nur auf $M_<$ definiert. Für $t \searrow 0$ werden alle Punkte in $M_<$ (auch die in der Nähe von $\mathrm{bd}(M_<)$) immer weniger bestraft, denn punktweise konvergieren die Ausdrücke $t\beta(x)$ für festes $x \in M_<$ gegen null. Würde man für $x \in \mathrm{bd}(M_<)$ formal $\beta(x) = +\infty$ setzen, so wäre der „Grenzwert" $\lim_{t \searrow 0} t\beta(x) = \lim_{t \searrow 0} t(+\infty) = +\infty$, so dass zumindest formal die Funktion $t\beta$ für $t \searrow 0$ punktweise gegen die „ideale" Barrierefunktion mit Wert null auf $M_<$ und „Wert" $+\infty$ auf $\mathrm{bd}(M_<)$ konvergiert. Im Beweis von Satz 3.3.13 werden die entsprechenden Argumente mathematisch korrekt dargelegt.

3.3.12 Beispiel

Wie in Beispiel 3.3.5 und 3.3.7 betrachten wir $f(x) = -x$ und $g(x) = x$. Wir erhalten den in Abb. 3.19 skizzierten Barriereterm und die in Abb. 3.20 dargestellten unrestringierten Probleme mit für P *zulässigen* Optimalpunkten $x(t)$, $t > 0$.

Für $t \searrow 0$ konvergieren die Minimalpunkte von $B(t,x)$ gegen $\bar{x} = 0$, den exakten Minimalpunkt von P. ◄

Tatsächlich gilt auch allgemein stets das folgende Resultat.

3.3.13 Satz
Es gelte $M = \mathrm{cl}(M_<)$, β *sei stetig auf* $M_<$, *und für* $t^k \searrow 0$ *seien* x^k *globale Minimalpunkte von* $P(t^k)$. *Dann ist jeder Häufungspunkt* $x^\star$ *von* (x^k) *globaler Minimalpunkt von* P.

Beweis Der Punkt $x^\star$ sei Häufungspunkt, und wir setzen wieder direkt $\lim_k x^k = x^\star$ voraus. Wegen $x^k \in M_<$ für alle $k \in \mathbb{N}$ liegt $x^\star$ in $\mathrm{cl}(M_<) = M$. Daher brauchen wir für beliebiges $x \in M$ im Folgenden nur noch $f(x^\star) - f(x) \leq 0$ zu zeigen.

Fall 1: $x \in M_<$
Da x^k für alle $k \in \mathbb{N}$ globaler Minimalpunkt von $P(t^k)$ ist, gilt

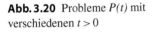

Abb. 3.19 Logarithmische Barrierefunktion β

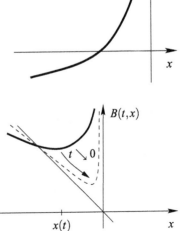

Abb. 3.20 Probleme $P(t)$ mit verschiedenen $t > 0$

$$f(x^k) + t^k \beta(x^k) \leq f(x) + t^k \beta(x)$$

und demnach

$$f(x^k) - f(x) \leq t^k \left(\beta(x) - \beta(x^k) \right). \tag{3.29}$$

Da die linke Seite der Ungleichung (3.29) für $k \to \infty$ gegen $f(x^\star) - f(x)$ konvergiert, zeigen wir für das gewünschte Resultat nachfolgend, dass die rechte Seite entweder gegen null konvergiert oder sich durch null nach oben abschätzen lässt.

Fall 1.1: $x^\star \in M_<$
Die Stetigkeit von β liefert $\beta(x^k) \to \beta(x^\star)$, woraus mit (3.29) und $\lim_k t^k = 0$ die Behauptung $f(x^\star) - f(x) \leq 0$ folgt.

Fall 1.2: $x^\star \in \mathrm{bd}(M_<)$
Laut Definition einer Barrierefunktion gilt $\lim_k \beta(x^k) = +\infty$, so dass $\beta(x) - \beta(x^k) \leq 0$ für alle hinreichend großen k garantiert ist. Für diese k folgt aus der Positivität der t^k und (3.29) $f(x^k) - f(x) \leq 0$, im Grenzübergang also $f(x^\star) - f(x) \leq 0$.

Fall 2: $x \in M \setminus M_<$
In diesem Fall gilt $x \in \mathrm{cl}(M_<) \setminus M_< = \mathrm{bd}(M_<)$, also existiert eine Folge $x^\ell \to x$ mit $(x^\ell) \subseteq M_<$. Laut erstem Fall gilt $f(x^\star) \leq f(x^\ell)$ für alle $\ell \in \mathbb{N}$, im Grenzübergang also $f(x^\star) \leq f(x)$. $\qquad\qquad\square$

3.3.14 Übung   Zeigen Sie, dass sich die Voraussetzung $M = \mathrm{cl}(M_<)$ aus Satz 3.3.13 durch die Forderung der MFB in ganz M garantieren lässt.

Eine konzeptionelle Umsetzung des Barriereverfahrens ist in Algorithmus 3.3 angegeben. Zur numerischen Behandlung der Hilfsprobleme $P(t^k)$ in Algorithmus 3.3 durch die Verfahren aus Abschn. 2.2 ist es zunächst natürlich erforderlich, eine auf $M_<$ mindestens einmal stetig differenzierbare Barrierefunktion β zu wählen. Wie Algorithmus 3.2 ist Algorithmus 3.3 aber alleine schon deshalb nur konzeptionell, weil die Verfahren aus Abschn. 2.2 ohne weitere Voraussetzungen nicht *globale* Minimalpunkte der Hilfsprobleme $P(t^k)$ in Zeile 6 identifizieren können.

Analog wird außerdem auch hier die numerische Behandlung der Probleme $P(t^k)$ für fallende t^k zunehmend schwieriger, da die Barrierefunktion β dann am Rand von M eine immer stärkere Krümmung aufweist. Bei der numerischen Lösung des Hilfsproblems $P(t^k)$ mit einem der Verfahren aus Abschn. 2.2 ist darauf zu achten, dass eine zu große Schrittweite zur Verletzung der theoretisch inaktiven Restriktionen $g_i(x) \leq 0$, $i \in I$, führen kann. Daher muss man diese Nebenbedingung numerisch explizit berücksichtigen und gegebenenfalls hinreichend kleine Schrittweiten wählen.

Immerhin ist für $t > 0$ jeder optimale Punkt von $P(t)$ ein innerer Punkt von M, Barriereverfahren sind also (primale) *Innere-Punkte-Methoden*. Falls man die numerische Iteration bei einer Inneren-Punkte-Methode nach wenigen Schritten beenden muss, ohne ein Abbruchkriterium erfüllt zu haben, liegt immerhin ein zulässiger Punkt mit üblicherweise verbessertem Zielfunktionswert vor (s. auch Bemerkung 2.2.2).

Dass Algorithmus 3.3 in der vorgestellten Form nicht gebräuchlich ist, liegt letztendlich auch daran, dass man für die einfache Anpassung des Barriereparameters in Zeile 5 in Kombination mit dem einfachen Abbruchkriterium in Zeile 7 aus der Kenntnis von t^0, ρ und ε sofort die Anzahl der benötigten Iterationen berechnen könnte. Zwar ließe sich unter Zusatzvoraussetzungen auch das Abbruchkriterium $|t^k \beta(x^k)| < \varepsilon$ benutzen [2], aber die entscheidende Modifikation von Algorithmus 3.3 zu einem lauffähigen Verfahren besteht in seiner Abwandlung zu einer *primal-dualen Innere-Punkte-Methode*, die wir im nächsten Abschnitt behandeln. Dort wird einerseits der Barriereparameter t^k geschickter angepasst, und andererseits entsteht eine tieferliegende Interpretation des Abbruchkriteriums aus Zeile 7.

Algorithmus 3.3: Barriereverfahren

   Input : Lösbares C^1-Optimierungsproblem P mit $J = \emptyset$ und $M_< \neq \emptyset$,
   Barrierefunktion β, Startpunkt $x^0 \in M_<$, Startparameter $t^0 > 0$,
   Faktor $\rho \in (0,1)$ und Abbruchtoleranz $\varepsilon > 0$

   Output : Approximation $\bar{x}$ eines globalen Minimalpunkts von P (falls das Verfahren
   terminiert; Satz 3.3.13)

1 **begin**
2   Setze $k = 0$.
3   **repeat**
4   Ersetze k durch $k + 1$.
5   Setze $t^k = \rho\, t^{k-1}$.
6   Bestimme vom Startpunkt x^{k-1} aus einen globalen Minimalpunkt x^k von

$$P(t^k): \quad \min\ f(x) + t^k \beta(x) \quad \text{s.t.} \quad x \in M.$$

7   **until** $t^k < \varepsilon$
8   Setze $\bar{x} = x^k$.
9 **end**

Diese Interpretation des Abbruchkriteriums $t^k < \varepsilon$ ist immer dann möglich, wenn Algorithmus 3.3 oder seine Variation aus dem folgenden Abschnitt auf ein C^1-Optimierungsproblem P mit *konvexen* Funktionen f und g_i, $i \in I$, sowie mit der *logarithmischen* Barrierefunktion β angewendet werden.

Dazu stellen wir das beispielsweise in [33] hergeleitete Wolfe-duale Problem

$$D: \quad \max_{x,\lambda} L(x,\lambda) \quad \text{s.t.} \quad \nabla_x L(x,\lambda) = 0, \ \lambda \geq 0$$

zu P auf, wobei L wieder die Lagrange-Funktion von P bezeichnet. Ferner sei v_D das Supremum der Funktion L über der zulässigen Menge von D und v_P das Infimum der Funktion f über der zulässigen Menge von P. Dann gilt für jedes konvex beschriebene C^1-Problem P nach dem schwachen Dualitätssatz [33] $v_D \leq v_P$. Die demnach nichtnegative Differenz $v_P - v_D$ wird *Dualitätslücke* genannt.

Für jeden zulässigen Punkt $\bar{x}$ von P und jedes $\bar{\lambda}$, so dass $(\bar{x}, \bar{\lambda})$ zulässig für D ist, bildet die Differenz

$$f(\bar{x}) - L(\bar{x}, \bar{\lambda}) \ \geq \ v_P - v_D \ \geq 0$$

per Definition von v_P und v_D eine Oberschranke für die Dualitätslücke. Findet man also einen primal zulässigen Punkt $\bar{x}$ und einen zugehörigen dual zulässigen Punkt $(\bar{x}, \bar{\lambda})$ mit $f(\bar{x}) - L(\bar{x}, \bar{\lambda}) = 0$, so ist $\bar{x}$ ein global minimaler Punkt für P und $(\bar{x}, \bar{\lambda})$ ein global maximaler Punkt für D.

Da die Bedingung

$$0 \ = \ f(\bar{x}) - L(\bar{x}, \bar{\lambda}) \ = \ -\sum_{i \in I} \bar{\lambda}_i \, g_i(\bar{x})$$

gemeinsam mit der primalen und dualen Zulässigkeit genau bedeutet, dass $\bar{x}$ ein KKT-Punkt von P mit Multiplikatoren $\bar{\lambda}$ ist, haben wir damit einerseits einen alternativen, auf Dualitätstheorie basierenden Beweis für Satz 3.2.78 erbracht. Andererseits werden wir im Folgenden sehen, dass auch das Abbruchkriterium $t^k < \varepsilon$ aus Algorithmus 3.3 eine Oberschranke für die Dualitätslücke liefert.

Dazu schreiben wir auf, was die Fermat'sche Regel (Satz 2.1.13) für den unrestringierten Optimalpunkt x^k von $P(t^k)$ liefert (wobei wir die logarithmische Barrierefunktion β per Kettenregel ableiten):

$$0 \ = \ \nabla_x B(t^k, x^k) \ = \ \nabla f(x^k) + t^k \nabla \beta(x^k) \ = \ \nabla f(x^k) + \sum_{i \in I} \left(-\frac{t^k}{g_i(x^k)} \right) \nabla g_i(x^k).$$

Wenn wir die Werte

$$\lambda_i^k := -\frac{t^k}{g_i(x^k)}, \ i \in I,$$

zu einem Vektor λ^k zusammenfassen, erfüllt dieser also die Gleichung

$$\nabla_x L(x^k, \lambda^k) \ = \ 0.$$

Wegen $t^k > 0$ und $g_i(x^k) < 0$, $i \in I$, gilt ferner $\lambda^k > 0$, so dass (x^k, λ^k) insgesamt ein zulässiger Punkt des Wolfe-dualen Problems D ist. Da außerdem x^k primal zulässig ist, erhalten wir aus den obigen Überlegungen

$$0 \leq v_P - v_D \leq f(x^k) - L(x^k, \lambda^k) = -\sum_{i \in I} \lambda_i^k g_i(x^k) = -\sum_{i \in I} \left(-\frac{t^k}{g_i(x^k)} \right) g_i(x^k) = p\, t^k.$$

Eine Interpretation des Abbruchkriteriums $t^k < \varepsilon$ in Algorithmus 3.3 besteht also darin, dass dann die Dualitätslücke beim Terminieren unter dem Wert $p\varepsilon$ liegt.

Da das Barriereverfahren allerdings ein rein primales Verfahren ist, formulieren wir noch ein aus diesen Überlegungen folgendes rein primales Resultat zum Abbruchkriterium.

3.3.15 Satz
Bei Anwendung von Algorithmus 3.3 auf ein C^1-Problem P mit auf $\mathbb{R}^n$ konvexen Funktionen f und g_i, $i \in I$, sowie mit der logarithmischen Barrierefunktion $\beta(x) = -\sum_{i \in I} \log(-g_i(x))$ erfüllt der generierte Punkt $\bar{x}$ die Ungleichungen

$$v_P \leq f(\bar{x}) < v_P + p\varepsilon.$$

Beweis Aus der primalen Zulässigkeit der letzten Iterierten $\bar{x} = x^k$ folgt sofort die erste Ungleichung. Aus $f(x^k) - L(x^k, \lambda^k) = pt^k < p\varepsilon$ und $L(x^k, \lambda^k) \leq v_D \leq v_P$ folgt außerdem $f(x^k) - v_P < p\varepsilon$, also die zweite Ungleichung. $\qquad\square$

Wegen der primalen Zulässigkeit des Punkts $\bar{x}$ handelt es sich bei ihm nach Satz 3.3.15 um einen sogenannten $(p\varepsilon)$-optimalen Punkt von P.

Aus der obigen Herleitung lässt sich als Nebenresultat auch eine Motivation für die numerische Instabilität des Barriereverfahrens für kleine Barriereparameter t^k gewinnen. Dazu nehmen wir an, dass die Punkte x^k gegen einen KKT-Punkt $x^\star$ von P konvergieren, an dem die LUB mit zugehörigem Multiplikator $\lambda^\star$ gilt. Beim Einsatz der logarithmischen Barrierefunktion muss dann, wie oben gesehen,

$$\lambda_i^k = -\frac{t^k}{g_i(x^k)} \;\rightarrow\; \lambda_i^\star$$

gelten. Die numerische Instabilität äußert sich dann darin, dass für alle $i \in I_0(\bar{x})$ ein Quotient gegen eine reelle Zahl strebt, bei dem Zähler und Nenner gleichzeitig gegen null gehen.

3.3.16 Übung Berechnen Sie die Hesse-Matrix $D_x^2 B(t^k, x^k)$ beim Einsatz der logarithmischen Barrierefunktion für $k \in \mathbb{N}$. Was können Sie daraus zum Krümmungsverhalten der Funktionen $B(t^k, \cdot)$ an x^k für $k \to \infty$ schließen?

3.3.4 Primal-duale Innere-Punkte-Methoden

Die im vorhergehenden Abschnitt hergeleitete Optimalitätsbedingung erster Ordnung für x^k in $P(t^k)$ ist äquivalent zur Lösbarkeit des Systems

$$\nabla f(x) + \sum_{i \in I} \lambda_i \nabla g_i(x) = 0,$$

$$g_i(x) < 0, \ i \in I,$$

$$\lambda_i > 0, \ i \in I,$$

$$\lambda_i \cdot g_i(x) + t = 0, \ i \in I$$

durch (t^k, x^k, λ^k). Dieses System ist offenbar eng mit dem KKT-System von P verwandt, indem nämlich dessen Komplementaritätsbedingungen durch den Parameter t *gestört* werden. Entscheidend an dieser Beobachtung ist, dass beim Grenzübergang $t \searrow 0$ keine numerische Instabilität mehr zu erwarten ist. Dies führt auf die folgende Klasse von Karush-Kuhn-Tucker-Verfahren.

Grundidee dieser Verfahren ist es, für $t \searrow 0$ Nullstellen von

$$\mathscr{T}(t, x, \lambda) = \begin{pmatrix} \nabla f(x) + \sum_{i \in I} \lambda_i \nabla g_i(x) \\ \mathrm{diag}(\lambda) \cdot g(x) + t \cdot e \end{pmatrix}$$

mit $g(x(t)) < 0$ und $\lambda(t) > 0$ zu berechnen, wobei e wieder den Einservektor bezeichnet. Im Fall der Konvergenz $x(t) \to \bar{x}$ und $\lambda(t) \to \bar{\lambda}$ ist $\bar{x}$ offenbar KKT-Punkt von P mit Multiplikator $\bar{\lambda}$. Vorteil dieses Ansatzes ist, dass weder Probleme mit numerischer Instabilität noch mit dem Definitionsbereich einer Barrierefunktion auftreten. Tatsächlich könnte man Nullstellen von $\mathscr{T}(t, x, \lambda)$ numerisch sogar für $t < 0$ suchen, was inhaltlich natürlich nicht sinnvoll ist.

3.3.17 Satz

Es sei $\bar{x}$ ein nichtdegenerierter lokaler Minimalpunkt von P mit Multiplikator $\bar{\lambda}$. Dann gibt es eine Umgebung V von 0 und $(C^1$-)Funktionen $x(t), \lambda(t)$ auf V mit $(x(0), \lambda(0)) = (\bar{x}, \bar{\lambda})$, $\mathscr{T}(t, x(t), \lambda(t)) = 0$ für alle $t \in V$ sowie $g(x(t)) < 0$ und $\lambda(t) > 0$ für alle positiven $t \in V$.

Beweis Wegen $\mathscr{T}(0,\bar{x},\bar{\lambda}) = 0$ und der Nichtsingularität von $D_{(x,\lambda)}\mathscr{T}(0,\bar{x},\bar{\lambda})$ liefert der Satz über implizite Funktionen die Existenz der Funktionen $x(t)$ und $\lambda(t)$ auf V mit $(x(0),\lambda(0)) = (\bar{x},\bar{\lambda})$ und $\mathscr{T}(t,x(t),\lambda(t)) = 0$ für alle $t \in V$. Laut SKB gilt $\bar{\lambda}_i > 0$ für alle $i \in I_0(\bar{x})$, so dass für hinreichend kleines V auch $\lambda_i(t) > 0$ auf ganz V erfüllt ist. Für alle $i \in I_0(\bar{x})$ folgt aus $\lambda_i(t)g_i(x(t)) + t = 0$ für positive t auch $g_i(x(t)) < 0$. Für alle $i \in I \setminus I_0(\bar{x})$ gilt aus Stetigkeitsgründen $g_i(x(t)) < 0$ und mit einem analogen Argument $\lambda_i(t) > 0$ für $t > 0$.

$\square$

3.3.18 Definition (Primal-dualer zentraler Pfad)

Mit den Bezeichnungen aus Satz 3.3.17 heißt die Menge

$$C_{PD} = \{ (x(t),\lambda(t)) \mid t \in V,\ t > 0 \}$$

primal-dualer zentraler Pfad an $(\bar{x},\bar{\lambda})$.

Für lineare und konvexe Probleme lässt sich der primal-duale zentrale Pfad global fortsetzen und numerisch verfolgen. Dadurch gewinnt man äußerst effiziente Lösungsverfahren, auf die wir im Rahmen dieses Lehrbuchs nicht eingehen können [25].

Wir halten jedoch fest, dass diese Herleitung der primal-dualen Innere-Punkte-Methoden entscheidend davon abhängt, dass man im Barriereproblem die *logarithmische* Barrierefunktion benutzt. Eine alternative Herleitung motiviert diese Methoden dadurch, dass man die komplizierenden Komplementaritätsbedingungen im KKT-System durch die Störung mit $-t$ „glätten" und damit algorithmisch leichter handhabbar machen kann. Aus dieser Sicht ist es sehr überraschend, dass das gestörte KKT-System wieder die Optimalitätsbedingung erster Ordnung eines Optimierungsproblems darstellt, nämlich des zugehörigen Barriereproblems.

Geschickte Implementierungen von primal-dualen Innere-Punkte-Methoden lösen die gestörten KKT-Systeme für große t nur grob, werden aber für fallende Werte von t immer exakter. Außerdem bestimmen die Verfahren selbst die Anpassung von t, anstatt t wie in Algorithmus 3.3 stets mit einer Konstante $\rho \in (0,1)$ zu multiplizieren. Dies kann bei konvex beschriebenen C^1-Problemen so effizient geschehen, dass der Rechenaufwand zur Identifizierung eines ε-genauen Minimalpunkts selbst im Worst Case nur polynomial in der Problemdimension anwächst.

Da dies insbesondere für lineare Optimierungsprobleme gilt, sind primal-duale Innere-Punkte-Methoden in dieser Hinsicht dem Simplex-Algorithmus überlegen, der im Worst Case exponentiellen Rechenaufwand besitzt. Bei hochdimensionalen Problemen lässt sich diese Überlegenheit tatsächlich auch in der Praxis beobachten, so dass moderne Softwarepakete große lineare Optimierungsprobleme meist nicht per Simplex-Algorithmus lösen, sondern mit primal-dualen Innere-Punkte-Methoden. Dies ist insofern erstaunlich, als dann im Gegensatz zum Simplex-Algorithmus die Linearität des Optimierungsproblems überhaupt nicht ausgenutzt wird, sondern lediglich seine Konvexität. Einzelheiten zur Ausgestaltung und Konvergenzeigenschaften von primal-dualen Innere-Punkte-Methoden finden sich beispielsweise in [11, 21, 26]. Einige Bemerkungen zur Übertragung primal-dualer Innere-Punkte-Methoden auf gewisse Klassen nichtglatter konvexer Probleme macht [33].

3.3.5 SQP-Verfahren

Verfahren des *Sequential Quadratic Programming (SQP)* nutzen die Idee des Newton-Verfahrens, eine Lösung eines nichtlinearen Problems durch die sukzessive Lösung von Linearisierungen anzunähern.

Wählt man als nichtlineares Problem dabei zunächst naiv das Optimierungsproblem P selbst, dann ist die Linearisierung ein lineares Optimierungsproblem, das sich etwa mit dem Simplex-Algorithmus oder mit primal-dualen Innere-Punkte-Methoden lösen lässt. Um die Lösung dieser Linearisierung wird P dann erneut linearisiert, die Linearisierung gelöst und so fort. Dieser Ansatz führt etwa auf das *Verfahren der zulässigen Richtungen* von Zoutendijk. Wegen schlechter Identifizierung aktiver Indizes können bei diesem Verfahren sogenanntes *Jamming* und Konvergenz gegen einen nichtkritischen Punkt auftreten (für Details s. [7]). Für eine erfolgreichere Weiterentwicklung, die unter dem Namen *Sequential Linear Programming (SLP)* bekannt ist, sei auf [37] verwiesen.

Die Linearisierung des Problems P selbst verallgemeinert allerdings gar nicht die Newton-Idee aus der unrestringierten Optimierung (Abschn. 2.2.5). Dort wird *nicht* die Zielfunktion linearisiert (was in Abwesenheit von Nebenbedingungen ja üblicherweise zu einem unbeschränkten Problem führen würde), sondern die Optimalitätsbedingung erster Ordnung $\nabla f(x) = 0$: Man setzt $x^{k+1} = x^k + d^k$ mit einer Lösung d^k der um x^k linearisierten Bedingung erster Ordnung

$$\nabla f(x^k) + D^2 f(x^k) \cdot d^k \; = \; 0.$$

Wie wir bereits in Übung 2.2.46 gesehen haben, ist diese Gleichung sogar wieder eine Optimalitätsbedingung erster Ordnung, nämlich für das quadratische Optimierungsproblem

$$Q^k : \quad \min_{d \in \mathbb{R}^n} \; \langle \nabla f(x^k), d \rangle + \tfrac{1}{2} d^\mathsf{T} D^2 f(x^k) d.$$

Bei Konvergenz der Folge (x^k) gegen einen nichtdegenerierten lokalen Minimalpunkt ist die Matrix $D^2 f(x^k)$ für alle hinreichend großen k aus Stetigkeitsgründen positiv definit, so dass es sich bei Q^k zusätzlich um ein konvexes Optimierungsproblem handelt. Die Lösung d^k der linearisierten Bedingung erster Ordnung ist dann globaler Minimalpunkt von Q^k.

Das ungedämpfte Newton-Verfahren für unrestringierte Probleme besteht also im Wesentlichen darin, eine Folge quadratischer Optimierungsprobleme zu lösen, was zu der Bezeichnung Sequential Quadratic Programming (SQP) führt.

Zu vermuten ist, dass man für eine Verallgemeinerung des Newton-Verfahrens auf den restringierten Fall die Funktionen f, g_i, $i \in I$, h_j, $j \in J$, quadratisch approximieren und die entstehenden Probleme mit quadratischer Zielfunktion und quadratischen Nebenbedingungen lösen muss. Tatsächlich haben die Hilfsprobleme aber eine viel einfachere Struktur.

Um dies zu sehen, betrachten wir zunächst das Newton-Verfahren zur Lösung des KKT-Systems von P in Abwesenheit von Ungleichungsrestriktionen, d. h. für $I = \emptyset$. Gesucht ist also eine Nullstelle von

$$\mathcal{T}(x, \mu) = \begin{pmatrix} \nabla_x L(x, \mu) \\ h(x) \end{pmatrix}.$$

Zu gegebenen x^k und μ^k setzt das Newton-Verfahren dafür

$$\begin{pmatrix} x^{k+1} \\ \mu^{k+1} \end{pmatrix} = \begin{pmatrix} x^k \\ \mu^k \end{pmatrix} + \begin{pmatrix} d^k \\ \sigma^k \end{pmatrix}$$

mit einer Lösung (d^k, σ^k) von

$$0 = \mathcal{T}(x^k, \mu^k) + D\mathcal{T}(x^k, \mu^k) \begin{pmatrix} d \\ \sigma \end{pmatrix}. \tag{3.30}$$

3.3.19 Lemma
Es sei $\bar{x}$ ein nichtdegenerierter lokaler Minimalpunkt von P mit Multiplikator $\bar{\mu}$, und der Startpunkt (x^0, μ^0) liege hinreichend nahe bei $(\bar{x}, \bar{\mu})$. Dann konvergiert (x^k, μ^k) quadratisch gegen $(\bar{x}, \bar{\mu})$.

Beweis Es gilt $\mathcal{T}(\bar{x}, \bar{\mu}) = 0$, und $D\mathcal{T}(\bar{x}, \bar{\mu})$ ist nichtsingulär. Unter unserer allgemeinen Glattheitsvoraussetzung können wir f und h als dreimal stetig differenzierbar annehmen, so dass $D\mathcal{T}$ lokal Lipschitz-stetig ist. Aus der aus Abschn. 2.2.5 bekannten Konvergenztheorie des Newton-Verfahrens folgt somit die Behauptung. $\square$

Interessant ist nun die Frage, ob das linearisierte KKT-System (3.30) wie im unrestringierten Fall „zufällig" wieder KKT-System eines Hilfsproblems

$$Q^k: \quad \min_{d \in \mathbb{R}^n} F^k(d) \quad \text{s.t.} \quad H^k(d) = 0$$

ist, wobei d^k KKT-Punkt von Q^k mit Multiplikator σ^k wäre. Um dies zu klären, müssen wir (3.30) explizit ausschreiben und erhalten

$$\begin{pmatrix} 0 \\ 0 \end{pmatrix} = \begin{pmatrix} \nabla_x L(x^k, \mu^k) \\ h(x^k) \end{pmatrix} + \begin{pmatrix} D_x^2 L(x^k, \mu^k) & \nabla h(x^k) \\ Dh(x^k) & 0 \end{pmatrix} \begin{pmatrix} d \\ \sigma \end{pmatrix},$$

was gleichbedeutend mit

$$\nabla_x L(x^k, \mu^k) + D_x^2 L(x^k, \mu^k)d + \nabla h(x^k)\sigma = 0,$$
$$h(x^k) + Dh(x^k)d = 0$$

ist. Andererseits lautet das KKT-System von Q^k

$$\nabla F^k(d) + \nabla H^k(d)\sigma = 0,$$
$$H^k(d) = 0,$$

so dass ein Abgleich der zweiten Gleichungen sofort auf

$$H^k(d) = h(x^k) + Dh(x^k)d$$

führt. Damit stimmen auch die Summanden $\nabla H^k(d)\sigma$ und $\nabla h(x^k)\sigma$ in den ersten Gleichungen überein. Nun braucht man also nur noch eine Funktion F^k mit

$$\nabla F^k(d) = \nabla_x L(x^k, \mu^k) + D_x^2 L(x^k, \mu^k)d$$

zu wählen, also etwa

$$F^k(d) = \langle \nabla_x L(x^k, \mu^k), d \rangle + \tfrac{1}{2}d^\mathsf{T} D_x^2 L(x^k, \mu^k)d.$$

Der erste Summand lässt sich dabei noch vereinfachen, denn unter der Nebenbedingung $H^k(d) = 0$ gilt

$$\langle \nabla_x L(x^k, \mu^k), d \rangle = \langle \nabla f(x^k), d \rangle + \mu^\mathsf{T} Dh(x^k)d = \langle \nabla f(x^k), d \rangle - \mu^\mathsf{T} h(x^k),$$

und $\mu^\mathsf{T} h(x^k)$ hängt nicht von d ab.

Wir haben damit festgestellt, dass man die Lösung (d^k, σ^k) von (3.30) auch als KKT-Punkt und Multiplikator von

$$Q^k: \quad \min_{d \in \mathbb{R}^n} \langle \nabla f(x^k), d \rangle + \tfrac{1}{2}d^\mathsf{T} D_x^2 L(x^k, \mu^k)d \quad \text{s.t.} \quad h(x^k) + Dh(x^k)d = 0$$

gewinnen kann. Im Gegensatz zur obigen Vermutung ist also nur die Zielfunktion des Hilfsproblems quadratisch, während die Nebenbedingungen sogar linear sind. Probleme dieses Typs heißen *quadratische Optimierungsprobleme*, man erhält also wieder ein *SQP-Verfahren*. Angemerkt sei ferner, dass man für $J = \emptyset$ gerade das Problem Q^k aus dem unrestringierten Fall erhält, so dass wir tatsächlich eine Verallgemeinerung des Newton-Verfahrens vom unrestringierten auf den restringierten Fall entwickelt haben.

Ob es sich bei Q^k wie im unrestringierten Fall auch um ein *konvexes* Optimierungsproblem handelt, wenn (x^k) gegen einen nichtdegenerierten lokalen Minimalpunkt konvergiert, ist nicht sofort ersichtlich. Wie in Beispiel 3.2.64 muss an einem nichtdegenerierten lokalen Minimalpunkt die Matrix $D_x^2 L(x^k, \mu^k)$ nämlich nicht auf ganz $\mathbb{R}^n$ positiv definit sein, sondern nur auf dem Tangentialraum an die zulässige Menge. Die Konvexität der Zielfunktion von Q^k auf ganz $\mathbb{R}^n$ kann daher nicht gewährleistet werden.

Andererseits braucht die Zielfunktion nur auf der zulässigen Menge von Q^k konvex zu sein, und diese erinnert an eine Approximation des Tangentialraums an M. Bei vollem Rang von $Dh(x^k)$ dürfen wir tatsächlich wie folgt argumentieren: Für einen Vektor $\bar{v}^k$, der das inhomogene lineare Gleichungssystem $h(x^k) + Dh(x^k)d = 0$ löst, sowie eine $(n, n-q)$-Matrix V^k, deren Spalten eine Basis des Lösungsraums des homogenen linearen Gleichungssystems $Dh(x^k)d = 0$ bilden, gilt

$$\{d \in \mathbb{R}^n \mid h(x^k) + Dh(x^k)d = 0\} \;=\; \{\bar{v}^k + V^k \eta \mid \eta \in \mathbb{R}^{n-q}\}.$$

Das restringierte Problem Q^k lässt sich daher äquivalent als unrestringiertes Problem

$$\min_{\eta \in \mathbb{R}^{n-q}} \langle \nabla f(x^k), \bar{v}^k + V^k \eta \rangle + \tfrac{1}{2} \left(\bar{v}^k + V^k \eta\right)^{\mathsf{T}} D_x^2 L(x^k, \mu^k) \left(\bar{v}^k + V^k \eta\right)$$

schreiben. Die Hesse-Matrix $\left(V^k\right)^{\mathsf{T}} D_x^2 L(x^k, \mu^k) V^k$ der neuen quadratischen Zielfunktion ist bei Konvergenz gegen einen nichtdegenerierten lokalen Minimalpunkt von P nach Definition 3.2.65 aus Stetigkeitsgründen für alle hinreichend großen k positiv definit, so dass das unrestringierte Problem konvex ist.

Da sich die beschriebene Reduktion des restringierten Problems Q^k auf ein niedrigdimensionaleres unrestringiertes Problem mit Mitteln der linearen Algebra auch algorithmisch umsetzen lässt, haben wir gleichzeitig einen numerischen Ansatz zur Lösung der quadratischen Hilfsprobleme Q^k gefunden, das *reduzierte SQP-Verfahren*.

Nun sei wieder $I \neq \emptyset$ erlaubt. Ein allgemeines SQP-Verfahren definiert zu gegebenem (x^k, λ^k, μ^k) die neue Iterierte als $x^{k+1} = x^k + t^k d^k$ mit einem KKT-Punkt d^k von

$$Q^k: \quad \min_{d \in \mathbb{R}^n} \langle \nabla f(x^k), d \rangle + \tfrac{1}{2} d^{\mathsf{T}} L^k d \quad \text{s.t.} \quad g(x^k) + Dg(x^k)d \leq 0,$$

$$h(x^k) + Dh(x^k)d = 0,$$

wobei L^k für $D_x^2 L(x^k, \lambda^k, \mu^k)$ oder für eine Approximation dieser Matrix steht (was etwa auf Quasi-Newton-SQP-Verfahren führt) und wobei t^k nach einer Schrittweitensteuerung bestimmt wird (Abschn. 3.3.6).

Wegen der Polyedralität der zulässigen Menge von Q^k und Korollar 3.2.24 ist jeder optimale Punkt d^k von Q^k automatisch KKT-Punkt. Falls außerdem L^k positiv semidefinit ist, dann ist Q^k zusätzlich ein konvexes Optimierungsproblem, so dass nach Satz 3.2.78 jeder KKT-Punkt d^k auch globaler Minimalpunkt von Q^k ist. Diese und nachfolgende (Semi-) Definitheitsforderungen an L^k könnte man (wie oben im rein gleichungsrestringierten Fall) wieder nur auf dem Lösungsraum des homogenen Systems $Dg(x^k)d \leq 0$, $Dh(x^k)d = 0$ stellen, wovon wir zur Übersichtlichkeit im Rahmen dieses Lehrbuchs aber keinen Gebrauch machen werden.

Besitzt jedenfalls Q^k den Vektor $d^k = 0$ als KKT-Punkt, so kann das SQP-Verfahren mit einem KKT-Punkt x^k von P abbrechen.

3.3.20 Lemma

Für $d^k = 0$ ist x^k KKT-Punkt von P.

Beweis Da d^k KKT-Punkt von Q^k ist, existieren $\tau^k \geq 0$ und $\sigma^k \in \mathbb{R}^q$ mit

$$\nabla f(x^k) + L^k d^k + \nabla g(x^k)\tau^k + \nabla h(x^k)\sigma^k = 0, \tag{3.31}$$

$$(\tau^k)^\mathsf{T} \left(g(x^k) + Dg(x^k)d^k \right) = 0, \tag{3.32}$$

$$h(x^k) + Dh(x^k)d^k = 0, \tag{3.33}$$

$$g(x^k) + Dg(x^k)d^k \leq 0. \tag{3.34}$$

Für $d^k = 0$ ergibt dies sofort die Behauptung.   □

Numerisch nutzt man Lemma 3.3.20 natürlich aus, indem man bereits für $\|d^k\|_2 \leq \varepsilon_1$ mit einer Toleranz $\varepsilon_1 > 0$ abbricht. Der Punkt x^k ist dann die Approximation eines KKT-Punkts von P mit Multiplikatoren τ^k und σ^k wie im Beweis von Lemma 3.3.20, wobei aus (3.31) die Abschätzung

$$\|\nabla f(x^k) + \nabla g(x^k)\tau^k + \nabla h(x^k)\sigma^k\|_2 = \|L^k d^k\|_2 \leq \|L^k\|_2 \varepsilon_1$$

per Spektralnorm $\|L^k\|_2$ von L^k folgt. Um auch Abschätzungen für die ungefähre Einhaltung der restlichen Bedingungen im KKT-System zu erhalten, kann man das Abbruchkriterium etwa mit einer weiteren Toleranz $\varepsilon_2 > 0$ um $\max\{|Dh_j(x^k)d^k|, \ j \in J, \ -Dg_i(x^k)d^k, \ i \in I\} \leq \varepsilon_2$ erweitern. Eine Möglichkeit zur Lösung quadratischer Optimierungsprobleme wie Q^k wird in Abschn. 3.3.7 ausführlich behandelt.

3.3.6 Meritfunktionen und Filter

Wir wenden uns nun der Schrittweitensteuerung im SQP-Verfahren zu, also der Bestimmung des $t^k > 0$, mit dem nach der Berechnung von d^k, τ^k und σ^k

$$\begin{pmatrix} x^{k+1} \\ \lambda^{k+1} \\ \mu^{k+1} \end{pmatrix} = \begin{pmatrix} x^k \\ \lambda^k \\ \mu^k \end{pmatrix} + t^k \begin{pmatrix} d^k \\ \tau^k \\ \sigma^k \end{pmatrix}$$

gesetzt wird. Wie im unrestringierten Fall ist eine grundlegende Frage zunächst, ob d^k eine Abstiegsrichtung für f in x^k ist, so dass man dann t^k wie im unrestringierten Fall so wählen könnte, dass durch die neue Iterierte ein hinreichend großer Abstieg in f realisiert wird. Nach Lemma 3.3.20 dürfen wir jedenfalls von $d^k \ne 0$ ausgehen, sobald ein Iterationsschritt erforderlich wird.

Falls die Iterierte x^k für P zulässig ist, falls also $g(x^k) \le 0$ und $h(x^k) = 0$ gilt, liefert d^k tatsächlich manchmal eine Abstiegsrichtung erster Ordnung für f. Dann ist nämlich $d = 0$ zulässig für das Optimierungsproblem Q^k und dessen optimaler Wert daher durch null nach oben beschränkt. Falls nun auch noch L^k positiv definit ist, erhalten wir

$$\langle \nabla f(x^k), d^k \rangle \le -\tfrac{1}{2}(d^k)^\mathsf{T} L^k d^k < 0,$$

weshalb d^k Abstiegsrichtung erster Ordnung für f in x^k ist.

Leider ist x^k *nicht* notwendigerweise zulässig für P. Dann ist nicht nur obiges Argument unmöglich, sondern tatsächlich muss die Richtung d^k auch für „zunehmende Zulässigkeit" der nächsten Iterierten sorgen und *kann* daher nicht immer Abstiegsrichtung für f sein.

Allerdings werden wir im Folgenden sehen, dass d^k wenigstens eine Abstiegsrichtung für die Hilfszielfunktion des ℓ_1-Straftermverfahrens

$$A_1(\rho, x) = f(x) + \rho \, \alpha_1(x)$$

mit hinreichend großem $\rho > 0$ ist (Abschn. 3.3.1). Dies bedeutet, dass die Iteration $x^{k+1} = x^k + t^k d^k$ für hinreichend kleines $t^k > 0$ zumindest eine gewichtete Summe aus Zielfunktion f und Zulässigkeitsmaß α_1 reduziert.

Jede solche Funktion, für die man sinnvollerweise einen Abstieg durch d^k wünschen kann, heißt *Meritfunktion* (also „Gütefunktion"). Das folgende Resultat besagt, dass zum Beispiel $A_1(\rho, \cdot)$ für hinreichend großes $\rho > 0$ eine Meritfunktion ist. Nach Übung 3.3.3 ist $A_1(\rho, \cdot)$ einseitig richtungsdifferenzierbar an jedem $x \in \mathbb{R}^n$ mit berechenbarer Richtungsableitung $A_1'(\rho, x, d)$, so dass wir jede Richtung $d \in \mathbb{R}^n$ mit $A_1'(\rho, x, d) < 0$ als Abstiegsrichtung erster Ordnung für $A_1(\rho, \cdot)$ in x auffassen dürfen.

3.3.21 Satz
Es sei $L^k \succ 0$, und es sei $d^k \ne 0$ ein KKT-Punkt von Q^k mit Multiplikatoren τ^k, σ^k. Dann ist d^k für alle $\rho \ge \|(\tau^k, \sigma^k)\|_\infty$ eine Abstiegsrichtung erster Ordnung für $A_1(\rho, x) = f(x) + \rho \, \alpha_1(x)$ in x^k.

Beweis Der Index $k \in \mathbb{N}$ sei fest und unterschlagen, d. h., wir setzen $x = x^k$, $d = d^k$ usw. Nach Übung 3.3.3 ist $A_1(\rho, x)$ für jedes $\rho > 0$ an x in Richtung d einseitig richtungsdifferenzierbar mit

$$A_1'(\rho, x, d) = \langle \nabla f(x), d \rangle + \rho \left(\sum_{i \in I_0(x)} \max\{0, \langle \nabla g_i(x), d \rangle\} + \sum_{i \in I_+(x)} \langle \nabla g_i(x), d \rangle \right.$$

$$\left. - \sum_{j \in J_-(x)} \langle \nabla h_j(x), d \rangle + \sum_{j \in J_0(x)} |\langle \nabla h_j(x), d \rangle| + \sum_{j \in J_+(x)} \langle \nabla h_j(x), d \rangle \right).$$

Wir nutzen im Folgenden aus, dass d die KKT-Bedingungen (3.31) bis (3.34) erfüllt. Aus (3.31) folgt zunächst

$$A_1'(\rho, x, d) = \underbrace{-d^\mathsf{T} L d}_{< 0} - \sum_{i \in I} \tau_i \langle \nabla g_i(x), d \rangle - \sum_{j \in J} \sigma_j \langle \nabla h_j(x), d \rangle$$

$$+ \rho \left(\sum_{i \in I_0(x)} \max\{0, \langle \nabla g_i(x), d \rangle\} + \sum_{i \in I_+(x)} \langle \nabla g_i(x), d \rangle \right.$$

$$\left. - \sum_{j \in J_-(x)} \langle \nabla h_j(x), d \rangle + \sum_{j \in J_0(x)} |\langle \nabla h_j(x), d \rangle| + \sum_{j \in J_+(x)} \langle \nabla h_j(x), d \rangle \right).$$

Mit (3.32) bis (3.34) schließen wir daraus

$$A_1'(\rho, x, d) < \sum_{i \in I} \tau_i g_i(x) + \sum_{j \in J} \sigma_j h_j(x)$$

$$+ \rho \left(\sum_{i \in I_0(x)} \max\{0, -g_i(x)\} - \sum_{i \in I_+(x)} g_i(x) + \sum_{j \in J_-(x)} h_j(x) - \sum_{j \in J_+(x)} h_j(x) \right)$$

$$= \underbrace{\sum_{i \in I_-(x)} \tau_i g_i(x)}_{\leq 0} + \sum_{i \in I_+(x)} \tau_i g_i(x) + \sum_{j \in J_-(x)} \sigma_j h_j(x) + \sum_{j \in J_+(x)} \sigma_j h_j(x)$$

$$+ \rho \left(- \sum_{i \in I_+(x)} g_i(x) + \sum_{j \in J_-(x)} h_j(x) - \sum_{j \in J_+(x)} h_j(x) \right)$$

$$\leq \sum_{i \in I_+(x)} (\tau_i - \rho) g_i(x) + \sum_{j \in J_-(x)} (\sigma_j + \rho) h_j(x) + \sum_{j \in J_+(x)} (\sigma_j - \rho) h_j(x) \leq 0,$$

wobei die letzte Ungleichung aus den Definitionen von $I_+(x), J_-(x), J_+(x)$ sowie $\rho \geq \|(\tau^k, \sigma^k)\|_\infty = \max\{\tau_i, i \in I, |\sigma_j|, j \in J\}$ folgt. $\qquad \square$

Die Funktion $A_1(\rho, x)$ ist nach Satz 3.3.21 für hinreichend große ρ nicht nur eine Merit-funktion, sondern sie ist sogar einseitig richtungsdifferenzierbar mit $A_1'(\rho, x^k, d^k) < 0$ für $d^k \neq 0$. Daher kann man den Abstieg in $A_1(\rho, x)$ von x^k aus in Richtung d^k tatsächlich numerisch durch eine inexakte eindimensionale Minimierung umsetzen, zum Beispiel per Armijo-Regel mit der am Ende von Abschn. 2.2.2 erwähnten Anpassung an einseitig rich-tungsdifferenzierbare Funktionen. Auch die erforderliche Größe von ρ ist hier bekannt, denn sie ist laut Satz 3.3.21 durch die (bekannten) Multiplikatoren τ^k und σ^k zum Optimalpunkt d^k von Q^k bestimmt.

Zusammengefasst besteht die vorgestellte Idee zur Schrittweitensteuerung bei SQP-Verfahren also darin, zu einer Iterierten x^k und einer Lösung d^k des SQP-Unterproblems Q^k per Armijo-Regel einen Abstieg in der Meritfunktion $A_1(\rho, x)$ zu erzielen, wobei ein passen-des ρ sich aus den Multiplikatoren zu d^k berechnet. Im Hinblick auf die nachfolgende Idee sei daran erinnert, dass die Armijo-Regel zu große und damit inakzeptable Werte von t so lange per Backtracking Line Search (also durch Multiplikation mit einem Reduktionsfaktor) reduziert, bis der Wert der Meritfunktion durch die neue Iterierte passend verringert wird.

Die Schrittweitenbestimmung per inexakter eindimensionaler Minimierung der Merit-funktion $f(x) + \rho \alpha_1(x)$ basiert letztlich auf der Wahl des in Abschn. 3.3.1 diskutierten Ska-larisierungsansatzes für das Mehrzielproblem

$$\min_x \begin{pmatrix} f(x) \\ \alpha_1(x) \end{pmatrix}.$$

Filterverfahren behandeln dieses Mehrzielproblem auf eine andere Weise, die ohne Wahl eines Parameters ρ auskommt. Sie bedienen sich des Konzepts der *dominierten Punkte* eines Mehrzielproblems.

3.3.22 Definition (Filter)

a) Für zwei Iterierte x^k und x^ℓ *dominiert* das Paar $(f(x^k), \alpha_1(x^k))$ das Paar $(f(x^\ell), \alpha_1(x^\ell))$, wenn sowohl $f(x^k) \leq f(x^\ell)$ als auch $\alpha_1(x^k) \leq \alpha_1(x^\ell)$ gilt und wenn mindestens eine dieser beiden Ungleichungen strikt ist.

b) Ein Liste von Paaren $(f(x^k), \alpha_1(x^k))$, von denen keines ein anderes dominiert, heißt *Filter*.

c) Eine Iterierte x^{k+1} heißt *akzeptabel*, wenn das Paar $(f(x^{k+1}), \alpha_1(x^{k+1}))$ von kei-nem Filtereintrag dominiert wird.

Das grundsätzliche Vorgehen eines *Filter-SQP-Verfahrens* besteht darin, bei für den Filter akzeptablen Iterierten x^{k+1} das Paar $(f(x^{k+1}), \alpha_1(x^{k+1}))$ in den Filter aufzunehmen und alle von diesem Paar dominierten Filtereinträge zu löschen. Abb. 3.21 illustriert einen Fil-

Abb. 3.21 Filter und
Meritfunktion

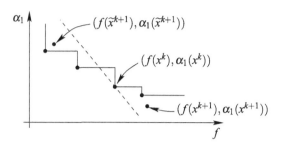

ter mit vier Einträgen sowie die Höhenlinie einer Meritfunktion $f + \rho\alpha_1$ im (f, α_1)-Raum durch den Punkt $(f(x^k), \alpha_1(x^k))$. Während der Punkt x^{k+1} vom Filter, aber nicht von der Meritfunktion akzeptiert wird, verhält es sich für den Punkt $\tilde{x}^{k+1}$ gerade umgekehrt. Filter akzeptieren also im Allgemeinen andere neue Iterierte als Meritfunktionen.

Dass eine neue Iterierte $x^k + td^k$ nicht vom Filter akzeptiert wird, entspricht bei Meritfunktionen dem Fall, dass t zu groß ist, um den Wert der Meritfunktion zu senken. Wie geschildert ist es dann die Grundidee der Armijo-Regel, t per Backtracking Line Search zu reduzieren, bis der Wert der Meritfunktion durch die neue Iterierte verringert wird. Analog lässt sich auch die Filteridee mit einem Backtracking Line Search kombinieren, wobei t so lange mit einem Reduktionsfaktor multipliziert wird, bis die neue Iterierte vom Filter akzeptiert wird. Man spricht dann von einem *Backtracking-Line-Search-Filter-SQP-Verfahren*.

Falls $x^k + d^k$ nicht vom Filter akzeptiert wird, besteht eine alternative Möglichkeit, eine näher an x^k liegende neue Iterierte zu erzeugen, in einem Trust-Region-Ansatz. Dabei wird das Problem Q^k mit der zusätzlichen Restriktion $\|d\|_\infty \leq t^k$ versehen, und der Trust-Region-Radius t^k wird mit auf Abschn. 2.2.10 basierenden Ideen angepasst, bis die neue Iterierte vom Filter akzeptiert wird. Die dadurch entstehende Klasse der *Trust-Region-Filter-SQP-Verfahren* bildet für viele restringierte nichtlineare Optimierungsprobleme eine sehr effektive und stabile numerische Lösungsstrategie. Für Details zur Konvergenz dieser Ansätze verweisen wir auf [25].

3.3.7 Quadratische Optimierung

Quadratische Optimierungsprobleme treten in der nichtlinearen Optimierung (und darüber hinaus) häufig als Hilfsprobleme auf, etwa das Problem Q^k im SQP-Verfahren oder das Trust-Region-Hilfsproblem TR^k mit einer polyedrischen Restriktion wie $\|d\|_\infty \leq t^k$. Auch die orthogonale Projektion $\mathrm{pr}(x, M)$ eines Punkts x auf eine polyedrische Menge M ist Optimalpunkt eines quadratischen Optimierungsproblems. Diese besitzen die allgemeine Form

$$Q: \quad \min_{x \in \mathbb{R}^n} \tfrac{1}{2} x^{\mathsf{T}} L x + c^{\mathsf{T}} x \quad \text{s.t.} \quad a_i^{\mathsf{T}} x + b_i \leq 0, \quad i \in I,$$

$$a_j^{\mathsf{T}} x + b_j = 0, \quad j \in J,$$

wobei in den für uns interessanten Fällen sogar $L \succeq 0$ gilt, Q also ein konvexes Problem ist. Um Verwechslungen der Indizes zu vermeiden, seien in diesem Abschnitt $I = \{1, \dots, p\}$ und $J = \{p + 1, \dots, p + q\}$. In diesem Abschnitt werden wir ein speziell auf diese Struktur zugeschnittenes Verfahren herleiten.

Wir betrachten zunächst den Fall $I = \emptyset$ und setzen

$$A := \begin{pmatrix} a_1^{\mathsf{T}} \\ \vdots \\ a_q^{\mathsf{T}} \end{pmatrix} \quad \text{und} \quad b := \begin{pmatrix} b_1 \\ \vdots \\ b_q \end{pmatrix}.$$

Dabei dürfen wir rang$(A) = q$ voraussetzen, denn ansonsten ist die zulässige Menge von Q entweder leer, oder man kann so lange redundante Gleichungen eliminieren, bis die Rangbedingung gilt. Eine erste Lösungsmöglichkeit für Q besteht dann darin, den Lösungsraum von $Ax + b = 0$ zu parametrisieren und das entsprechende unrestringierte quadratische Problem zu lösen. Diese explizite und gegebenenfalls aufwendige Parametrisierung kann man mit einem zweiten Ansatz vermeiden.

Nach Korollar 3.2.24 und Satz 3.2.78 ist $\bar{x}$ nämlich genau dann Optimalpunkt von Q, wenn $\bar{x}$ KKT-Punkt von Q ist, wenn also ein $\bar{\mu}$ mit

$$\begin{pmatrix} 0 \\ 0 \end{pmatrix} = \begin{pmatrix} L\bar{x} + c + A^{\mathsf{T}} \bar{\mu} \\ A\bar{x} + b \end{pmatrix} = \begin{pmatrix} L & A^{\mathsf{T}} \\ A & 0 \end{pmatrix} \begin{pmatrix} \bar{x} \\ \bar{\mu} \end{pmatrix} + \begin{pmatrix} c \\ b \end{pmatrix} \tag{3.35}$$

existiert. Das lineare Gleichungssystem (3.35) kann man nun etwa per Gauß-Elimination lösen.

Offenbar ist Q genau dann lösbar, wenn (3.35) lösbar ist. Nach Lemma 3.2.61 ist die Matrix

$$\begin{pmatrix} L & A^{\mathsf{T}} \\ A & 0 \end{pmatrix}$$

genau dann nichtsingulär, wenn rang$(A^{\mathsf{T}}) = q$ gilt und wenn $L|_{\mathrm{kern}A}$ nichtsingulär ist. Die erste der beiden Bedingungen haben wir ohnehin vorausgesetzt. Falls L nicht nur positiv semidefinit, sondern auch positiv definit ist, gilt auch die zweite Bedingung. Um dies zu sehen, seien $L \succ 0$ und V eine Matrix, deren Spalten eine Basis von kern$A$ bilden. Dann gilt für alle $\eta \in \mathbb{R}^{n-q} \setminus \{0\}$

$$\eta^{\mathsf{T}} V^{\mathsf{T}} L V \eta = (V\eta)^{\mathsf{T}} L(V\eta) > 0$$

und damit sogar $L|_{\mathrm{kern}A} \succ 0$. Für $L \succ 0$ sind also Q und (3.35) lösbar.

Im Fall $L \succeq 0$ können Q und (3.35) unlösbar sein. Mit Hilfe von Alternativsätzen lässt sich zeigen, dass Q dann notwendigerweise unbeschränkt ist (für Details s. [7]).

Wir lassen nun wieder $I \neq \emptyset$ zu. Die Idee der *Aktive-Index-Methode* (*active set method*) besteht darin, in einem zulässigen Iterationspunkt x^k die aktiven Ungleichungen als Gleichungen zu betrachten und dieses gleichungsrestringierte Problem mit obiger Methode zu lösen. Da dessen Lösung $\bar{x}^k$ unzulässig sein kann, geht man auf der Strecke von x^k nach $\bar{x}^k$ bis zum Rand von M, um die neue Iterierte x^{k+1} zu finden, wie in Abb. 3.22 für x^0 und x^1 illustriert. Da der Punkt x^2 KKT-Punkt ist, kann das Verfahren abbrechen.

Startet man in Abb. 3.22 mit y^0, so bleibt das bislang beschriebene Verfahren im Punkt y^1 stecken, obwohl er kein KKT-Punkt ist. Dort existiert dann aber mindestens ein negativer Multiplikator λ_j, und man kann die zugehörige Restriktion j löschen, um ein neues Hilfsproblem zu erhalten.

Wir beschreiben die Aktive-Index-Methode nun genauer und betrachten dazu das quadratische Optimierungsproblem

$$Q: \quad \min_{x \in \mathbb{R}^n} q(x) \quad \text{s.t.} \quad a_i^\mathsf{T} x + b_i \leq 0, \quad i \in I,$$
$$a_j^\mathsf{T} x + b_j = 0, \quad j \in J,$$

mit Zielfunktion

$$q(x) = \tfrac{1}{2} x^\mathsf{T} L x + c^\mathsf{T} x$$

und $L \succ 0$. Das KKT-System von Q in einem zulässigen Punkt x^k lautet mit $I_0^k := I_0(x^k)$

Abb. 3.22 Aktive-Index-Methode

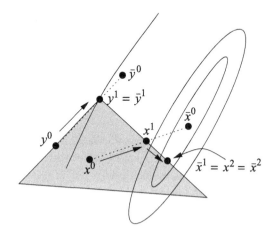

$$\nabla q(x^k) + \sum_{i \in I_0^k} \lambda_i \, a_i + \sum_{j \in J} \mu_j \, a_j = 0, \tag{3.36}$$

$$a_i^\mathsf{T} x^k + b_i = 0, \quad i \in I_0^k \cup J, \tag{3.37}$$

$$a_i^\mathsf{T} x^k + b_i < 0, \quad i \notin I_0^k, \tag{3.38}$$

$$\lambda_i \geq 0, \quad i \in I_0^k. \tag{3.39}$$

Streicht man hierin die Vorzeichenbedingungen (3.38) und (3.39), so bilden (3.36) und (3.37) gerade das KKT-System von

$$Q^k : \quad \min_{x \in \mathbb{R}^n} q(x) \quad \text{s.t.} \quad a_i^\mathsf{T} x + b_i = 0, \, i \in I_0^k \cup J.$$

Im Folgenden setzen wir voraus, dass die aus den Zeilen a^i, $i \in I_0^k \cup J$, gebildete Matrix für alle k vollen Rang habe. Die Lösung $\bar{x}^k$ lässt sich dann zum Beispiel durch Gauß-Elimination für das zu Q^k gehörige System (3.35) bestimmen.

Für den Konvergenzbeweis der Aktive-Index-Methode wird das Verhalten der optimalen Werte $q(x^k)$ entscheidend sein. Im Hinblick darauf halten wir fest, dass wegen der Zulässigkeit von x^k für Q^k die Ungleichung $q(\bar{x}^k) \leq q(x^k)$ erfüllt ist.

Fall 1: $x^k \neq \bar{x}^k$
Da Q^k unter unseren Voraussetzungen eindeutig lösbar ist, gilt in diesem Fall sogar $q(\bar{x}^k) < q(x^k)$. Um den Fall eines für Q unzulässigen Punkts $\bar{x}^k$ abzudecken, definieren wir $x^{k+1} = x^k + t^k(\bar{x}^k - x^k)$ mit dem maximalen $t^k \in (0, 1]$, so dass x^{k+1} für Q noch zulässig ist. Dieses berechnet man leicht zu

$$t^k = \min \left(1, \; \min_{\substack{i \in I \\ a_i^\mathsf{T}(\bar{x}^k - x^k) > 0}} - \frac{a_i^\mathsf{T} x^k + b_i}{a_i^\mathsf{T}(\bar{x}^k - x^k)} \right).$$

Die Konvexität von q liefert

$$q(x^{k+1}) \leq (1 - t^k)q(x^k) + t^k q(\bar{x}^k) < q(x^k).$$

Für $t^k = 1$ gilt natürlich $x^{k+1} = \bar{x}^k$ und damit üblicherweise $I_0^{k+1} = I_0^k$, in Ausnahmefällen aber auch $I_0^{k+1} \supseteq I_0^k$. Im folgenden Iterationsschritt wird also $x^{k+1} = \bar{x}^{k+1}$ gelten, d.h., der unten behandelte zweite Fall tritt ein.

Für $t^k < 1$ wird mindestens eine neue Restriktion $i_+ \notin I_0^k$ aktiv, also gilt $I_0^{k+1} \supseteq I_0^k \cup \{i_+\}$. Wegen der Rangbedingung in Q^k kann diese Hinzunahme einer aktiven Restriktion höchstens $(n - q)$-mal nacheinander auftreten.

Fall 2: $x^k = \bar{x}^k$
Wir halten zunächst fest, dass nach obigen Überlegungen dieser Fall während $n - q$ Schritten mindestens einmal auftritt.

Aufgrund der Rangbedingung löst x^k das System (3.36) und (3.37) mit eindeutigen Multiplikatoren λ_i, $i \in I_0^k$, μ_j, $j \in J$. Falls $\lambda_i \geq 0$ für alle $i \in I_0^k$ erfüllt ist, gilt auch (3.38), und x^k ist ein KKT-Punkt von Q. Das Verfahren kann in diesem Fall abbrechen.

Ansonsten existiert ein Index $i_- \in I_0^k$ mit $\lambda_{i_-} < 0$. Man löscht nun die Restriktion mit dem Index i_- und betrachtet das Problem

$$\widetilde{Q}^k : \quad \min_{x \in \mathbb{R}^n} q(x) \quad \text{s.t.} \quad a_i^{\mathsf{T}} x + b_i = 0, \, i \in (I_0^k \setminus \{i_-\}) \cup J.$$

Die wiederum eindeutige Lösung dieses Problems sei $\widetilde{x}^k$. Der Punkt x^k ist zulässig für $\widetilde{Q}^k$, kann für dieses Problem aber nicht optimal sein. Da die Multiplikatoren eindeutig bestimmt sind, müsste sonst nämlich die KKT-Bedingung (3.36) mit $\lambda_{i_-} = 0$ erfüllt sein, was im Widerspruch zu $\lambda_{i_-} < 0$ steht. Es folgt $q(\widetilde{x}^k) < q(x^k)$.

Wir müssen nun wie im ersten Fall eine mögliche Unzulässigkeit von $\widetilde{x}^k$ für Q berücksichtigen. Leider ist zunächst nicht klar, ob man entlang der Richtung $(\widetilde{x}^k - x^k)$ überhaupt zulässige Punkte findet.

Die Konvexität von q impliziert nach Satz 2.1.40 allerdings

$$0 > q(\widetilde{x}^k) - q(x^k) \geq \langle \nabla q(x^k), \widetilde{x}^k - x^k \rangle$$
$$\overset{(3.36)}{=} -\sum_{i \in I_0^k} \lambda_i a_i^{\mathsf{T}} (\widetilde{x}^k - x^k) - \sum_{j \in J} \mu_j a_j^{\mathsf{T}} (\widetilde{x}^k - x^k) = \underbrace{-\lambda_{i_-}}_{>0} \cdot (a_{i_-}^{\mathsf{T}} \widetilde{x}^k + b_{i_-}),$$

so dass i_- nicht in $I_0(\widetilde{x}^k)$ liegen kann. Insbesondere ist $(\widetilde{x}^k - x^k)$ eine zulässige Richtung in x^k, und wir setzen $x^{k+1} = x^k + t^k(\widetilde{x}^k - x^k)$ mit t^k wie oben. Aus der Konvexität von q folgt dann wieder $q(x^{k+1}) < q(x^k)$.

3.3.23 Satz

Es sei $L \succ 0$, und für alle k besitze das Gleichungssystem in Q^k vollen Rang. Dann findet die Aktive-Index-Methode die Lösung von Q in endlich vielen Schritten.

Beweis Der oben behandelte zweite Fall tritt mindestens einmal während $n - q$ Schritten auf. Im zweiten Fall minimiert x^k die Funktion q über der Facette

$$M^k = \{x \in M \mid a_i^{\mathsf{T}} x + b_i = 0, \, i \in I_0^k \cup J\}$$

der polyedrischen zulässigen Menge M von Q. Ferner ist die Folge $(q(x^k))$ streng monoton fallend, so dass während der Iteration im zweiten Fall keine Facette von M zweimal auftreten kann. Da M nur endlich viele Facetten besitzt, folgt die Behauptung. □

Für den Fall $L = 0$ geht die Aktive-Index-Methode gerade in den (primalen) Simplex-Algorithmus der linearen Optimierung über. Einen zulässigen Startpunkt x^0 für die Methode findet man ebenfalls wie in Phase 1 des Simplex-Algorithmus [24].

Für alternative algorithmische Ansätze zur quadratischen Optimierung, die beispielsweise auf Ideen der Innere-Punkte-Methoden oder der projizierten Gradienten beruhen, verweisen wir auf [25].

Erratum zu: Unrestringierte Optimierung

.

Erratum zu:
Kapitel 2 in: O. Stein, _Grundzüge der Nichtlinearen Optimierung_,
https://doi.org/10.1007/978-3-662-62532-3_2

Auf Seite 97 wurde in der letzten Zeile im Nenner der Formel „B^k" durch „$B^k y^k$" ersetzt, und auf Seite 105 wurde die Kursivierung in der Bemerkung 2.2.63 entfernt.

Die korrigierte Version des Kapitels ist verfügbar unter
https://doi.org/10.1007/978-3-662-62532-3_2

Literatur

1. Alt, W.: Nichtlineare Optimierung. Vieweg, Wiesbaden (2002)
2. Bazaraa, M.S., Sherali, H.D., Shetty, C.M.: Nonlinear Programming. Wiley, New York (1993)
3. Beck, A.: Introduction to Nonlinear Optimization. MOS-SIAM Series on Optimization, Philadelphia (2014)
4. Bonnans, J.F., Shapiro, A.: Perturbation Analysis of Optimization Problems. Springer, New York (2000)
5. Broyden, C.G.: The convergence of a class of double-rank minimization algorithms. J. I. Math. App. **6**, 76–90 (1970)
6. Davidon, W.C.: Variable metric method for minimization. SIAM J. Optimiz. **1**, 1–17 (1991)
7. Faigle, U., Kern, W., Still, G.: Algorithmic Principles of Mathematical Programming. Kluwer New York (2002)
8. Fischer, G.: Lineare Algebra. SpringerSpektrum, Berlin (2014)
9. Fletcher, R.: A new approach to variable metric algorithms. Compu. J. **13**, 317–322 (1970)
10. Fletcher, R., Powell, M.J.D.: A rapidly convergent descent method for minimization. Compu. J. **6**, 163–168 (1963)
11. Freund, R.W., Hoppe, R.H.W.: Stoer/Bulirsch: Numerische Mathematik 1. Springer, Berlin (2007)
12. Geiger, C., Kanzow, C.: Numerische Verfahren zur Lösung unrestringierter Optimierungsaufgaben. Springer, Berlin (1999)
13. Geiger, C., Kanzow, C.: Theorie und Numerik restringierter Optimierungsaufgaben. Springer, Berlin (2002)
14. Goldfarb, D.: A family of variable metric updates derived by variational means. Math. Compu. **24**, 23–26 (1970)
15. Gould, F.J., Tolle, J.W.: A necessary and sufficient qualification for constrained optimization. SIAM J. Appl. Math. **20**, 164–172 (1971)
16. Güler, O.: Foundations of Optimization. Springer, Berlin (2010)
17. Heuser, H.: Lehrbuch der Analysis, Teil 1. SpringerVieweg, Wiesbaden (2009)
18. Heuser, H.: Lehrbuch der Analysis, Teil 2. SpringerVieweg, Wiesbaden (2008)
19. Jahn, J.: Introduction to the Theory of Nonlinear Optimization. Springer, Berlin (1994)
20. Jänich, K.: Lineare Algebra. Springer, Berlin (2008)
21. Jarre, J., Stoer, J.: Optimierung. Springer, Berlin (2004)
22. Jongen, HTh., Jonker, P., Twilt, F.: Nonlinear Optimization in Finite Dimensions. Kluwer, Dordrecht (2000)

© Springer-Verlag GmbH Deutschland, ein Teil von Springer Nature 2021
O. Stein, *Grundzüge der Nichtlinearen Optimierung*,
https://doi.org/10.1007/978-3-662-62532-3

23. Jongen, HTh., Meer, K., Triesch, E.: Optimization Theory. Kluwer, Dordrecht (2004)
24. Nickel, S., Stein, O., Waldmann, K.-H.: Operations Research. Springer-Gabler, Berlin (2014)
25. Nocedal, J., Wright, S.: Numerical Optimization. Springer, New York (2006)
26. Reemtsen, R.: Lineare Optimierung. Shaker, Maastricht (2001)
27. Rockafellar, R.T., Wets, R.J.B.: Variational Analysis. Springer, Berlin (1998)
28. Rudin, W.: Principles of Mathematical Analysis. McGraw-Hill, New York (1976)
29. Shanno, D.F.: Conditioning of quasi-Newton methods for function minimization. Math. Comput. **24**, 647–656 (1970)
30. Stein, O.: Bi-level Strategies in Semi-infinite Programming. Kluwer, Boston (2003)
31. Stein, O.: On constraint qualifications in non-smooth optimization. J. Optimiz. Theory App. **121**, 647–671 (2004)
32. Stein, O.: Gemischt-ganzzahlige Optimierung I und II. Vorlesungsskript, Karlsruher Institut für Technologie (KIT), Karlsruhe (2019)
33. Stein, O.: Grundzüge der Globalen Optimierung, 2. Aufl., SpringerSpektrum, Berlin (2021)
34. Stein, O.: Grundzüge der Konvexen Analysis. SpringerSpektrum, Berlin (2021)
35. Stein, O.: Grundzüge der Parametrischen Optimierung. SpringerSpektrum, Berlin (2021)
36. Werner, J.: Numerische Mathematik II. Vieweg-Verlag, Braunschweig (1992)
37. Zhang, J.: Superlinear convergence of a trust-region-type successive linear programming method. J. Optimiz. Theory App. **61**, 295–310 (1989)

Stichwortverzeichnis

© Springer-Verlag GmbH Deutschland, ein Teil von Springer Nature 2021
O. Stein, *Grundzüge der Nichtlinearen Optimierung*,
https://doi.org/10.1007/978-3-662-62532-3

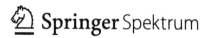

Printed in the United States
by Baker & Taylor Publisher Services